机械拆装与测绘

编著　周正元　渠婉婉
主审　史新民

东南大学出版社
SOUTHEAST UNIVERSITY PRESS
·南京·

内容提要

本书采用"项目导向，任务驱动"形式编写。全书以LT625B型台式仪表车床和WD53蜗杆蜗轮传动减速器为载体，共分为6个项目，内容主要包括：拆装与测绘前的准备工作、LT625B仪表车床尾座的拆装与测绘、仪表车床刀架拖板部件的拆装与测绘、仪表车床主轴速度变换及带传动设计计算、仪表车床交换齿轮的配换及齿轮的测绘和WD53型蜗杆蜗轮减速器的测绘。项目二～三为一般零件测绘，项目四～六为常用传动件测绘。

本书具有职业性、实践性、综合性强的特点，可作为高职高专机电类及相关专业的教学用书，也可供机械设计与制造、设备维修方面的工程技术人员学习参考。

图书在版编目(CIP)数据

机械拆装与测绘 / 周正元，渠婉婉编著 . 一 南京 ：
东南大学出版社，2017.1(2022.8 重印)

ISBN 978-7-5641-6894-0

Ⅰ.①机… Ⅱ.①周… ②渠… Ⅲ.①装配(机械)-高等职业教育-教材②机械元件-测绘-高等职业教育-教育
Ⅳ.①TH163②TH13

中国版本图书馆CIP数据核字(2016)第303569号

机械拆装与测绘

出版发行	东南大学出版社
社　　址	南京市四牌楼2号(邮编:210096)
出 版 人	江建中
责任编辑	姜晓乐(joy_supe@126.com)
经　　销	全国各地新华书店
印　　刷	江苏凤凰数码印务有限公司
开　　本	787mm×1092mm　1/16
印　　张	12
字　　数	300千字
版　　次	2017年1月第1版
印　　次	2022年8月第3次印刷
书　　号	ISBN 978-7-5641-6894-0
定　　价	42.00元

本社图书若有印装质量问题，请直接与营销部联系，电话：025-83791830。

前言 PREFACE

机械测绘工作是学习先进技术、设计新机器、改造旧设备的有效途径。机械或机电类学生学完“机械制图”“机械设计基础”等课程后，在进行零部件设计或测绘时，绘制零件图仍然感到有困难。即便画了，往往在视图表达、尺寸公差、形位公差及技术要求填写等方面也不够完整，不能付诸于生产。本书以典型仪表车床、蜗杆蜗轮减速器为载体，采用“项目导向，任务驱动”形式，介绍如何对机械零部件拆、装和测绘。从简单到复杂，分类介绍典型轴类、套类、盘盖类、箱体类零件的测绘，以及带传动、齿轮传动、蜗杆传动的测绘计算。本书具有如下特点：

(1) 本书与在线开放课程配套使用，解决了困扰教师多年的一个难题，即测绘结果画在书上，学生上课就抄画书上的图；不画在书上，学生遇到困难时缺少参考。本书将典型零件、部件图仍然画在书上，但大多数只介绍测绘要点，项目全部零件、部件图的绘制过程可以通过在线视频学习获得，目的是让学生学会画图。

(2) 本书附录中的测绘画图用资料，都是按照新国标要求进行精选，以“必需、够用、实用”为原则。这些资料即便在学习其他后续课程或工程实践时，也是很好的画图用快捷查询工具书，具有简明扼要的特点。

(3) 本书主要编写人员都具有多年的企业工程实践经验，所编写的内容、项目任务贴近生产实际需求。

(4) 本书配套在线开放课程，每个项目都配有一定数量的选择、判断、填空等便于网络课程自动批改的习题，实现自主学习，自我测试，自动批阅。

本书由常州信息职业技术学院周正元老师主持编写(项目二～项目六)并统稿，渠婉婉老师参与编写(项目一、附录)，智能装备学院史新民院长审稿。本书在编写过程中得到了常州信息职业技术学院领导、相关教师及一些企业单位的工程技术人员的大力支持和帮助，谨此一并表示衷心的感谢！

由于编者水平有限，加之时间仓促，难免有不妥乃至错误之处，恳请同行专家和读者批评指正。

扫描二维码

观看本书配套视频资源

作者

2016 年 9 月

目 录 CONTENTS

项目一

机械拆装与测绘前的准备工作

学习目标

(1) 了解测绘准备的工作内容、文明安全要求及测绘的目的和意义；

(2) 学会测绘的方法和步骤及测绘用工具、量具的使用方法；

(3) 掌握机械零部件拆卸和安装的方法和步骤。

本章简要介绍了测绘前的准备工作，包括实训课文明安全要求、测绘的目的和意义，测绘的方法和步骤；着重介绍了测绘工具及使用、测绘量具及零件一般尺寸的测量。

机械拆装，就是在对机械零部件测绘前、生产设备维修前，采用合适的工具和方法，拆下必要的零件和部件，并在完成测绘或维修任务后重新装配，达到零部件应有的装配要求。无论是测绘，还是生产设备维修，都不一定要拆下每一个零件，一些关键零部件或不可拆联结尽量不要拆下，否则重新装配很难保证应有的精度。

机械测绘包括一般零部件的测绘和机械传动机构的测绘。借助测量工具或仪器对机械零件进行测量和分析，确定表达方案、绘制零件草图并整理出零件工作图的过程，称为零件测绘。零件测绘后要绘制装配图来加以验证和完善，或先画装配图再拆画零件图。机械传动机构中的构件，也必须在整个机构中分析、计算，才能保证测绘结果正确。

在进行测绘工作前，要进行一些必要的准备工作，主要包括：

(1) 文明安全要求。作为实训课程，课程开始前必须强调文明安全要求，保证拆装操作的安全和实训场所的整洁。

(2) 测绘的目的和意义。明确学习的目的和意义，告知学生通过本课程的学习能学到什么技能，用于什么地方，以激发学生的学习兴趣。

(3) 测绘方法和步骤。介绍一般零件测绘的方法和注意事项，测绘的具体步骤，应用于后续各类零件的测绘。

(4) 测绘工具及使用。介绍测绘过程中所需要的常用工具及使用方法。

(5) 测绘量具及零件一般尺寸的测量。介绍测绘过程中常用量具的使用方法及零件一般尺寸的测量。

1.1 文明安全要求、测绘的目的和意义

1.1.1 文明安全要求

为了确保人身和设备安全，要求实习者实训时，必须遵守文明安全操作规程。

(1) 四人一大组，两人一小组，拆装时两人配合，其他两人观察提醒，完成局部任务后换人，已经做完的一组指导未做的同学正确操作。

(2) 实训前检查工具箱中的工具是否与清单相符，实训完毕后必须保持设备及工具完好，如有损坏或丢失需补购或补制。

(3) 工具与所拆零件要轻拿轻放，零件必须放在指定工具箱内以免丢失，工具使用完毕后要放回工具箱相应位置。

(4) 三不伤害：不伤害自己，不伤害他人，不被别人伤害。工作时要精力集中，注意避免机器的锐边或工具划伤手。

(5) 按号在各自的工作台或机床处实训，不允许擅自离开、串岗或做与实训无关的事。

(6) 拆卸工件时要弄清顺序再操作，要有预见性，快拆下时要用手接住。

(7) 严禁用锤子直接敲打机器，严禁用螺丝刀、锉刀作撬杠。

(8) 拆装时，工件表面的油尽量不要擦去，安装时滑动部位的润滑油要补涂，变速箱体里的机油要补全。

(9) 工作结束后，要及时擦拭养护机床、清扫环境及整理工作场地，并将工具及实训设备恢复到初始状态后方可离开。

1.1.2 测绘的目的和意义

1) 测绘的目的和意义

(1) 设计新产品。国外的尖端产品、军事产品对我国保密和禁运，没有图纸，没有技术资料，只有现成产品。我们需要解剖它，了解其设计思路，造出仿制产品，并在此基础上消化、吸收、改进、创新。测绘不是简单的测量，是再设计和创新的过程。

(2) 修复零件与改造已有设备。机器个别零件磨损失效，维修时需要对损坏的零件进行测绘，画出图样以满足零件再加工的需要。有时为了发挥已有设备的潜力，对已有设备进行改造，也需要对部分零件进行测绘后，进行结构上的改进而配置新的零件或机构，以改变机器设备的性能，提高机器设备的效率。在医学上，人体的骨骼形状各自不同，如发生断裂需要更换时，假肢形状就要仿照原来的骨骼形状。所以，我们需要学习测绘产品。

(3) “机械制图”实训教学。机械拆装和测绘是各类工科大中专院校“机械制图”教学中的一个重要实践性教学环节。在完成“机械设计基础”“机械制造基础”“机械制图”等专业基础课程后，学生很难独立地画出图纸。测绘是在明确零部件功能、传动运动规律的基础上，让学生应用机械制图知识选择视图表达方法，标注符合设计要求和制造要求的尺寸及公差，

标注相应的技术要求，选择合适的材料，确定合适的热处理和表面处理方法，是对所学知识的综合应用。通过学习机械拆装与测绘，使学生掌握测绘工具的使用方法，学会测绘的方法和步骤及运用技术资料、标准、手册进行工程制图；有效地锻炼学生的动手能力、理论运用与实践的能力；培养学生的工程意识、创新能力及协同合作精神。

测绘者应了解所测绘机器的原本设计意图、结构特点、零部件工艺特性、调整与安装等优缺点，从而达到取人设计之长，补己设计之短，不断提高设计水平的目的。

2）测绘和设计的区别

（1）测绘。在测绘机器或部件时，先绘制零件草图、装配示意图，再根据零件草图、装配示意图绘制装配图，验证零件关联尺寸的正确性，然后再根据装配图和零件草图绘制零件工作图，简称零件图。对于较简单的部件，也可直接按零件在部件中的尺寸画出装配图，再由装配图拆画成零件图。

（2）设计。一般应先进行机器或部件的总体结构设计，画出二维装配图，用以表达自己的设计思想，然后再根据装配图和有关参考资料，设计出各个零件的具体结构，并从装配图中拆画出各个零件的零件图。

设计时，通常要在强度计算的基础上，保证零件的强度、刚度、寿命等，而测绘一般不再计算，只有重要的结构设计才做相应验算。

1.1.3　测绘的步骤及注意事项

1）测绘的步骤

在生产实践中，对原有机器进行维修和技术改造或者设计新产品和仿造原有设备时，往往要测绘有关机器的一部分或全部，称为零部件测绘。测绘的过程大致可按顺序分为以下几个步骤。

（1）测绘前的准备工作。

① 收集、阅读有关资料，了解部件的用途、性能、工作原理、装配关系和结构特点等。准备《机械设计手册》并阅读相关技术图纸。

② 准备拆卸工具、测量工具和绘图工具。

③ 了解产品的工作原理、用途和装拆过程。

（2）分析测绘对象，拆装部件。通过对实物的观察和参阅有关资料，在初步了解部件的基础上，要依次拆卸各零件，通过对各零件的作用和结构的仔细分析，可以进一步了解这个部件中各零件的装配关系。要特别注意零件间的配合关系，弄清其配合性质：是间隙配合、过盈配合，还是过渡配合。拆卸时为了避免零件的丢失和产生混乱，一方面要妥善保管零件，另一方面可对各零件进行编号，并分清标准件和非标准件，作出相应的记录。现有条件下可给各部件每拆一步都拍一张照片，并将拆卸过程全程录像。标准件只要在测量尺寸后查阅标准，核对并写出规格及国标号，不必画零件草图和零件图。

（3）画装配示意图。装配示意图是通过目测，徒手用简单的线条或机构运动的常用图例符号，示意性地画出部件或机器的大致轮廓的装配图样。它用来表达部件或机器各零件之间的相对位置、装配与连接关系、传动路线及工作原理等,作为重新装配部件或机器和画装配工作图时的重要依据。画装配示意图时,对于机构,应采用国家标准《机构运动简图符号》(GB/T 4460-2013)中所规定的符号。

(4) 测绘零件(非标准件)并绘制零件草图。对现有的零件实物进行测量、绘图和确定技术要求的过程,称为零件测绘。测绘零件的工作通常在机器的工作现场进行。由于受条件的限制,一般先绘制零件草图(即以目测比例、徒手绘制的零件图),然后由零件草图整理成零件工作图(简称零件图)。零件草图是绘制零件图的重要依据,必要时还可直接用来制造零件。因此,零件草图必须具备零件图应有的全部内容,要求做到:图形正确、表达清晰、尺寸完整、线型分明、图面整洁、字体工整,并注写出技术要求、材料、比例等有关内容。本步骤也可直接用 AutoCAD 软件边测绘,边初步画出零件工作图。

零件测绘的步骤如下:

① 了解和分析测绘对象。首先应了解零件的名称、用途、材料以及它在机器(或部件)中的位置和作用,然后对该零件进行结构分析和制造方法的大致分析。

② 确定视图表达方案。先根据显示零件形状特征的原则,按零件的工作位置或加工位置确定主视图,再按零件的内外结构特点选用必要的其他视图和剖视、剖面等表达方法。视图表达方案要求完整、清晰、简练。

③ 绘制零件草图。下面以绘制图 1.1 球阀上阀盖的零件草图为例,说明绘制零件草图的步骤。

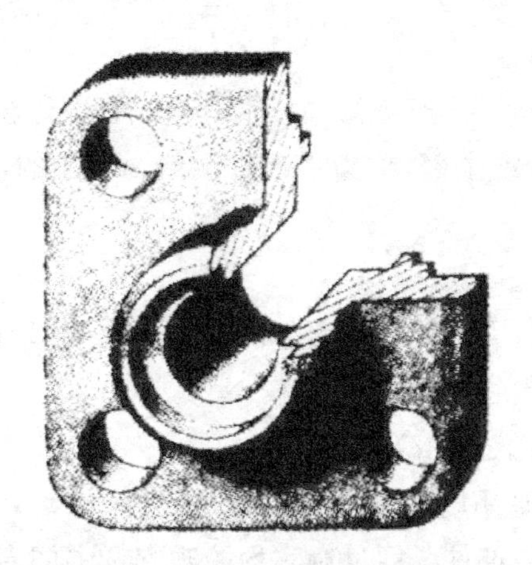

图 1.1 球阀上阀盖实物图

a. 在图纸上定出各视图的位置,画出主、左视图的对称中心线和作图基准线,如图 1.2(a)所示。布置视图时,要考虑到各视图应留有标注尺寸的位置。

b. 以目测比例详细地画出零件的结构形状,如图 1.2(b)所示。

c. 选定尺寸基准,按正确、完整、清晰以及尽可能合理地标注尺寸的要求,画出全部尺寸界线、尺寸线和箭头。经仔细校核后,按规定线型将图线加深(包括画剖面符号),如图 1.2(c)所示。

d. 逐个测量并标注尺寸,标注各表面的表面粗糙度代号,注写技术要求和标题栏,如图

1.2(d)所示。

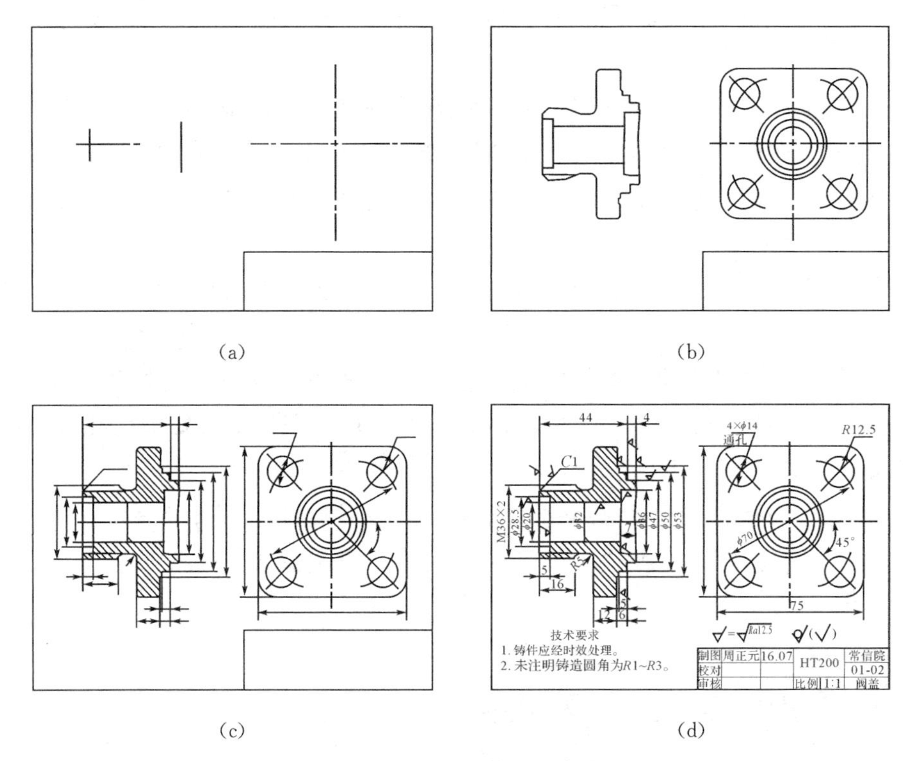

(a)　(b)　(c)　(d)

图 1.2　画零件草图的步骤

(5) 画部件装配图。按零件草图和装配示意图，画部件装配图。由于在测量零件尺寸过程中总会有误差，零件制造也必然有误差，因此，零件尺寸的正确性最终要靠画装配图来验证。也可以直接按零件的尺寸画装配图，装配图画完后，从中拆画零件图，这样得到的零件图关联尺寸就得到了保证。

(6) 画零件工作图。就是按照所测绘的草图，用国家标准推荐的图框，绘制所测绘的零件图。一般都在电脑上用 AutoCAD 软件绘图。

2) 测绘的注意事项

在测绘工作中，我们必须做到认真、仔细、准确，不得马虎、潦草。应注意以下事项：

(1) 测量尺寸时要正确选择基准，正确使用测量工具，以减小测量误差。

(2) 有配合关系的基本尺寸必须一致，并应测量精确，一般在测出它的基本尺寸后取整，再根据有关技术资料确定其配合性质和相应的公差值。

(3) 零件的非配合尺寸，如果测得有小数，一般应取整。

(4) 对于零件上的标准结构要素，测得尺寸后，应参照相应的标准查出其标准值，如齿轮的模数、螺纹的大径、螺距等。

(5) 零件上磨损部位的尺寸，应参考与其配合的零件的有关尺寸，或参阅有关的技术资料予以确定。

(6) 零件的直径、长度、锥度、倒角等尺寸，都有标准规定，实测后，宜选用最接近的标准数值。

(7) 对于零件上的缺陷,如铸造缩孔、砂眼、毛刺、加工的瑕疵、磨损、碰伤等,不要画在图上。

(8) 不要漏画零件上的圆角、倒角、退刀槽、小孔、凹坑、凸台、沟槽等细小部位。

(9) 凡是未经加工的铸件、锻件,应注出非标准拔模斜度以及表面相交处的圆角。

(10) 零件上的相贯线、截交线不能机械地照零件描绘,要在弄清其形成原理的基础上,用相应的作图方法画出。

(11) 测量零件尺寸的精确度,应与该尺寸的要求相适应,对于加工面的尺寸,一定要用较精密的量具测量。

(12) 测绘时,应该注意保护零件的加工面,特别是精密件,要避免碰坏和弄脏。

(13) 所有标准件(如螺栓、螺母、垫圈、销、轴承等),只需量出必要的尺寸,确定并注出型号规格和国家标准,可不用画草图。

(14) 测绘前应进行充分的思想和物质准备,以提高测绘的质量和效率。为确保不发生大的返工现象,在表达方案的确定、草图绘制等主要阶段应由指导教师审查后,才允许继续进行。

1.2 常用拆装工具及使用

为了进一步了解机器或部件内部各零件的装配情况,以满足测绘的需要,必须要拆卸机器或部件。拆卸工作要借助于工具来完成,常用拆装用工具有:活扳手(150 mm、200 mm)、呆板手(一套 10 把,开口 5.5 ～32 mm)、内六角扳手(一套 9 把)、旋手(3×100 一字与十字槽各一把、5×200 一字与十字槽各一把)、轴用挡圈钳、孔用挡圈钳、尖嘴钳(6 寸)、钢丝钳(8 寸)、拉拔器、锤子和冲子等。

1.2.1 扳手类

扳手用来旋紧六角形、正方形螺钉和各种螺母,用工具钢、合金钢或可锻铸铁制成。它的开口处要求光洁并坚硬耐磨。扳手可分为呆扳手、活扳手、梅花扳手、套筒扳手、内六角扳手、力矩扳手等。

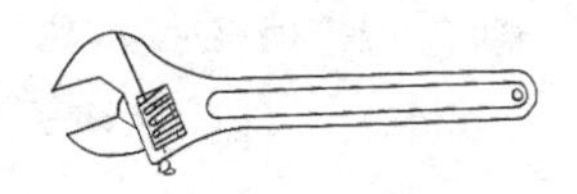

图 1.3 活扳手示意图

(1) 活扳手,也叫活络扳手。它是由扳手体、固定钳口、活动钳口及蜗杆等组成的,如图 1.3 所示。其开口尺寸可在一定范围内进行调节,其规格是用扳手的长度及开口尺寸的大小来表示的,见表 1.1。但一般习惯上都以扳手长度作为它的规格,计有 3″、4″、6″、8″、10″、12″、15″、18″的活扳手等,对应公制长度为 75 mm、100 mm、150 mm、200 mm、250 mm、300 mm、375 mm 和 450 mm。

表 1.1 活扳手规格表

长度	公制/mm	100	150	200	250	300	375	450	600
	英制/in	4	6	8	10	12	15	18	24
开口最大宽度/mm		14	19	24	30	36	46	55	65

使用活络扳手时，应让固定钳口受主要作用力，见图 1.4，否则扳手容易损坏。钳口的开度应适合螺母的对边间距的尺寸，否则会损坏螺母。不同规格的螺母(或螺钉)，应选用相应规格的活络扳手。扳手手柄不可任意接长，以免旋紧力矩过大而损坏扳手或螺钉。活扳手的工作效率不高，活动钳口容易歪斜，往往会损坏螺母或螺钉的头部表面。

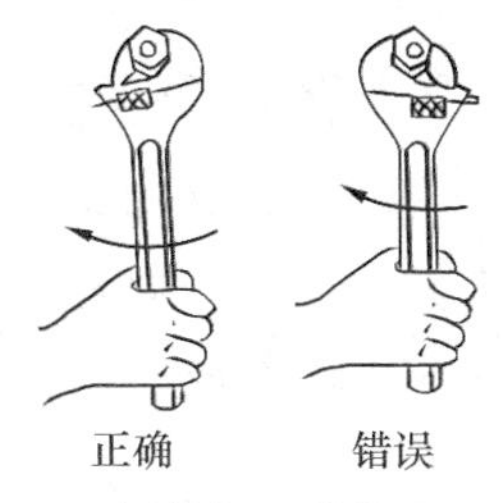

图 1.4 活络扳手的使用示意图

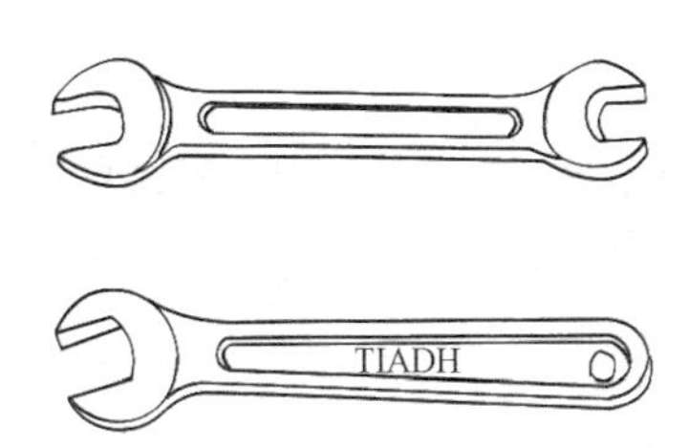

图 1.5 开口扳手示意图

(2) 开口扳手，也叫呆扳手。用于装卸六角形或方头的螺母或螺钉，分单头和双头两种，见图 1.5。它们的开口尺寸是与螺钉、螺母的对边间距的尺寸相适应的，并根据标准尺寸做成一套。双头开口扳手规格按开口尺寸有：5.5×7、8×10、9×11、12×14、14×17、17×19、19×22、22×24、24×27、30×32 等 10 种。

(3) 梅花扳手。其内壁为十二角形，见图 1.6。梅花扳手应用较广泛，由于它只要转过 30°就可调换方向再扳，所以能在扳动范围狭窄的地方工作。

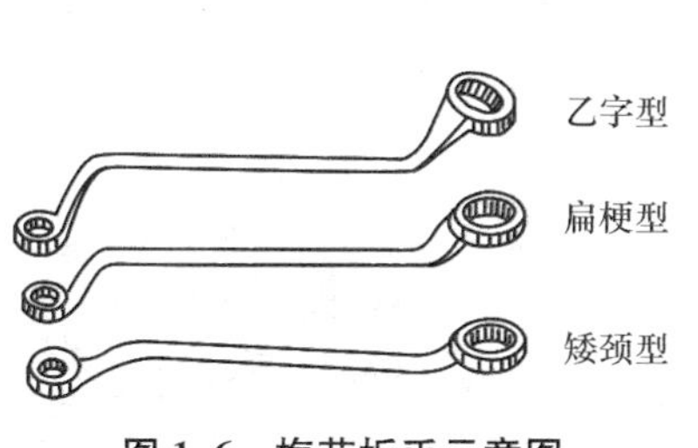

图 1.6 梅花扳手示意图

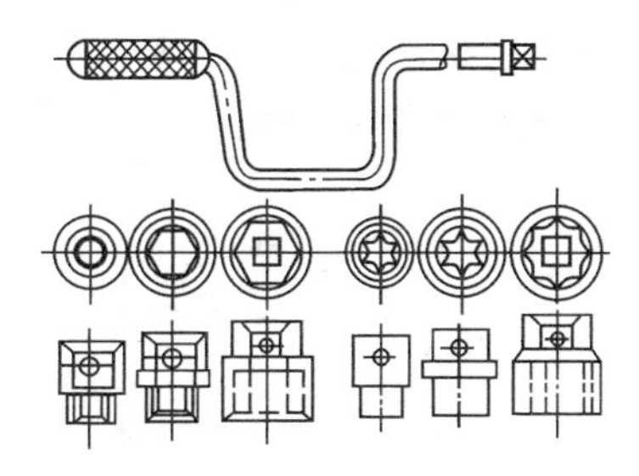

图 1.7 成套套筒扳手示意图

(4) 成套套筒扳手。它是由一套尺寸不等的梅花套筒及扳手柄组成的，见图 1.7。将扳手柄方榫插入梅花套筒的方孔内即可工作。其中弓形手柄能连续地转动，棘轮手柄能不断地来回扳动。因此使用方便，工作效率也高。

(5) 锁紧扳手。它的形式多样，见图 1.8，可用来装卸圆螺母。

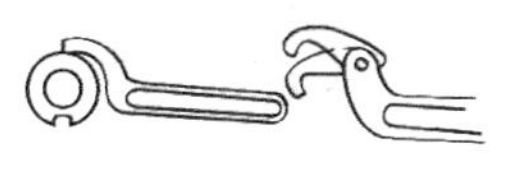

(a) 钩头锁紧扳手

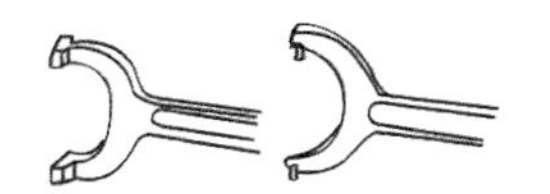

(b) V 形锁紧扳手

(c) 冕形锁紧扳手

(d) 锁头锁紧扳手

图 1.8 锁紧扳手示意图

(6) 内六角扳手。它用于旋紧内六角螺钉,这种扳手是成套的,见图 1.9。内六角扳手可旋紧 M3~M24 的内六角头螺钉,其规格用六角形对边间距的尺寸表示。

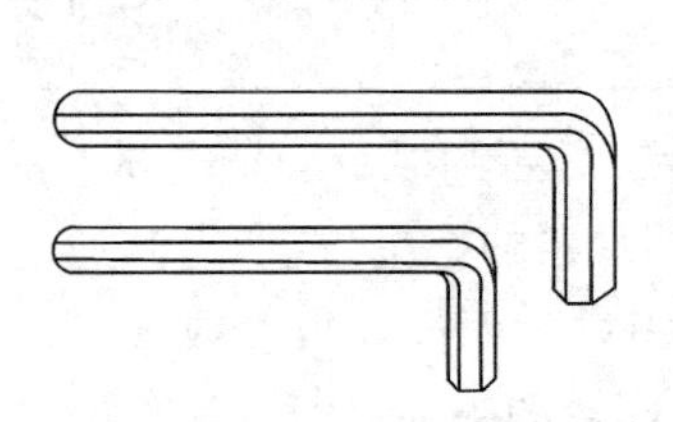

图 1.9 内六角扳手示意图

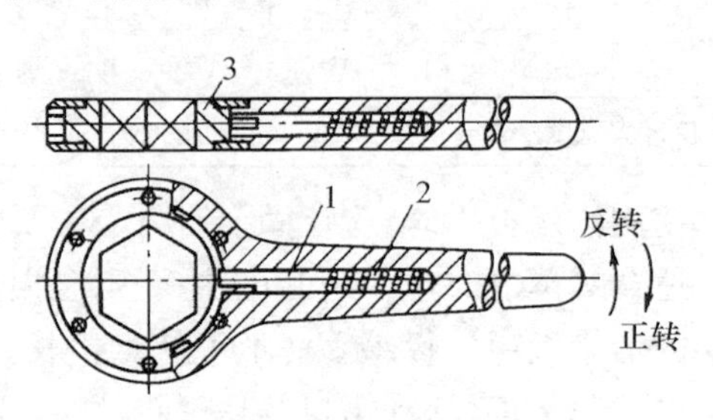

1—棘爪 2—弹簧 3—内六角套筒

图 1.10 棘轮扳手示意图

(7) 棘轮扳手。见图 1.10,它适用于狭窄的地方。工作时,正转手柄,棘爪 1 在弹簧 2 的作用下进入内六角套筒 3(棘轮)的缺口内,套筒便跟着转动。当反向转动手柄时,棘爪在斜面的作用下,就从套筒的缺口内退出来打滑,因而螺母不会随着反转。旋松螺母时,只要将扳手翻身使用即可。

(8) 测力矩扳手。它可以用来控制施加于螺纹连接的拧紧力矩,使之适合于规定的大小。见图 1.11,它有一个长的弹性扳手柄 3(一端装着手柄 6,另一端装有带方头 1 的柱体 2),方头上套装一个可更换的梅花套筒,柱体 2 上还装有一个长指针 4,刻度板 7 固定在柄座上,每格刻度值为 1 公斤力・米(kgf・m)。工作时,由于扳手杆和刻度板一起向旋转的方向弯曲,因此指针尖 5 就在刻度板上指出拧紧力矩的大小。

(9) 气动扳手。以压缩空气为动力,适用于汽车、拖拉机等批量生产安装中螺纹连接的旋紧和拆卸。见图 1.12,气动扳手可根据螺栓的大小和所需要的扭矩值,选择适宜的扭力棒,以实现不同的定扭矩要求。气动扳手尤其适用于连续生产的机械装配线,能提高装配质量和效率,并降低劳动强度。

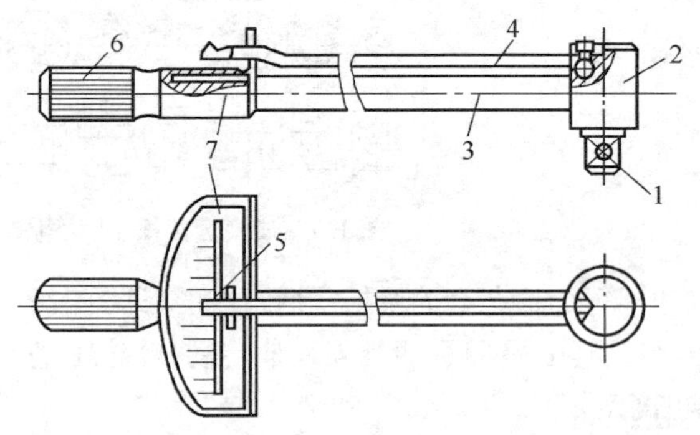

1—方头 2—柱体 3—弹性扳手柄 4—长指针 5—指针尖
6—手柄 7—刻度板

图 1.11 测力矩扳手示意图

图 1.12 气动扳手实物图

1.2.2 钳子类

钳子类包括钢丝钳、尖嘴钳、挡圈钳和管子钳等。

1）钢丝钳、尖嘴钳和管子钳

钢丝钳和尖嘴钳(如图 1.13、1.14)常用于夹持、剪断、弯曲金属薄片和金属丝等。尖嘴钳则更适合于狭小工作空间夹持小零件和切断、扭曲细金属丝，如开口销就可以用尖嘴钳弯曲尾部以锁紧螺纹。一般钳柄部带塑料套，规格按长度来表示，常用规格有 6″、7″、8″，对应长度为 150 mm、175 mm 和 200 mm。

使用钳子要量力而行，不可以超负荷使用。切忌在切不断的情况下扭动钳子，这样容易使钳子崩牙与损坏。无论是钢丝、铁丝还是铜线，只要钳子能留下咬痕，然后用钳子前口的齿夹紧钢丝，轻轻地上抬或者下压，就可以掰断，不但省力，而且对钳子没有损坏，可以有效地延长使用寿命。

管子钳(如图 1.15)用于紧固和拆卸圆形管状工件。它的工作原理是将钳力转换进入扭力，用在扭动方向的力更大也就钳得更紧。管子钳的规格是按长度来表示的，常用规格有 6″、8″、10″、12″、14″等。使用时，调节钳头开口使其等于工件的直径，卡紧工件后再用力扳。

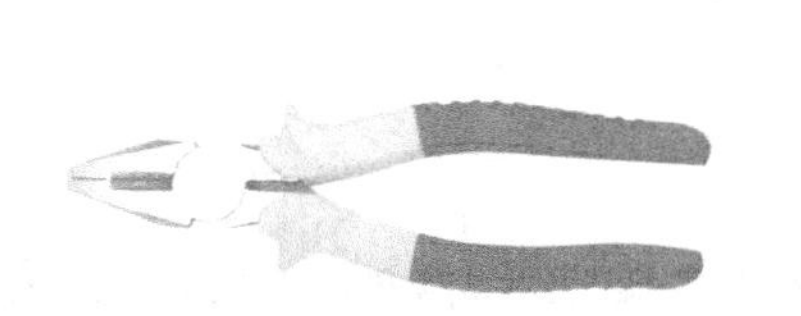

图 1.13　钢丝钳实物图

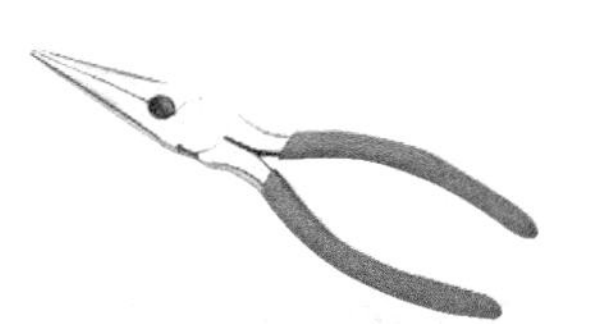

图 1.14　尖嘴钳实物图

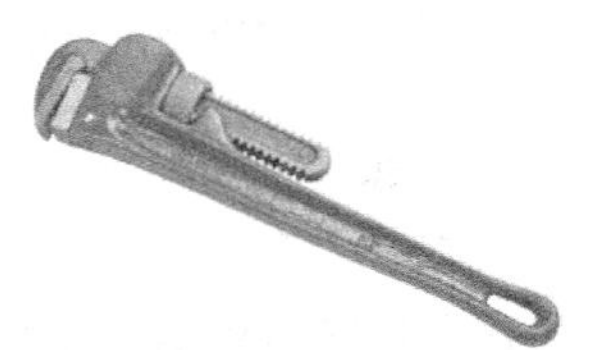

图 1.15　管子钳实物图

2）挡圈钳

挡圈钳专用于装拆弹性挡圈。由于挡圈形式分为孔用和轴用两种，且安装部位不同，因此挡圈钳可分为直嘴式和弯嘴式两种，见图 1.16。

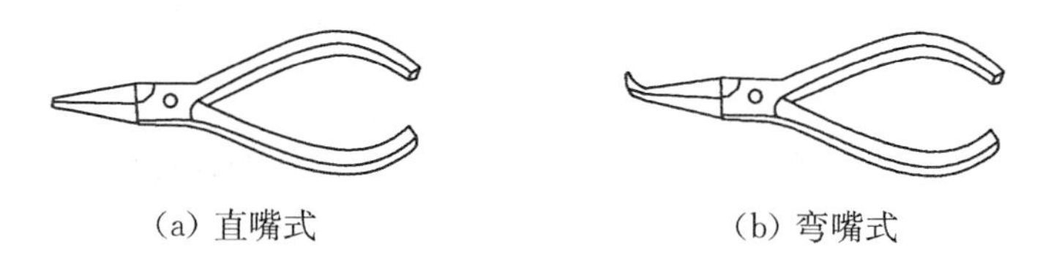

(a) 直嘴式　　(b) 弯嘴式

图 1.16　挡圈钳实物图

1.2.3　螺钉旋具类

螺钉旋具俗称螺丝刀或起子，包括一字槽旋具和十字槽旋具，如图 1.17 所示。前者常用于紧固或拆卸各种标准的一字槽螺钉，后者用于紧固或拆卸各种标准的十字槽螺钉。测绘时常用规格有 3×100、5×200 一字及十字槽旋具。

(a) 一字槽旋具　　(b) 十字槽旋具

图 1.17　螺钉旋具示意图

1.2.4 拔销器

拔销器专用于拆卸端部带螺纹的圆锥销。对于如图 1.18 所示的内螺纹圆锥销或只能单面装拆的圆锥销,拆卸比较困难,常用如图 1.19 所示的拔销器拆卸。拆卸时,先将拔销器螺纹旋入销的内螺纹,再迅速向外滑动拔销器上的滑块,产生向外的冲击力,以拔掉圆锥销。

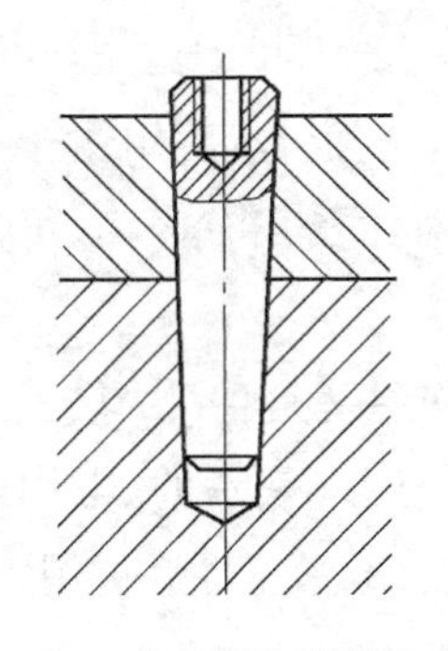

1.18 内螺纹圆锥销示意图

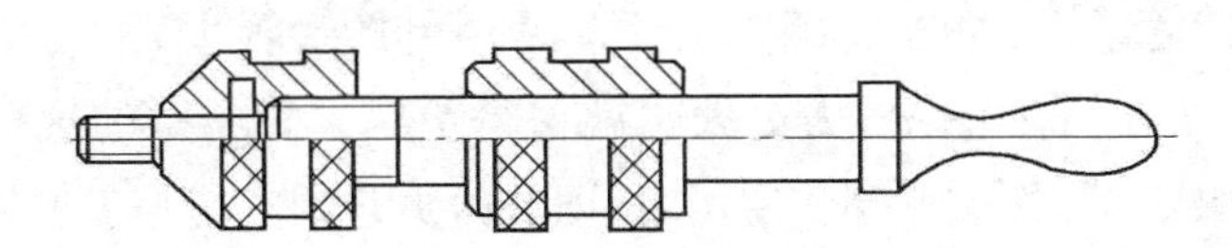

图 1.19 拔销器示意图

1.2.5 拉拔器

常见的拉拔器有三爪的和两爪的,如图 1.20 所示。常用于轴系零件,如带轮、齿轮、轴承等零件的拆卸,如图 1.21 所示。

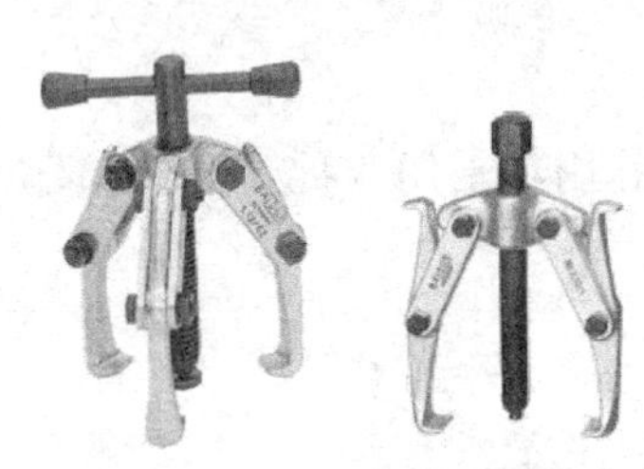

图 1.20 拉拔器实物图

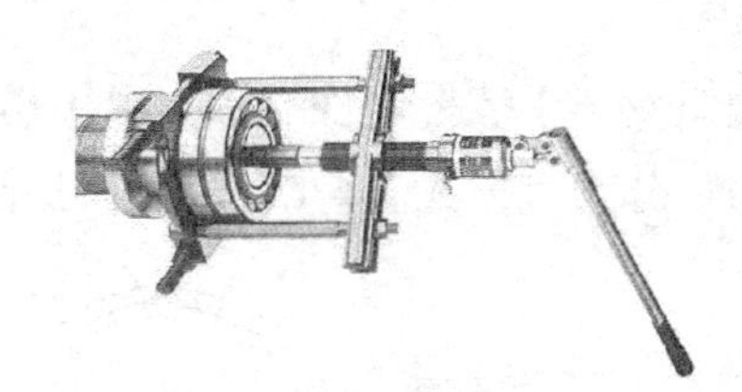

1.21 拉拔器拆卸轴承实物图

1.2.6 压力机

装配用压力机一般采用液压式。由于压力大小、压装速度均可调,因而压装平稳、无冲击性,特别适用于过渡或过盈配合件的装配,如压装轴承、带轮等。

1.2.7 锤子及冲子

1) 锤子

按材料分,锤子有铜锤、铁锤、橡胶锤(见图 1.22)。一般不允许直接敲打零件,如果确实需要,可以用铜锤或橡胶锤轻轻敲打,或是先垫上软质垫块,如木材、铜垫等,防止锤力过大而损伤所拆卸的零件。锤子是主要的击打工具,由锤头和锤柄组成,锤子按照功能分为除锈锤、机械锤、检验锤、起钉锤等。锤子的重量应与工件、材料和作用力相适应,太重或过轻都会不安全。

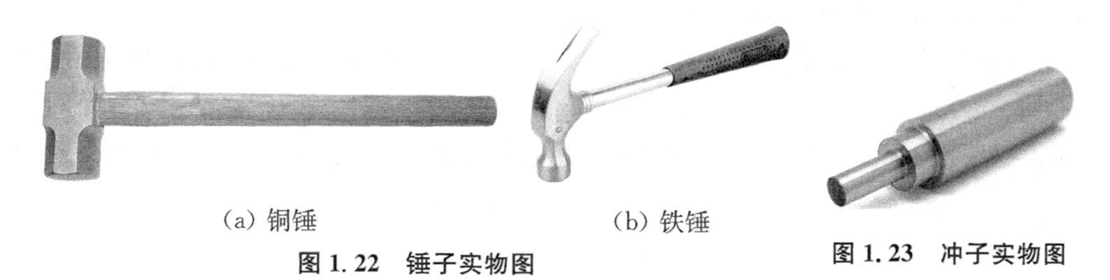

(a) 铜锤　　(b) 铁锤

图 1.22　锤子实物图

图 1.23　冲子实物图

2) 冲子

冲子(如图 1.23 所示)用于拆卸圆柱销或圆锥销。

1.3　测绘用量具及一般零件尺寸的测量

1.3.1　测绘用量具及使用

常用测绘用量具有:游标卡尺(0～200 mm)、千分尺(0～25 mm 和 25～50 mm)、游标万能角度尺、钢直尺(0～150 mm、0～300 mm、0～500 mm)、圆弧规、内卡钳、外卡钳等。

1) 游标卡尺

游标卡尺的结构与读数方法,见图 1.24。

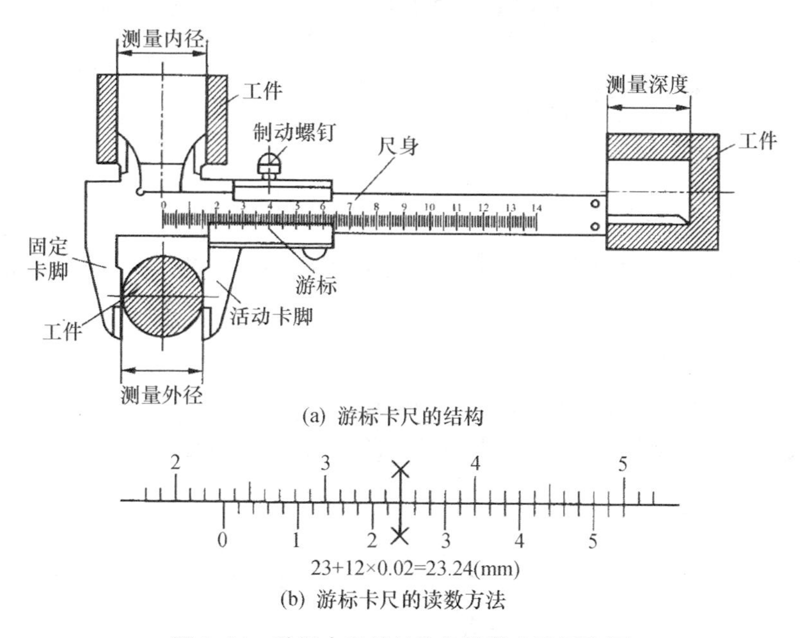

(a) 游标卡尺的结构

(b) 游标卡尺的读数方法

图 1.24　游标卡尺的结构与读数方法示意图

(1) 用途。游标卡尺是工业上常用的测量长度的仪器,可直接用来测量精度较高的工件,如工件的长度、内径、外径以及深度等。游标卡尺作为一种被广泛使用的高精度测量工具，它是由主尺和附在主尺上能滑动的游标两部分构成。如果按游标的刻度值来分，游标卡尺又分 0.1 mm、0.05 mm、0.02 mm 三种。

(2) 游标卡尺的读数方法。以刻度值 0.02 mm 的精密游标卡尺为例，读数方法可分三步：

① 根据副尺零线以左的主尺上的最近刻度读出整毫米数，图 1.24(b)整毫米读数为 23 mm。

② 根据副尺零线以右与主尺上的刻度对准的刻线数乘上 0.02 读出小数，图 1.24(b)中第 12 根线与主尺上的刻度对齐，毫米读数为 0.24 mm。由于游标刻度已经按 2 倍标注，故可直接读出而不必乘以 2。

③ 将上面整数和小数两部分加起来，即为总尺寸，图 1.24(b)中总尺寸为 23.24 mm。

(3) 游标卡尺的使用方法。将量爪并拢，查看游标和主尺身的零刻度线是否对齐。如果对齐就可以进行测量；如没有对齐则要记取零误差；游标的零刻度线在尺身零刻度线右侧的叫正零误差，在尺身零刻度线左侧的叫负零误差(这种规定方法与数轴的规定一致，原点以右为正，原点以左为负)。

如图 1.25 所示，测量时，右手拿住尺身，大拇指移动游标，左手拿待测外径(或内径)的物体，使待测物位于外测量爪之间，当与量爪紧紧相贴时，即可读数。测量平面用下部刀口部分，测量球或圆柱用上部平面部分。

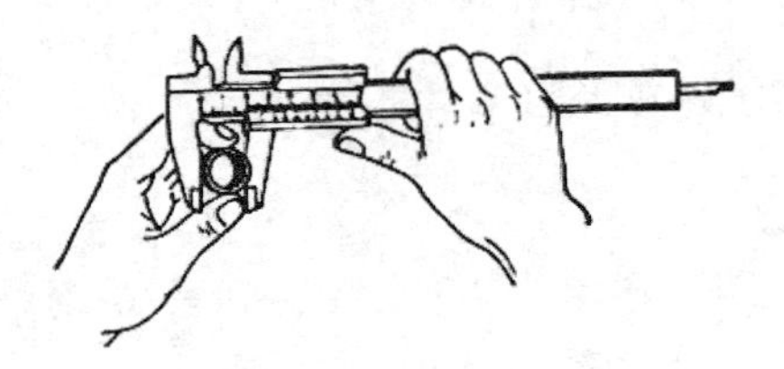

图 1.25 游标卡尺的使用示意图

2) 千分尺

螺旋测微器又叫千分尺，是一种精密的测量量具，下面将对螺旋测微器的原理、结构以及使用方法等内容进行介绍。

螺旋测微器又称千分尺(micrometer)、螺旋测微仪、分厘卡，是比游标卡尺更精密的测量长度的工具，用它测长度可以准确到 0.01 mm，测量范围为几个厘米。

(1) 螺旋测微器的结构。图 1.26 为螺旋测微器的结构示意图。

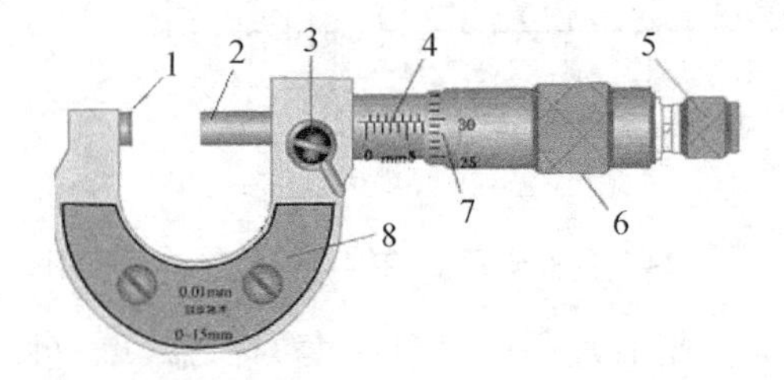

1—测砧 2—测微螺杆 3—止动旋钮 4—固定刻度 5—微调旋钮 6—粗调螺旋 7—可动刻度尺 8—尺架

图 1.26 螺旋测微器的结构示意图

螺旋测微器的精密螺纹的螺距是 0.5 mm，有 50 个等分的可动刻度，可动刻度旋转一周，测微螺杆可前进或后退 0.5 mm，因此每旋转一个小分度，相当于测微螺杆前进或后退 0.5/50＝0.01 mm。可见，可动刻度每一小分度表示 0.01 mm，所以螺旋测微器可精确到 0.01 mm。由于读数时还能再估读一位，可读到毫米的千分位，故又名千分尺。

（2）螺旋测微器的使用方法。

① 使用前应先检查零点。缓缓转动微调旋钮 5，使测微螺杆 2 和测砧 1 接触，到棘轮发出声音为止，此时可动刻度尺 7 上的零刻线应当和固定套筒上的基准线（长横线）对正，否则有零误差。

② 左手持尺架 8，右手转动粗调螺旋 6 使测微螺杆 2 与测砧 1 间距稍大于被测物，放入被测物，转动微调旋钮 5 到夹住被测物，直到棘轮发出声音为止，拨动止动旋钮 3 使测杆固定后读数。

（3）螺旋测微器的读数方法。

① 先读固定刻度；

② 再读半刻度，若半刻度线已露出，记作 0.5 mm；若半刻度线未露出，记作 0.0 mm；

③ 再读可动刻度（注意估读），记作 $n\times0.01$ mm；

④ 最终读数结果为固定刻度＋半刻度＋可动刻度。

3）游标万能角度尺

游标万能角度尺用于测量工件各种内、外角的角度，采用优质合金钢或不锈钢带制造，主要由直角尺、游标、主尺、基尺、直尺等组成，见图 1.27(a)。测量范围：测量外角：0～320°，测量内角：40°～220°，读数值：2′，直尺长度：150 mm。

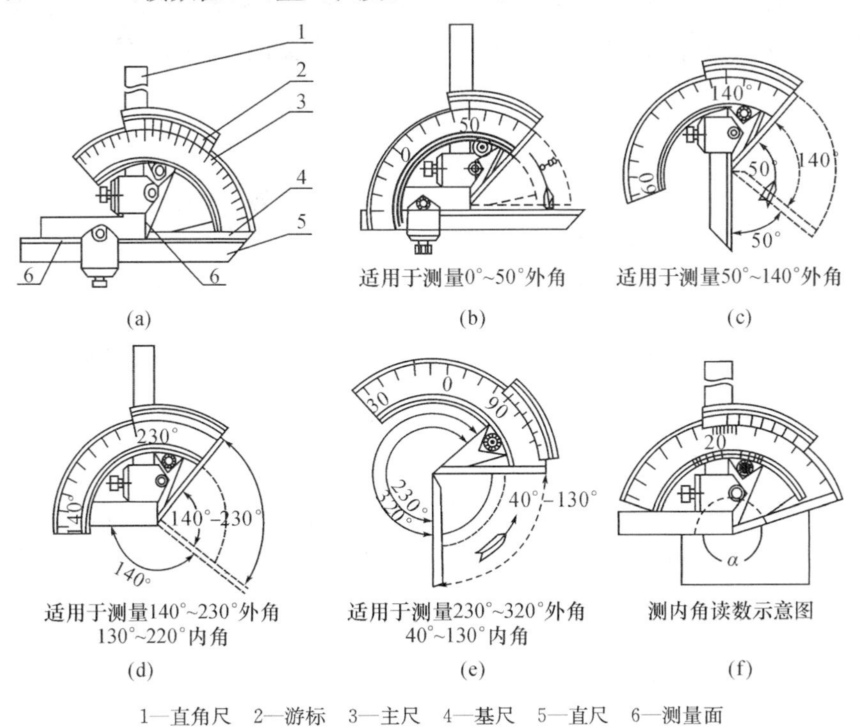

(a)

适用于测量0°~50°外角

(b)

适用于测量50°~140°外角

(c)

适用于测量140°~230°外角
130°~220°内角

(d)

适用于测量230°~320°外角
40°~130°内角

(e)

测内角读数示意图

(f)

1—直角尺　2—游标　3—主尺　4—基尺　5—直尺　6—测量面

图 1.27　游标万能角度尺的使用示意图

测量前用绸布将测量面擦净，检查零位是否正确，转动背面旋钮，使基尺测量面与直尺测量面接触良好(如图 1.27)。检查游标尺零线和主尺零线是否重合。如未重合，且偏差超过标准规定应调整游标尺的位置使之对齐。根据被测工件角度的大小，组装角度尺，见图 1.27(a)～(e)。而后，转动主尺使两测量面与工件被测表面接触，拧紧制动螺帽，读数，读数方法与一般游标量具相同。

当测量工件内角时，工件的实际角度应该是 360°减去角度尺的读数值。如图 1.27(f)所示，工件角度为 α，角度尺读数为 207°26′，则工件被测角度为 360°－207°26′＝152°34′。

测量完毕后，将直角尺用绸布擦净，放入包装盒内。

4) 钢直尺

钢直尺用于测量直线长度、沟槽宽或深度等精确度不高的测量处，其最小刻度值为 1 mm，可估读到小数点后面 1 位，精确度为 0.2～0.5 mm。钢直尺的外形如图 1.28 所示，有以下测量范围可供使用：0～150 mm、0～300 mm、0～500 mm。

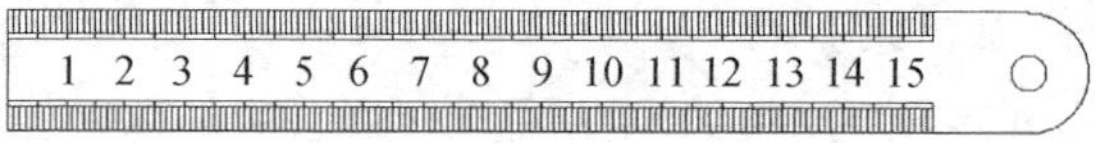

图 1.28　钢直尺实物图

5) 圆弧规

圆弧规(如图 1.29 所示)是利用光隙法测量圆弧半径的工具。测量时必须使圆弧规的测量面与工件的圆弧完全、紧密地接触，当测量面与工件的圆弧中间没有间隙时，工件的圆弧度数则为此时圆弧规上所指示的数字。由于是目测，故准确度不是很高，只能作定性测量。

图 1.29　圆弧规实物图

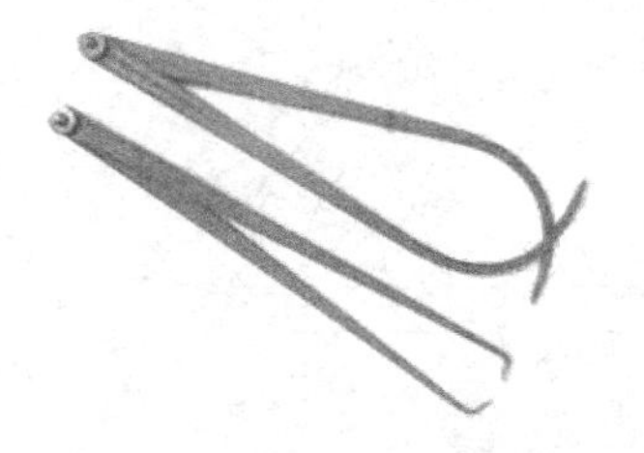

图 1.30　内卡钳、外卡钳实物图

6) 内卡钳、外卡钳

内、外卡钳是最简单的比较量具，见图 1.30。外卡钳用于测量圆柱体的外径或物体的长度等。内卡钳用于测量圆柱孔的内径或槽宽等。它们本身都不能直接读出测量结果，而是要把测得的长度尺寸(直径也属于长度尺寸)用钢直尺进行测量并读数，或在钢直尺上先取下所需尺寸，再去检验零件的直径是否符合。

1.3.2　一般零件尺寸的测量

测量尺寸用的简单工具有直尺、外卡钳和内卡钳，而测量较精密的零件时，要用游标卡尺、千分尺或其他工具。直尺、游标卡尺和千分尺上有尺寸刻度，测量零件时可直接从刻度上读出零件的尺寸。用内、外卡钳测量时，必须借助直尺才能读出零件的尺寸。

1）线性尺寸的测量

（1）测量直线尺寸。一般用直尺、游标卡尺或深度尺直接测量尺寸大小，必要时可借助直角尺或三角板配合进行测量，如图 1.31 所示。三用游标卡尺应用最为广泛，图 1.31(a)所示的工件尺寸是用钢直尺测量，也可用三用游标卡尺的深度尺测量；图 1.31(c)所示的工件尺寸用直角尺与钢直尺配合测量，也可用游标卡尺直接测量。

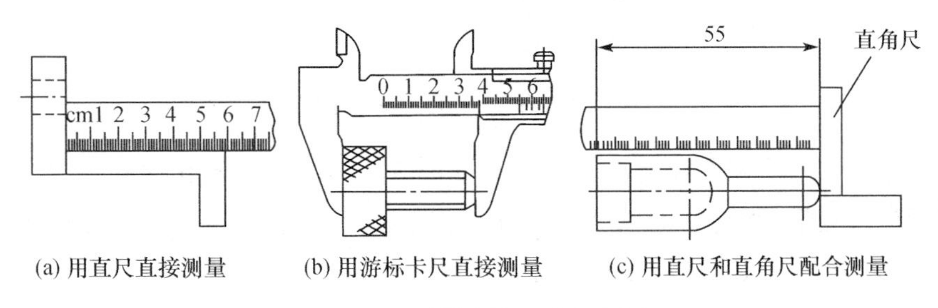

(a) 用直尺直接测量　(b) 用游标卡尺直接测量　(c) 用直尺和直角尺配合测量

图 1.31　测量直线尺寸示意图

（2）测量直径尺寸。通常用内、外卡钳或游标卡尺直接测量直径尺寸，必要时也可使用内、外径千分尺。测量时应使两测量点的连线与回转面的轴线垂直相交，以保证测量精度，如图 1.32 所示。

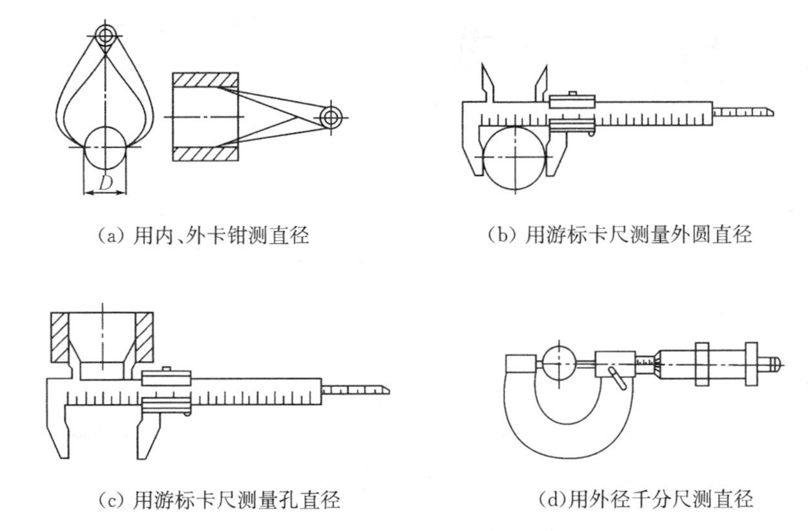

(a) 用内、外卡钳测直径　(b) 用游标卡尺测量外圆直径

(c) 用游标卡尺测量孔直径　(d)用外径千分尺测直径

图 1.32　直径尺寸的测量示意图

在测量阶梯孔的直径时，会遇到外孔小、内孔大的情况，用游标卡尺无法测量大内孔的直径。这时，可用内卡钳测量，见图 1.33(a)，也可用特殊量具(内外同值卡尺)进行测量，如图 1.33(b)所示。

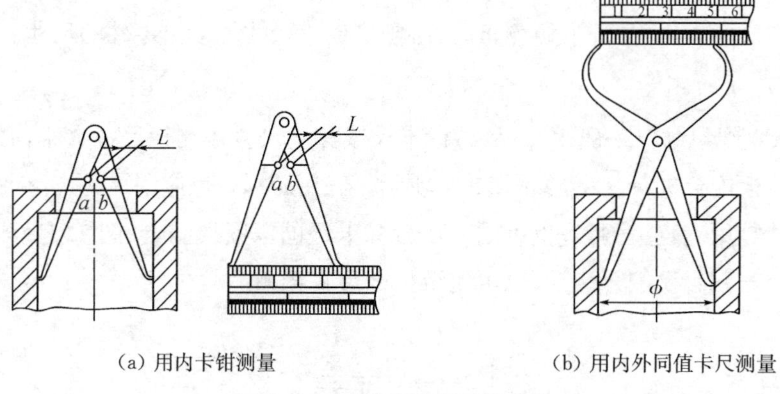

(a) 用内卡钳测量　　(b) 用内外同值卡尺测量

图 1.33　测量孔的内径示意图

(3) 测量壁厚。一般可用直尺测量壁厚,如图 1.34(a)所示;若孔径较小时,可用带测量深度的游标卡尺测量,如图 1.34(b)所示;有时也会遇到用直尺或游标卡尺都无法直接测量的壁厚,这时则需用卡钳直尺配合进行测量,如图 1.34(c)、(d)所示。

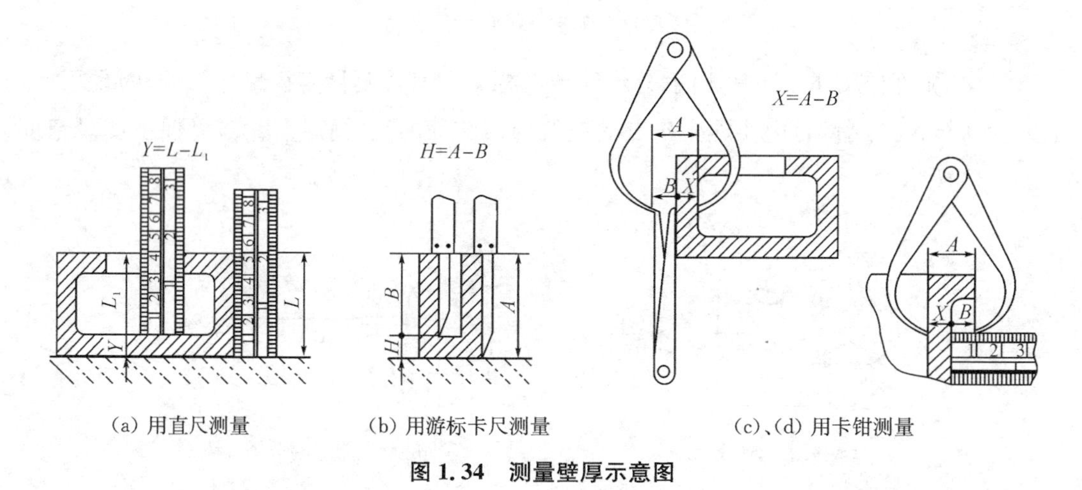

(a) 用直尺测量　　(b) 用游标卡尺测量　　(c)、(d) 用卡钳测量

图 1.34　测量壁厚示意图

(4) 测量孔间距。可利用直尺、游标卡尺或卡钳测量孔间距,如图 1.35 所示。

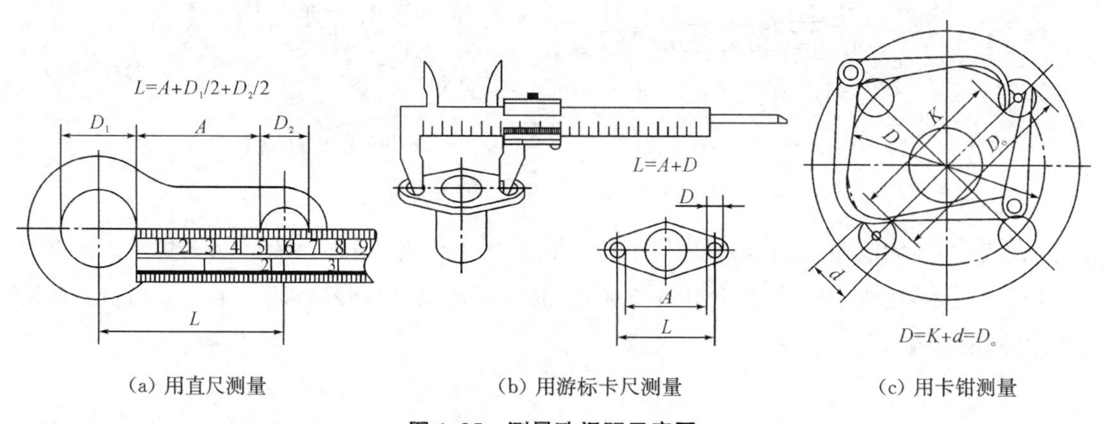

(a) 用直尺测量　　(b) 用游标卡尺测量　　(c) 用卡钳测量

图 1.35　测量孔间距示意图

(5) 测量中心高。一般可用直尺、卡钳或游标卡尺测量中心高,如图 1.36 所示。

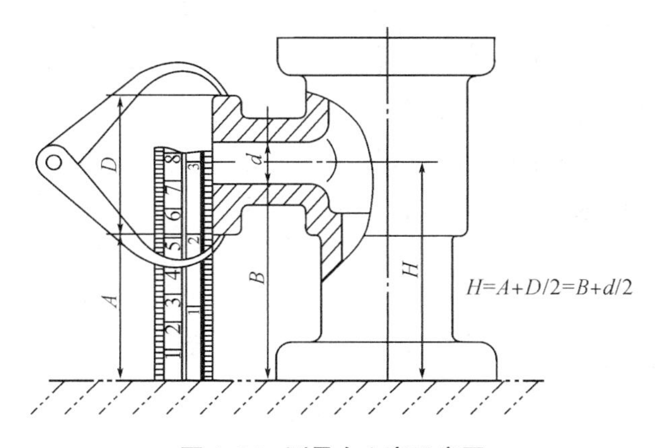

图 1.36　测量中心高示意图

2) 非线性尺寸的测量

(1) 测量圆角。检查圆弧半径尺寸是否合格的量规称为半径样板或圆弧规。半径样板分为检查凸形圆弧和凹形圆弧两种。半径样板成套地组成一组,根据半径范围,常用的有三套,每组由凹形和凸形样板各 16 片组成,最小的为 1 mm,每隔 0.5 mm 增加一挡,到 20 mm 为止,然后每隔 1 mm 增加一挡,到 25 mm 为止。具体尺寸见表 1.2。每片样板都是用 0.5 mm 厚的不锈钢板制成,如图 1.29 所示。

表 1.2　成套半径样板的尺寸表　(单位:mm)

样板组半径范围	样板半径尺寸															
1～6.5	1	1.25	1.5	1.75	2	2.25	2.5	2.75	3	3.5	4	4.5	5	5.5	6	6.5
7～14.5	7	7.5	8	8.5	9	9.5	10	10.5	11	11.5	12	12.5	13	13.5	14	14.5
15～25	15	15.5	16	16.5	17	17.5	18	18.5	19	19.5	20	21	22	23	24	25

若要测量出圆弧角的未知半径,则选用近似的样板与被测圆弧相靠,完全吻合时,该片样板的数值即为圆角半径的大小,如图 1.37 所示。

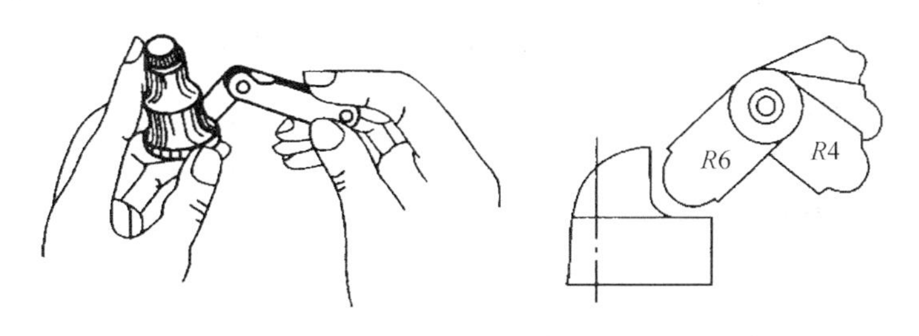

图 1.37　用圆弧规测量圆角示意图

(2) 测量曲线或曲面。

测量曲线或曲面时,若测量精度要求较高,应使用三坐标测量仪测量;若测量精度要求不高,对一些不容易测量的部位,还可采用以下方法进行测量:

① 拓印法:对于平面与曲面相交的曲线轮廓,可以先用纸拓印出轮廓,得到真实的曲线

形状后，用铅笔描深，然后判定该曲线的曲线轮廓，确定切点，找到各段圆弧的中心，再测出半径值，如图 1.38(a)所示。

② 铅丝法：测量回转面零件的母线曲率半径时，可以先用铅丝贴合其曲面弯成母线形状，再描绘到纸上，然后进行测量，如图 1.38(b)所示。

③ 坐标法：一般的曲线和曲面都可以用直尺和三角板定出曲面上各点的坐标，进而在纸上画出曲线，然后测出曲率半径，如图 1.38(c)所示。

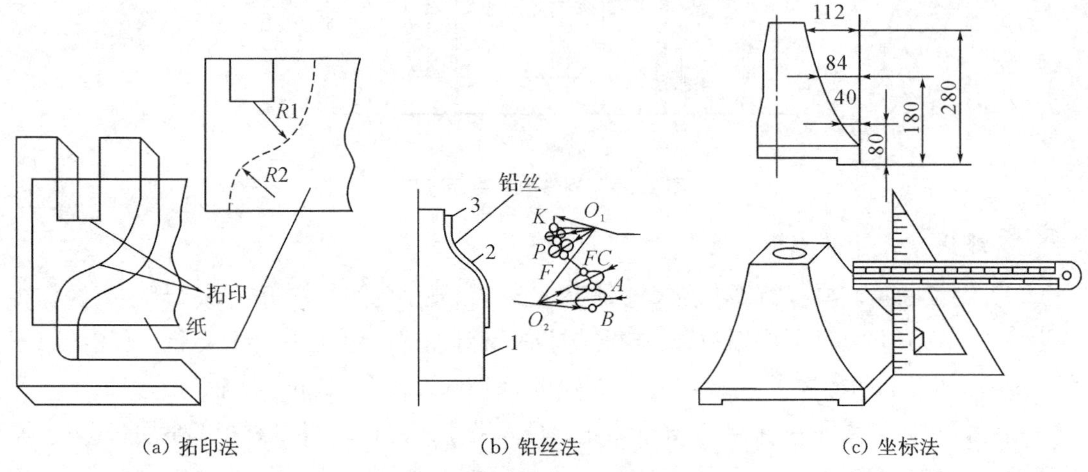

(a) 拓印法　　(b) 铅丝法　　(c) 坐标法

图 1.38　测量曲线和曲面的各种方法

习题一

一、选择题

(　　)1. 在空间狭小的地方，可以优先选择________扳手。

A. 活扳手　　B. 呆扳手　　C. 梅花扳手　　D. 力矩扳手

(　　)2. ________更适合于狭小工作空间夹持小零件和切断、扭曲细金属丝。

A. 钢丝钳　　B. 尖嘴钳　　C. 管子钳　　D. 大力钳

(　　)3. 用来安装或拆除轴上或孔内挡圈的钳子叫________。

A. 钢丝钳　　B. 尖嘴钳　　C. 管子钳　　D. 挡圈钳

(　　)4. 常用游标卡尺的刻度值为________。

A. 0.01 mm　　B. 0.02 mm　　C. 0.05 mm　　D. 0.1 mm

(　　)5. 千分尺的精度可以精确到________。

A. 0.01 mm　　B. 0.02 mm　　C. 0.05 mm　　D. 0.001 mm

(　　)6. 测量长度、外径、内孔、深度最常用的量具是________。

A. 游标卡尺　　B. 千分尺　　C. 直尺　　D. 内、外卡钳

二、判断题

1. 零部件测绘前,必须拆下每一个零件。 (　　)
2. 测绘就是把零件的尺寸测量出来,画成图纸的过程。 (　　)
3. 测绘一般不做强度验算。 (　　)
4. 标准件不必画零件草图和零件图。 (　　)
5. 零件草图可以不标公差。 (　　)
6. 零件草图可以不标技术要求。 (　　)
7. 由于零件草图已经表达完整,测绘可以不画装配图,直接制造。 (　　)
8. 如果测得零件的非配合尺寸有小数,一般应取整。 (　　)
9. 对于零件上的缺陷,如铸造缩孔、砂眼也要画出。 (　　)
10. 标准件只需量出必要的尺寸,注出尺寸规格和国家标准,可不用画草图。 (　　)
11. 使用活络扳手时,应让固定钳口受主要作用力。 (　　)
12. 扳手手柄可以根据需要接长,以加大力矩。 (　　)
13. 锤子都是不允许直接敲打零件的。 (　　)
14. 圆弧规是利用光隙法测量圆弧半径的工具。 (　　)
15. 内、外卡钳可以直接测量出长度和内、外径尺寸。 (　　)
16. 机械传动机构中的构件,单独测绘,也能保证测绘结果正确。 (　　)
17. 拆装时,要将工件表面的油擦干净后,再进行测绘。 (　　)
18. 测绘不是简单的测量,是再设计和创新的过程。 (　　)
19. 画装配示意图时,对于机构,应采用国家标准《机构运动简图用图形符号》中所规定的符号。 (　　)
20. 草图中的圆角、倒角、退刀槽、小孔、凹坑、凸台、沟槽等细小部位可以不画。 (　　)
21. 零件上的相贯线、截交线不能机械地照零件描绘,要在弄清其形成原理的基础上,用相应的作图方法画出。 (　　)

三、填空题

1. 三不伤害:不伤害自己,不伤害他人,不________________。
2. 对现有的零件实物进行测量、绘图和确定技术要求的过程,称为________________。
3. 用于轴系零件,如带轮、齿轮、轴承等零件的拆卸的工具叫________________。
4. 三用游标卡尺除了能测量长度、外径、内径尺寸外,还可以测量________________。
5. 检查圆弧半径尺寸是否合格的量规称为________________。
6. 机械测绘包括一般零部件的测绘、________________机构的测绘。

项目二

LT625B 仪表车床尾座的拆装与测绘

学习目标

（1）了解机械拆卸与装配工艺过程与注意事项；

（2）学会装配示意图的画法，并绘制尾座装配示意图；

（3）掌握尾座各类零件的测绘方法并绘制零件草图、装配图、零件工作图。

本项目介绍了机械拆卸、装配的工艺过程与注意事项，及装配示意图的画法；重点介绍了尾座轴类、套类、盘盖类、箱板类零件的测绘方法、零件草图、部件装配图及零件工作图的绘制方法。

机器或部件拆卸和装配过程，当然不是简单的拆下和装上零件就可以了，为了达到“恢复原机”的目的，必须有一定的拆装顺序和要求。画装配示意图，既是装配的需要，也是画正式装配图的需要。测绘零件，最终绘制零件工作图是本课程的重点。不同零件的表达方法、技术要求各有特点。本项目分类学习，由简到繁，每一类给出典型零件的零件图，其他零件给出绘图要点。

2.1 机械拆卸工艺过程与注意事项

在机械拆卸的过程中，要遵循“恢复原机”的原则。在开始拆卸时就要考虑再装配时要与原机相同，即保证原机的完整性、准确度和密封性等。在拆卸设备时，应按照与装配相反的顺序进行，一般是由外向内，从上到下，先拆成部件或组件，再拆成零件。

1）机械拆卸工艺过程

（1）详细研究机器的构造特征。在测绘之前，最好能阅读被测绘机器的说明书、有关参考资料，请操作者介绍机器的构造特点、零件与部件之间的相互作用、联结方式等。

（2）了解机器的联结方式。机器的联结方式一般可以分为四种形式：永久性联结（焊接、铆接）、半永久性联结（过盈连接）、活动联结（间隙配合）和可拆联结（螺纹、键、销联结）。永久性联结属于不可拆联结，半永久性联结只有在中修或大修时才允许拆卸，后两种一般都可以拆卸。

（3）确定拆卸的大体步骤。在比较深入了解机器结构特征、联结方式的基础上，确定拆卸的大体步骤，通常是从最后装配的那个零件开始的。

(4) 拆卸时需编好零件号牌、做好标记和记录。即零部件被拆卸下来后应马上给予命名和编号，做出标记，并作相应记录。

(5) 必要时可在零件上打号，然后分区分组放置。打号方法常用于相似零部件较多，零部件装配位置要求十分严格，或零部件非常重要的情况。

(6) 做好详细、具体的记录。对每一拆卸步骤应逐条记录并整理出今后装配注意事项，尤其对有相对位置要求的两个零件，在拆卸前应做相对位置标志，保证装配后，仍然装配到该位置。对复杂组件，必须在拆卸前作照相记录，并做全程录像。

2) 拆卸方法

拆卸方法一般有以下几种。

(1) 冲击力拆卸法。利用锤头的冲击力打出要拆卸的零件。这种拆卸方法多用于拆卸比较结实或不重要的零件。某些衬套的拆卸，为保证衬套周边受力均匀，常常采用导向柱或导向套筒。导向柱和导向套筒的直径，分别和被拆零件或衬套的孔径具有较小的配合间隙。最好利用弹簧支撑在孔中，当导向柱(套)压出被拆卸的零件时，即压缩弹簧，不致损坏有关零件，如图2.1所示。

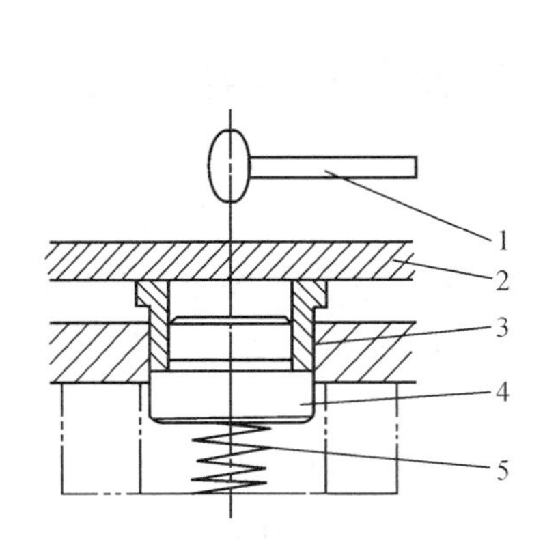

1—手锤　2—垫板　3—导向套　4—拆卸件　5—弹簧

图2.1　冲击力法拆卸示意图

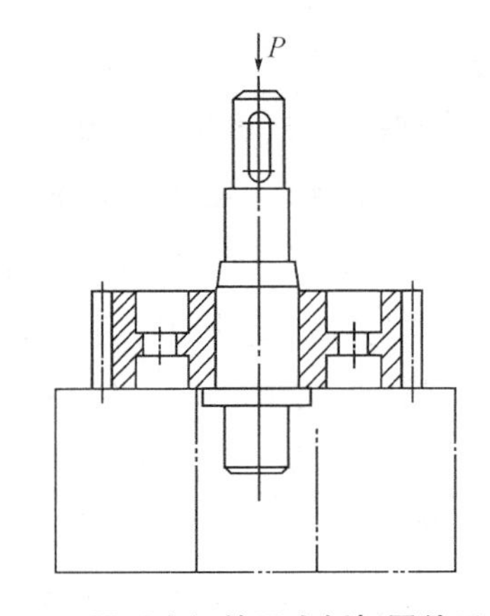

图2.2　用压力机的压力拆卸零件示意图

应当注意：在拆卸过程中，如有可能损害联结特性，一般应尽可能避免拆卸。还应注意在锤击时要垫上软质垫块，如木材、铜垫等以防止锤力过大而损害所拆卸的零件。

(2) 压出压入法。这种拆卸方法作用力稳而均匀，作用力方向容易控制，但需要一定的设备，如各种动力(液、气、机械)的压力机。图2.2为在压力机压力的作用下，使齿轮与轴分离的示意图。

(3) 拉出拆卸法。这种拆卸方法常利用一些特殊的螺旋拆卸辅助工具——拉拔器，其样式较多，图2.3便是其中一种。它可以拆卸滚动轴承、轴套、凸缘半联轴器及皮带轮等。

图2.4是利用卡环(两个半圆)拆卸轴承，使轴承受力更均匀。

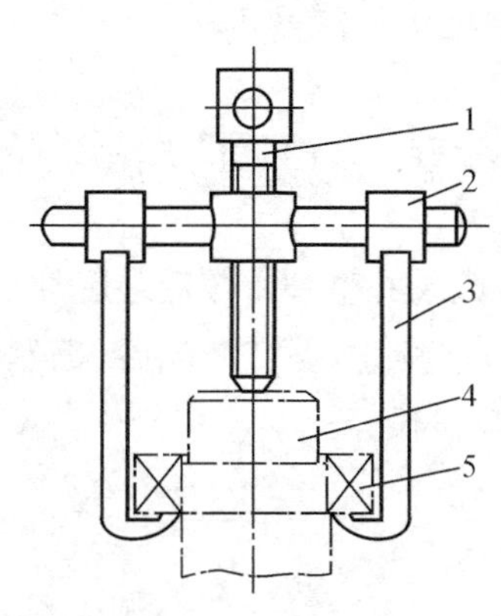

1—手柄与螺杆　2—螺母与横梁　3—拉杆
4—轴　5—轴承

图 2.3　用拉拔器拆卸轴承、皮带轮示意图

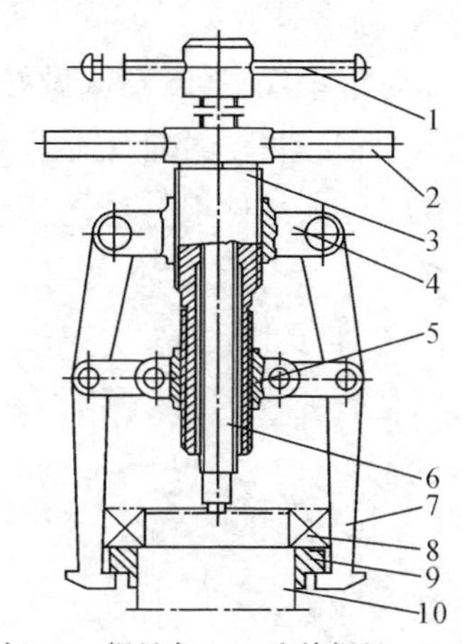

1、2—手柄　3—螺母套　4—右旋螺母　5—左旋螺母
6—螺杆　7—拉杆　8—轴承　9—卡环　10—轴

图 2.4　利用卡环拆卸零件示意图

（4）温差拆卸法。利用金属热胀冷缩的特点进行拆卸（安装）称为温差法拆卸（安装）。加热孔使孔径增大，用冷却法使轴的直径变小，使轴孔的配合过盈量相对减少或出现间隙，拆卸就比较容易了。也可以用施加轴向力，并对齿轮加温或将轴冷却（温差法）的组合方法进行拆卸。

上述几种拆卸方法，主要用于半永久性联结。永久性联结则不应拆卸。活动联结和可拆联结，拆卸比较容易，也不用上述方法。

3）拆卸过程中的注意事项

（1）对不易拆卸或拆卸后会降低联结质量和易损坏的连接件，应尽量不拆卸，过盈配合的衬套、销钉，壳体上的螺柱、螺套和丝套，以及一些经过调整、拆开后不易调整复位的零件（如刻度盘、游标尺等），一般不进行拆卸。

（2）拆卸时用力应适当，特别注意对主要部件的拆卸，不能使其发生任何程度的损坏。对于彼此互相配合的连接件，在必须损坏其中一个的情况下，应保留价值较高、制造困难或质量较好的零件。

（3）用锤击法冲击零件时，必须加较软的衬垫，或用较软材料的锤子（如铜锤）或冲棒，以防损坏零件表面。

（4）对于长径比值较大的零件，如较精密的细长轴、丝杠等零件，拆下后应竖直悬挂；对于重型零件，需用多个支撑点支撑后卧放，以防变形。

（5）拆卸下来的零件应尽快清洗和检查。对于不需要更换的零件，要涂上防锈油；对于一些精密的零件，最好用油纸包好，以防锈蚀或碰伤；对于零部件较多的设备，最好以部件为单位放置，并做好标记。

（6）对于拆卸下来的那些较小的或容易丢失的零件，如紧定螺钉、螺母、垫圈、销子等，清洗后能装上的尽量装上，防止丢失。轴上的零件在拆卸后最好按原来的次序临时装到轴上，或用铁丝穿到一起放置，这会给最后的装配工作带来很大的方便。

(7) 拆卸下来的导管、油杯等油、水、气的通路及各种液压元件，在清洗后均需将进、出口进行密封，以免灰尘、杂质等物侵入。

(8) 在拆卸旋转部件时，应注意尽量不破坏原来的平衡状态。

(9) 对于容易产生位移而又无定位装置或有方向性的连接件，在拆卸后应做好标记，以便装配时容易辨认。

2.2　机械装配工艺过程与注意事项

1) 装配的工艺过程

装配工艺过程是指按规定装配全部部件和整个产品的过程，以及该过程中所使用的设备和工夹具等的技术文件。装配工艺过程一般由以下三个部分组成。

(1) 装配前的准备

① 研究产品装配图、工艺文件及技术资料，了解产品的结构，熟悉各零部件的作用、相互关系和连接方法。

② 确定装配方法，准备所需要的工具。

③ 对要装配的零件进行清洗，检查零件的加工质量，对有特殊要求的零件要进行平衡或压力试验。

(2) 装配工作

对比较复杂的产品来说，其装配工作分为部件装配和总装配。

① 部件装配。凡是将两个以上的零件组合在一起，或将零件与几个组件结合在一起，成为一个装配单元的装配工作，都可以称为部件装配。

② 总装配。将零件、部件及各装配单元组合成一台完整产品的装配工作，称为总装配。

(3) 调整、检验和试车

① 调整。调节零件或机构的相互位置、配合间隙、结合面的松紧等，使机器或机构工作协调。

② 检验。检验机构或机器的几何精度和工作精度等。

③ 试车。试验机构或机器运转的灵活性、振动情况、工作温度、噪声、转速、功率等性能参数是否达到相关技术要求。

④ 喷漆、涂油和装箱。机器装配完毕后，为了使其外表美观、不生锈和便于运输，还要进行喷漆、涂油和装箱等工作。

2) 机械装配的基本要求

在装配过程中，零件的清洗与清理工作对提高装配质量、延长设备使用寿命具有十分重要的意义，特别是对轴承、液压元件、精密配合件、密封件和有特殊要求的零件更为重要。如果清洗和清理工作做得不好，会使轴承发热、产生噪声，并加快磨损，很快失去原有精度；对于滑动表面，可能造成拉伤，甚至咬死；对于油路，可能造成油路堵塞，使转动配合件得不到良好的润滑，使磨损加剧，甚至损坏咬死。

(1) 零件清洗与清理的内容

① 装配前，要清除零件上残存的型砂、铁锈、切屑、研磨剂及油污等。对孔、槽及其他容易残存污垢的地方，更要仔细清洗。

② 装配后，应对配钻、配铰、攻螺纹等加工过程中产生的切屑进行清除。

③ 试车后，应对因摩擦而产生的金属微粒进行清理和清洗。

(2) 零件清洗与清理的注意事项

① 对于橡胶制品零部件，如密封圈、密封垫等，严禁使用汽油进行清洗，以防发胀变形，应使用酒精或清洗剂进行清洗。

② 清洗滚动轴承时，不能采用棉纱进行清洗，防止因棉纱进入轴承内而影响轴承的精度。

③ 清洗后的零件，应待其比较干燥后，再进行装配。还应注意，零件清洗后，不能放置过长时间，防止灰尘和油污再次将零件弄脏。

④ 有些零件在装配时应分两次进行清洗。第一次清洗后，检查零件有无碰伤和拉伤，齿轮有无毛刺，螺纹有无损伤。对零件上存在的毛刺和轻微碰伤应进行修整。经检查修整后，再进行第二次清洗。

2.3 了解测绘对象和拆卸尾座

2.3.1 了解测绘对象

通过观察实物，参考有关图纸和说明书，了解部件的用途、性能、工作原理、装配关系和结构特点等。

如图 2.5 所示的仪表车床尾座是车削加工时的一个辅助夹紧装置，主要由尾座体、顶尖、套筒、丝杠轴、丝杠螺母、手轮等 20 个零件和螺钉、销、平键、油杯等 12 种标准件(斜体)组装而成。可分为三部分：① 主体部分。当用手摇动手轮的手柄时，手轮通过平键连接带动丝杠轴旋转，丝杠轴又将动力通过螺旋传动传递到套筒上，由于套筒下方的槽内卡着一个圆柱销 1，致使它只能移动不能转动，从而使套筒带动顶尖做轴向往复运动，让顶尖顶住或松开被夹工件。刻度圈用于确定手轮转动后顶尖前进或后退的精确尺寸。② 顶尖锁紧。顺时针转动锁紧手柄，锁紧螺母会减小锁紧套与锁紧螺栓之间的间隙，锁紧套与锁紧螺栓的凹槽侧抱在套筒侧面，起锁紧顶尖的作用。③ 尾座锁紧。嵌压在机床床身导轨下的压板通过螺钉 2 连接到连接块下端，偏心轴在大手柄和手柄座的带动下逆时针转动，其偏心部分与连接块间隙配合连接，致使连接块向上移动，从而将尾座锁紧在机床导轨需要的位置，反向转动大手柄则松夹。

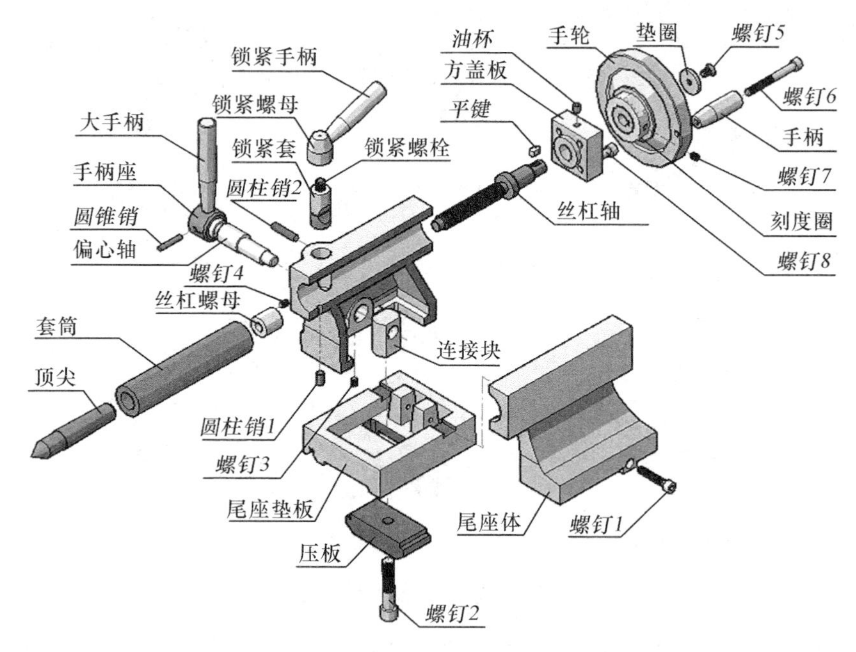

图 2.5　仪表车床尾座的组成示意图

2.3.2　拆卸尾座

拆装训练，每次不可以拆过多的零件。尾座有 20 个零件和 13 个标准件(螺钉 4 和螺钉 7 规格相同)，如果一次拆下太多，安装时容易出错，得不偿失。根据尾座结构，按照从上到下、从外到里的原则，分三次拆装，每次将拆下的零件画到装配示意图上，查标准件表，确定规格，标出国标号。拆卸时，注意要按照“2.1 机械拆卸工艺过程与注意事项”中所讲的要求，做好记录或拍照，将拆下的零件按顺序单独放置在工具箱中。

1) 尾座拆卸(一)

(1) 拆卸手柄、手轮、垫圈、刻度圈，具体拆卸步骤如下。

① 用规格(对边距离)为 5 的内六角扳手拆下固定手柄的内六角螺钉 6，取下手柄。

② 用十字槽旋具拆下安装垫圈的十字槽沉头螺钉 5，取下垫圈。

③ 外拉手轮，如果拉不下，则可借助于拉拔器。注意用手接住下落的平键。此处也可以看出，手轮内孔与安装手轮的丝杠轴处为间隙配合。平键较易掉下，说明平键与轴槽间为松连接。

④ 用一字槽旋手旋松紧固刻度圈的锥端紧定螺钉 7，取下刻度圈。

(2) 测量标准件参数，查表确定其规格及国标。机械产品中，标准部门已对标准件的结构和尺寸实行了标准化，并由专门厂家成批生产，无需单独制造。测绘时，不需要绘制标准件的零件图，只需根据其规定标记在相应的标准中查出有关的型式、结构和尺寸，并注明对应的国家或行业标准。常见的标准件有螺钉、螺母、键、销等，见图 2.6。

图 2.6 常用标准件示意图

① 螺钉 6。从外形上可以看出，螺钉 6 为内六角圆柱头螺钉，见图 2.7。用游标卡尺测量内六角螺钉的大径 d 及螺钉部分的长度 l。测得大径 d 的尺寸约 5.8～6 mm(标准件大径都为负公差)，长度约 60 mm，查《附录 6 内六角圆柱头螺钉》，可以确定此处内六角圆柱头螺钉的规格为：螺钉 M6×60，国标号：GB/T 70.1-2008。这里要注意的是，螺钉部分的长度不是总长。

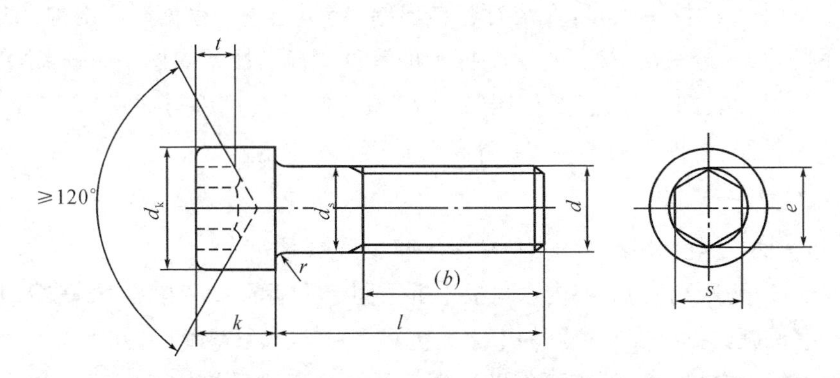

图 2.7 内六角圆柱头螺钉的结构、尺寸图

② 螺钉 5。从外形上可以看出，螺钉 5 为十字槽螺钉，见图 2.8。十字槽螺钉有三种，即十字槽盘头螺钉、十字槽沉头螺钉和十字槽半沉头螺钉。此处用到的是十字槽沉头螺钉，见图 2.8(b)。

用游标卡尺测量十字槽沉头螺钉 5 的大径 d 及螺钉长度 l，这里显然是螺钉的总长度。测得大径尺寸约 5.8～6 mm，长度约 10 mm，查《附录 5 十字槽螺钉》中十字槽沉头螺钉，可以确定此处十字槽沉头螺钉的规格为：M6×10，国标号：GB/T 819.1-2000。

③ 平键。平键是用两侧面为工作面来做周向固定和传递转矩的，见图 2.9。因此，其两侧面和键槽的配合较紧，键的顶面和轮毂底面则留有间隙。这种键对中性好，装拆方便。平

键的端部可作成圆头(A 型)、方头(B 型)、半圆头(C 型),见图 2.10 普通平键的型式与尺寸图,此处显然是 A 型平键。

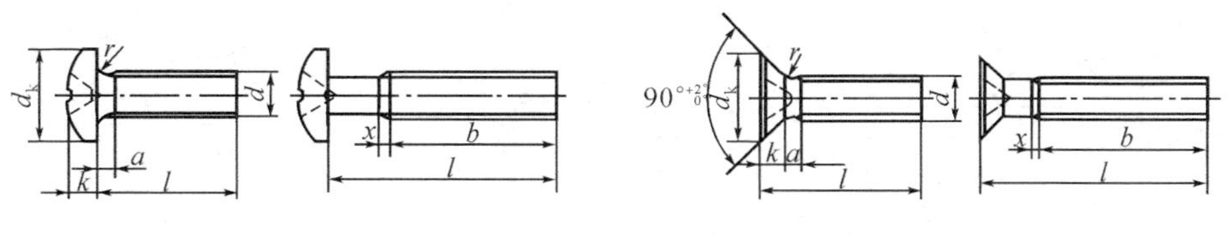

(a) 十字槽盘头螺钉(摘自 GB/T 818-2000)　　(b) 十字槽沉头螺钉(摘自 GB/T 819.1-2000)

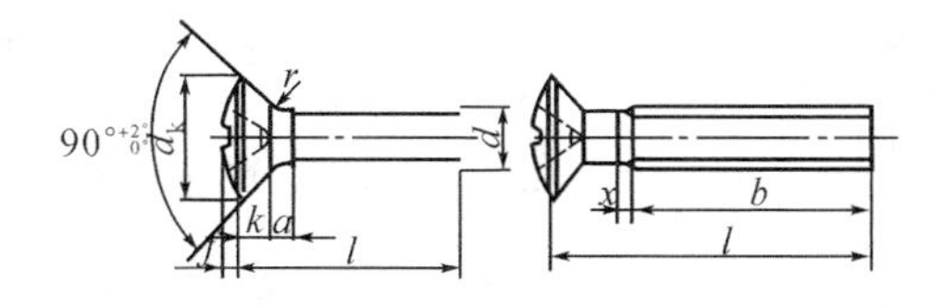

(c) 十字槽半沉头螺钉(摘自 GB/T 820-2000)

图 2.8　十字槽螺钉的结构、尺寸图

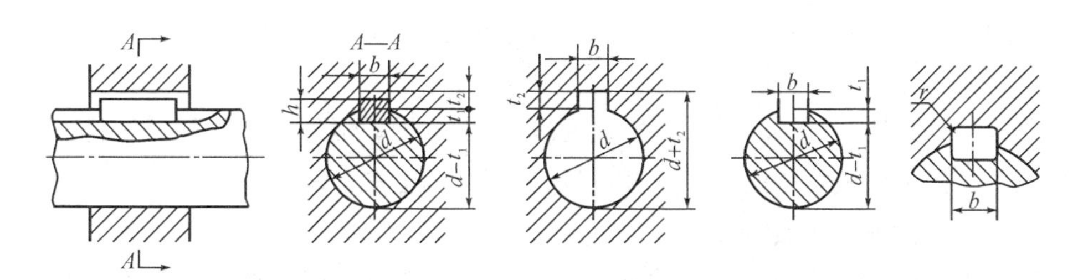

图 2.9　普通平键的尺寸与公差图

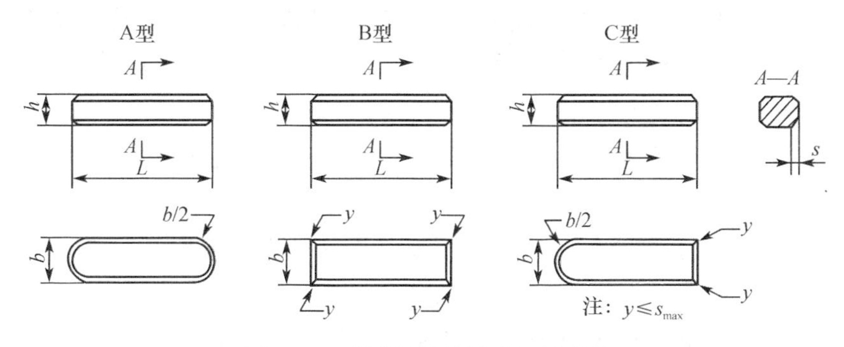

图 2.10　普通平键的型式与尺寸图

用游标卡尺测量平键的宽 b 与长度 L,测得宽为 5 mm,长为 10 mm,查《附录 13 普通型平键及键槽尺寸》,可以确定此处的平键规格为:5×5×10,国标号:GB/T 1096-2003。

④ 螺钉 7。从外形上看,螺钉 7 为开槽紧定螺钉,见图 2.11。开槽紧定螺钉又分为三类,即开槽锥端紧定螺钉、开槽平端紧定螺钉和开槽长圆柱端紧定螺钉,此处显然为开槽锥端紧定螺钉。

用游标卡尺测量开槽锥端紧定螺钉 7 的大径 d 及螺钉总长度 l,测得大径尺寸约 4.9~5 mm,长度约 8 mm,查《附录 7 开槽紧定螺钉》中开槽锥端紧定螺钉,可以确定此处开槽锥端紧定螺钉的规格为:M5×8,国标号:GB/T 71-1985。

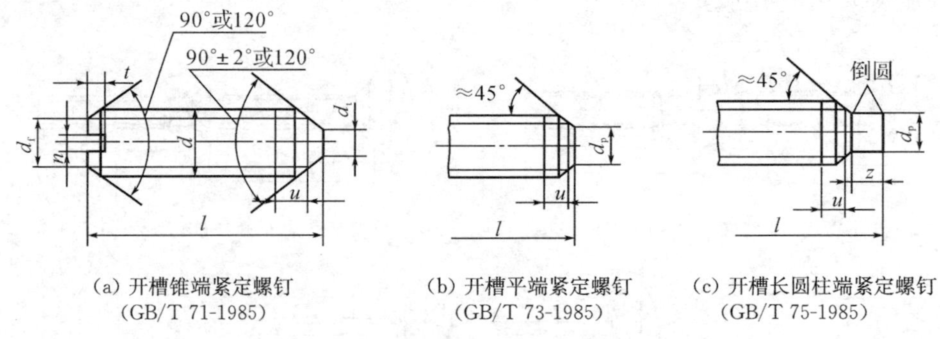

(a) 开槽锥端紧定螺钉(GB/T 71-1985)　(b) 开槽平端紧定螺钉(GB/T 73-1985)　(c) 开槽长圆柱端紧定螺钉(GB/T 75-1985)

图 2.11　开槽紧定螺钉型式及尺寸图

2) 尾座拆卸(二)

(1) 拆卸顶尖、套筒、锁紧螺栓、锁紧螺母、锁紧套、锁紧手柄、丝杠轴、丝杠螺母、方盖板,具体拆卸步骤如下。

① 用规格(对边距离)为 5 的内六角扳手拆下固定方盖板的 4 个内六角螺钉 8,取下方盖板。

② 手握锁紧手柄,逆时针旋转,旋松锁紧螺母,直至锁紧螺母可以取下。

③ 用手直接旋松锁紧手柄,直至它可以从锁紧螺母上取下。

④ 从锁紧螺栓中取出锁紧套。

⑤ 将顶尖外拉,连同套筒、丝杠轴一起取下。注意套筒与尾座体孔间有间隙较小的间隙配合。丝杠轴与方盖板孔间有间隙较大的间隙配合。

⑥ 将顶尖外拉,从套筒中取下。如太紧,将套筒固定在台虎钳上,旋转丝杠轴顶出。

⑦ 旋转丝杠轴,从套筒中取下,注意旋向,确定丝杠轴梯形螺纹的旋向。此处为左旋螺纹。

⑧ 从尾座体中取下锁紧螺栓。注意锁紧螺栓与尾座体对应的孔之间有间隙较大的配合间隙。

⑨ 用一字头旋手将固定丝杠螺母的开槽锥端紧定螺钉 4 旋下,丝杠螺母为紧配,不必拆卸。

(2) 测量标准件参数,查表确定规格及国标。

① 螺钉 8。螺钉 8 为内六角圆柱头螺钉。用游标卡尺测量固定方盖板的内六角螺钉 8 的大径及含螺纹螺钉部分的长度,测得大径尺寸约 5.8～6 mm,长度约 16 mm,查《附录 6 内六角圆柱头螺钉》,可以确定此处内六角圆柱头螺钉的规格为:螺钉 M6×16,国标号:GB/T 70.1-2008。

② 螺钉 4。螺钉 4 为开槽锥端紧定螺钉。用游标卡尺测量紧定丝杠螺母的开槽锥端紧定螺钉的大径及螺钉总长度,测得大径尺寸约 4.9～5 mm,长度约 8 mm,查《附录 7　开槽紧定螺钉》中开槽锥端紧定螺钉,可以确定此处开槽锥端紧定螺钉的规格为:M5×8,国标号:GB/T 71-1985。

③ 油杯。用游标卡尺测量方盖板上油杯的大径，测得大径尺寸约 6 mm，查《简明机械设计手册》中密封与润滑件，可以确定此处的油杯规格为 6，长度为 6 mm，国标号：GB/T 1155-1985。由此可以推断安装油杯的孔深度也为 6 mm。

3）尾座拆装（三）

（1）拆卸大手柄、手柄座、偏心轴、连接块、压板、垫板、尾座体，具体拆卸步骤如下。

① 手握大手柄前拉，旋松偏心锁紧机构，将尾座部件直接从机床导轨上取下，放置到钳工工作台上。

② 手旋拆下压板上压紧用的内六角螺钉 2，拆卸下压板。

③ 用规格为 5 的内六角扳手拆下尾座垫板两侧调整用的内六角螺钉 1，共 2 只。用木榔头轻击尾座垫板直至取下。注意尾座垫板的导向凹槽与尾座体凸方块之间是间隙较小的间隙配合。

④ 用一字槽旋具旋下偏心轴限位用开槽锥端紧定螺钉 3，从后面将偏心轴、大手柄连同手柄座一起取下，连接块自然落下，用手接住。注意偏心轴各段与对应孔之间：两端安装孔和连接块连接孔这三处都有间隙较大的间隙配合。手柄座孔与轴应为过渡配合。

⑤ 从手柄座中旋下大手柄，手柄座与偏心轴用圆锥销连接，不必拆卸。

（2）测量标准件参数，查表确定规格及国标。本次拆卸新涉及的标准件主要有圆柱销和圆锥销。圆柱销经过多次拆装后，连接的紧固性和精度降低，故只能用于不常拆卸处。圆锥销有 1∶50 的锥度，装拆比较方便，经过多次装拆后，对连接的紧固性及精度影响较小，因此应用更加广泛。

① 圆柱销 1。此处圆柱销的主要作用是导向，保证套筒不会转动，只能沿槽前后直线移动，因此需要有一定的耐磨性。圆柱销主要参数就是直径 d 和长度 l，如图 2.12 所示。用游标卡尺测量尾座体左下方的圆柱销 1 的大径及长度，测得大径尺寸约 6 mm，长度约 12 mm，查《附件 14　圆柱销》中连接件，可以确定此处圆柱销的规格为 6×12，国标号：GB/T 119.2-2000。由于是过渡配合，选圆柱销直径公差代号及等级为 m6，故圆柱销规格为 6m6×12。这里 GB/T 119.2跟 GB/T 119.1 相比，是淬硬的。

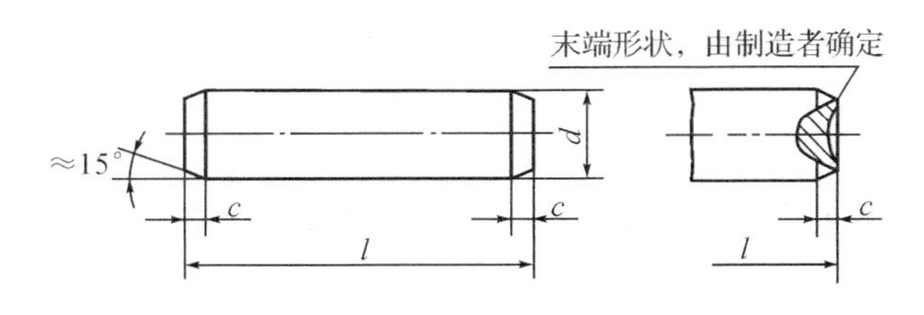

图 2.12　圆柱销的结构、尺寸图

② 螺钉 2。从外观上看是内六角螺钉。用游标卡尺测量固定压板的内六角螺钉 2 的大径及螺钉部分的长度，测得大径尺寸为 9.8～10 mm，长度约 50 mm，查《附录 6　内六角圆柱头螺钉》，可以确定此处内六角圆柱头螺钉的规格为：M10×50，国标号：GB/T 70.1-2008。

③ 螺钉 3。从外观上看是开槽锥端紧定螺钉。用游标卡尺测量限定偏心轴位置的开槽锥端紧定螺钉的大径 d 及螺钉总长度 l，测得大径尺寸为 5.8～6 mm，长度约 8 mm，查《附录

7 开槽紧定螺钉》中开槽锥端紧定螺钉，可以确定此处开槽锥端紧定螺钉的规格为：M6×8，国标号：GB/T 71-1985。这里要注意的是，如果同一类型的螺钉，长度差异不大，尽量统一长度，减少标准件规格数量，便于采购。

④ 圆锥销。圆锥销的主要参数是小端直径 d 和长度 l，见图 2.13。用游标卡尺测量固定手柄座的圆锥销小端直径 d 及长度 l，测得小端直径尺寸约 4 mm，长度约 28 mm，查《附录 15 圆锥销》中连接件，可以确定此处圆锥销的规格为 4×28，国标号：GB/T 117-2000。

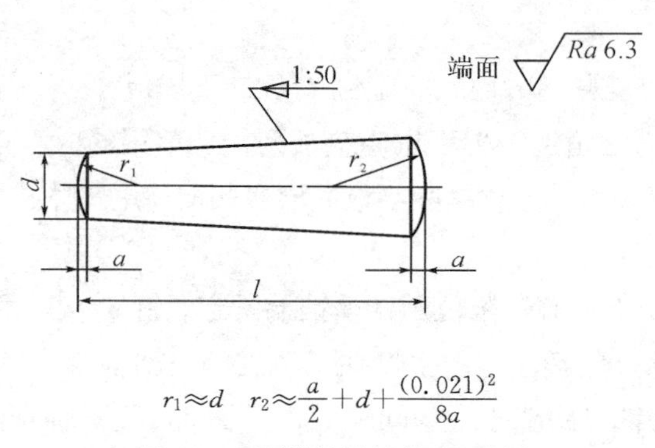

$$r_1 \approx d \quad r_2 \approx \frac{a}{2} + d + \frac{(0.021)^2}{8a}$$

图 2.13 圆锥销的结构、尺寸图

⑤ 螺钉 1。从外形上看，螺钉 1 为内六角螺钉。用游标卡尺测量固定垫板的内六角螺钉大径 d 及螺钉部分的长度 l，测得大径尺寸为 5.8～6 mm，长度约 35 mm，查《附录 6 内六角圆柱头螺钉》中连接件，可以确定此处两只内六角螺钉的规格为 M6×35，国标号：GB/T 70.1-2008。

⑥ 圆柱销 2。用游标卡尺测量尾座体左后下方的圆柱销大径 d 及长度 l，测得大径尺寸约 5 mm，长度约 28 mm，查《附录 14 圆柱销》中连接件，可以确定圆柱销规格为 5×28，国标号：GB/T 119.1-2000。由于是过渡配合，选圆柱销直径公差代号及等级为 5m6，故此处圆柱销的规格为 6m6×12。

2.4 尾座装配示意图的绘制

2.4.1 零件标准件在装配示意图中的表示方法

对零件较多的部件，为便于拆卸后重装和为画装配图时提供参考，在拆卸过程中应画装配示意图。它是用规定符号和简单的线条绘制的图样，是一种表意性的图示方法，用于记录零件间的相对位置、连接关系和配合性质，注明零件的名称、数量和编号等。

画装配示意图时需注意以下几点：

(1) 装配示意图的画法没有严格的规定，通常用简单的线条画出零件的大致轮廓。

(2) 在画有些零件(如轴、轴承、齿轮、弹簧等)机构传动部分的示意图时应使用《机械制图机构运动简图用图形符号》国家标准(GB/T 4460-2013)中规定的符号表示(见表 2.1)，若无规定符号则用单线条画出该零件的大致轮廓，以显示其形体的基本特征。

(3) 画装配示意图时，一般从主要零件和较大的零件入手，对零件的表达一般不受前后层次的限制，依次按装配顺序把零件逐个画出，并尽量将所有零件都集中在一个视图上表达出来。

(4) 对于一些箱壳类零件，可假想为透明体，既画出外形轮廓，又画出其外部及内部与其他零件间的装配关系。

(5) 相邻两零件的接触面之间最好留出空隙，以便区分。零件中的通孔可画成开口，以便清楚地表达装配关系。

(6) 装配示意图画好后，对各零件编序号并列表登记。应注意示意图、零件明细表、零件标签上的序号、名称要一致。

表 2.1　机构运动简图用图形符号(GB/T 4460-2013)

序号	名称	例图	基本符号	可用符号
1	轴、杆	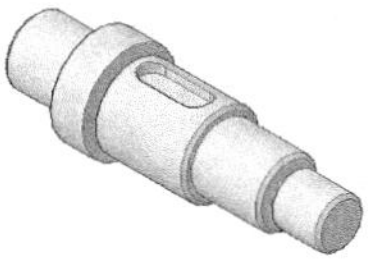		无
2	轮与轴固定连接	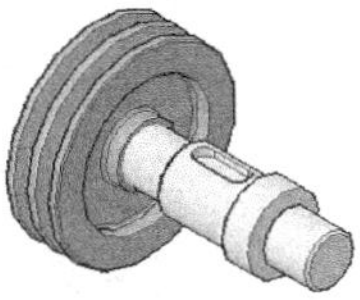	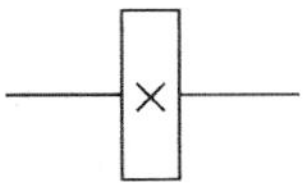	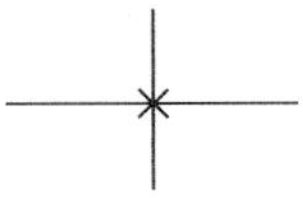
3	螺杆与螺母	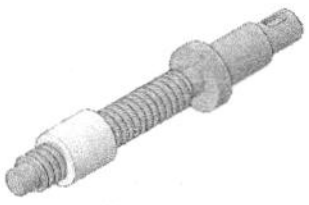	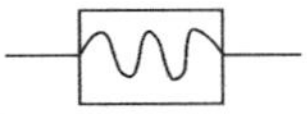	
4	滑动轴承			无
5	深沟球轴承	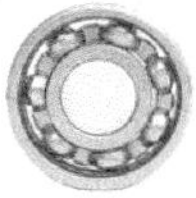	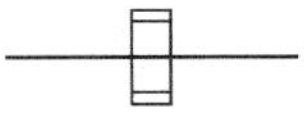	
6	推力球轴承		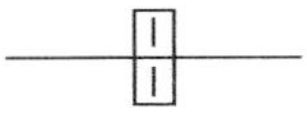	
7	圆锥滚子轴承		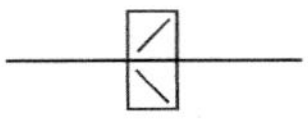	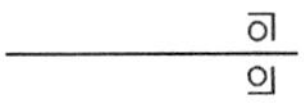
8	固定联轴器		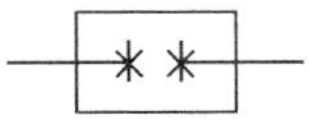	无

续表

序号	名称	例图	基本符号	可用符号
9	圆柱齿轮啮合			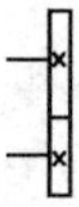
10	锥齿轮啮合		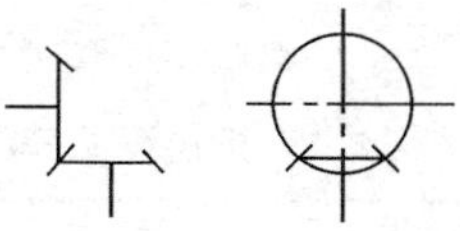	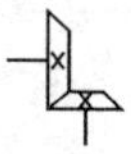
11	蜗轮蜗杆啮合		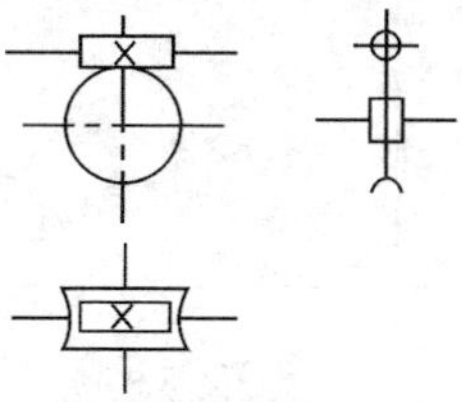	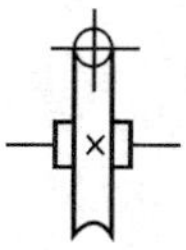
12	V带传动		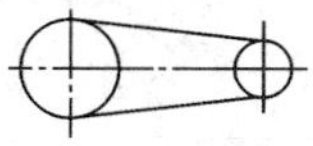	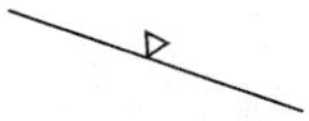
13	平带传动		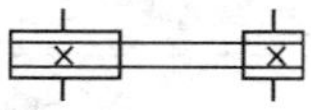	
14	圆带传动		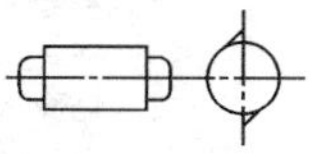	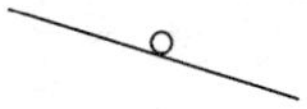
15	电动机 (一般符号)		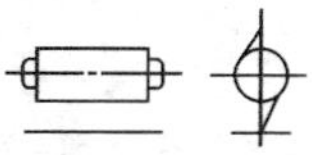	无
16	电动机 (装在支架上)			

2.4.2 装配示意图的画法

现以两个例图说明装配示意图的画法。

1) 滑动轴承装配示意图的绘制

如图2.14所示,滑动轴承由8种零件组成,其中3种为标准件:螺栓、螺母和油杯(斜体),5种非标准件,也叫自制件。其主体部分是轴承座和轴承盖。在轴承座与轴承盖之间装有由上、下两个半圆筒组成的轴瓦,所支撑的轴在轴瓦孔中转动。为防止轴瓦随轴转动,将轴承固定套插入轴承盖与上轴衬油孔中。为了耐磨,轴瓦材料选用铸造铝青铜。轴瓦孔内设有油槽,以便储油,供运转时轴、孔间润滑用。为了注入润滑油,轴承盖顶部安装有油杯。为了调整轴瓦与轴配合的松紧，轴承盖与轴承座之间应留有间隙。

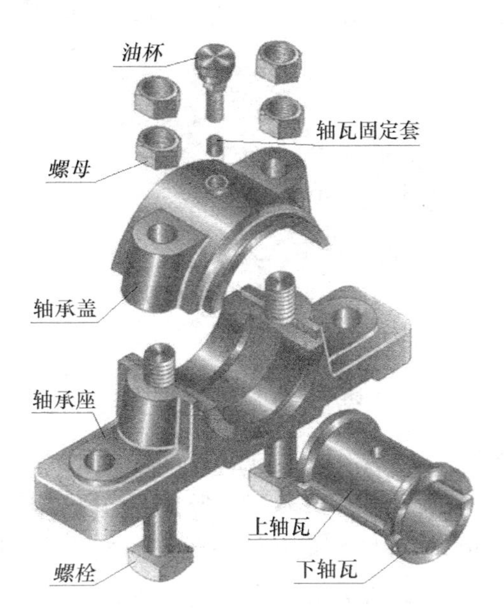

图 2.14　滑动轴承轴测分解图

图 2.15 为滑动轴承装配示意图。绘制时，首先绘制轴承座 1 和轴承盖 2 的外形，注意两者之间结合面要留有间隙。其次绘制上轴瓦 7 和下轴瓦 8，两者之间也有间隙。再依次绘制轴瓦固定套 5、油杯 6，轴瓦固定套 5 仅在上轴瓦中开了个孔，注意油杯螺纹部分的画法。最后绘制螺栓、螺母，这里螺母仅仅用一段直线表达，可谓简洁明了。

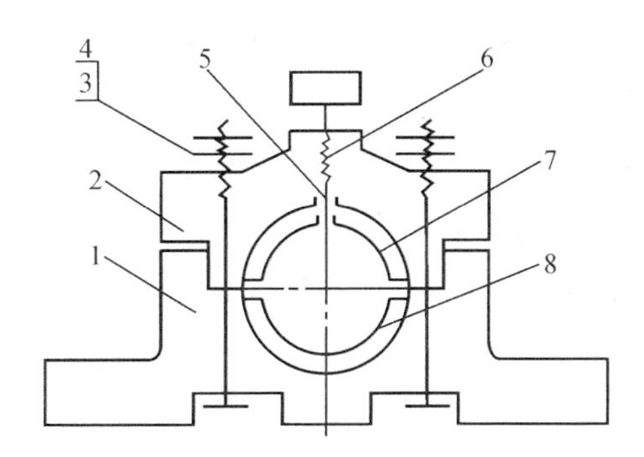

1—轴承座　2—轴承盖　3—螺母　4—螺栓　5—轴瓦固定套　6—油杯　7—上轴瓦　8—下轴瓦

图 2.15　滑动轴承装配示意图

2）铣刀头装配示意图的绘制

铣刀头是安装在铣床上的一个专用部件，用来安装铣刀盘。如图 2.16 所示，该部件共由 16 个零件组成。铣刀盘通过双键与轴连接，动力通过 V 带轮经键传递到轴，从而带动铣刀盘旋转，对零件进行平面铣削加工。V 带轮由挡圈、螺钉和销进行轴向固定，径向由键固定在轴的左端。轴安装在座体内，由两个圆锥滚子轴承支撑，用端盖及调整环调整轴承的松紧及轴的轴向位置。用螺钉将端盖连接在座体上，端盖内装有毡圈，起密封、防尘作用。铣刀盘用挡圈、垫圈和螺栓固定在轴的右端。座体通过底板上的 4 个沉孔安装在铣床上。

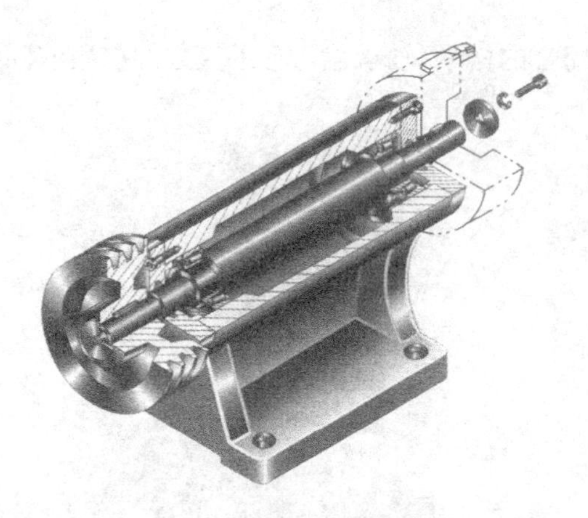

图 2.16　铣刀头轴测图

图 2.17 为铣刀头装配示意图。绘制装配示意图时，有三种标注方法：一是可以如图 2.15所示，对所有零件均用指引线标出序号；二是对所有零件均用指引线标出序号加名称；三是对于有足够空间标注的，也可将标准件直接标注出：数量×名称＋规格/国标号，非标注件采用指引线标注序号＋名称。铣刀头装配示意图采用第二种标注方法，具体绘制步骤如下。

(1) 绘制最大的零件，也是部件的基础件——8 座体的轮廓。

(2) 绘制两端端盖——11 端盖轮廓。

(3) 绘制 7 轴，补充绘制其支撑轴承——6 滚动轴承，注意圆锥滚子轴承的画法。绘制 9 调整环。

(4) 补充绘制两个 11 端盖内的 12 毡圈，补充绘制固定 11 端盖的 10 螺钉。

(5) 绘制左端 4 带轮轮廓，再依次绘制 5 键、1 挡圈、2 螺钉及 3 销。

(6) 绘制右端铣刀盘轮廓。由于铣刀盘不属于该装配体，由用户自配，因此用双点画线画出。铣刀盘上的铣刀，也用双点画线画出。

(7) 绘制固定铣刀盘的 13 键、14 挡圈、16 垫圈、15 螺栓。

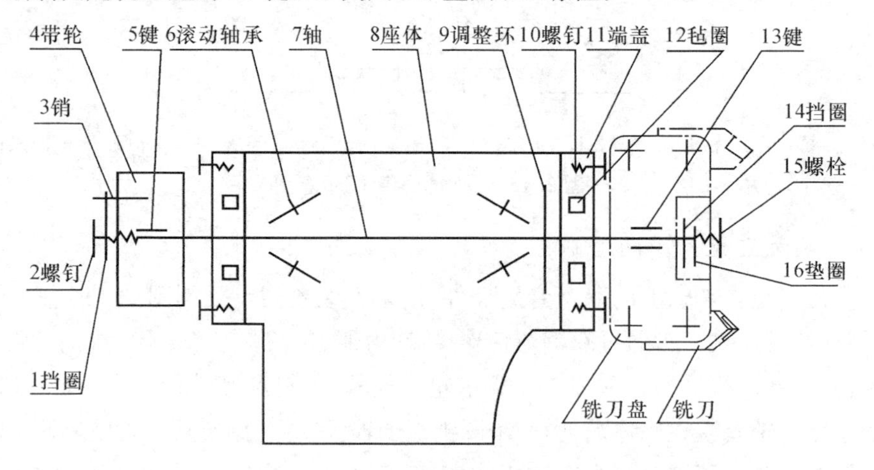

图 2.17　铣刀头装配示意图

装配示意图绘制完成后，再完成各零件明细表的填写，见表 2.2。

表 2.2　铣刀头零件明细表

序号	代号	名称	数量	材料	备注
1	XDT-01	挡圈	1	Q235A	
2	GB/T 819.1-2000	螺钉 M6×16	1	Q235A	
3	GB/T 119.1-2000	销 3×12	1	35	
4	XDT-02	带轮	1	HT200	
5	GB/T 1096-2003	平键 8×7×40	1	45	
6	GB/T 297-1994	轴承 30307	2	GCr15	
7	XDT-03	轴	1	45	
8	XDT-04	座体	1	HT200	
9	XDT-05	调整环	1	35	
10	GB/T 70.1-2008	螺钉 M6×20	12	35	
11	XDT-06	端盖	2	HT200	
12	XDT-07	毛毡圈	2	工业毛毡	
13	GB/T 1096-2003	平键 6×6×20	2	45	
14	XDT-08	挡圈	1	Q235A	
15	GB/T 5783-2000	螺栓 M6×20	1	Q235A	
16	GB/T 93-1987	垫圈 6	1	65Mn	

测绘时，零件的名称一般由测绘者按照零件的功用、形状、方位自拟，尽量反映零件特征。这里要说明的是，同一机器或部件，名称可能一样，但图号不会一样，正如学生姓名可能相同，但学号或身份证号是不一样的。标准件的代号，直接填写其国标号。

2.4.3　尾座装配示意图的绘制

装配示意图的绘制是与拆卸过程同步进行的。尾座的拆卸分三步完成，因此，其装配示意图的绘制也分三个阶段。

1) 尾座装配示意图的绘制(一)

尾座第一阶段装配示意图的绘制，主要涉及 10 个零件，其中拆卸下来的标准件有 4 个：内六角螺钉 M6×60、沉头螺钉 M6×10、开槽锥端紧定螺钉 M5×8 和平键 5×10；非标准件也有 4 个，依次是：17 手柄、18 手轮、19 垫圈和 20 刻度圈；还有基础件尾座体和方盖板，如图 2.18 所示。绘制步骤如下。

(1) 绘制尾座体轮廓。其主要特征是上部为方筒状，下部基本为平面，右下底部有导向方凸台。左端及其他边缘要留足够的间距，用于绘指引线，标注零件序号和名称。

(2) 绘制方盖板。方盖板高度基本与尾座体上部方筒等高。

(3) 绘制 18 手轮外形以及 20 刻度圈外形。在 20 刻度圈圆周上示意性地画上刻度，体现其特征，注意刻度圈的安装方向。

(4) 绘制 17 手柄外形。

(5) 绘制 19 垫圈。参照图 2.17,垫圈可以简化为一条直线。

(6) 绘制固定手柄的内六角螺钉 M6×60、固定垫圈的沉头螺钉 M6×10、固定刻度圈的开槽锥端紧定螺钉 M5×8 和用于将手轮转矩传递到丝杠轴的平键 5×10。

(7) 将拆卸下的零件用指引线标注。标准件标注名称、规格、国标号,自制件标注序号+名称。序号可临时给一个,等全部画好后,从左下角顺时针重编,也可直接从最后一个编到第一个,见图 2.18 尾座装配示意图的绘制(一)。

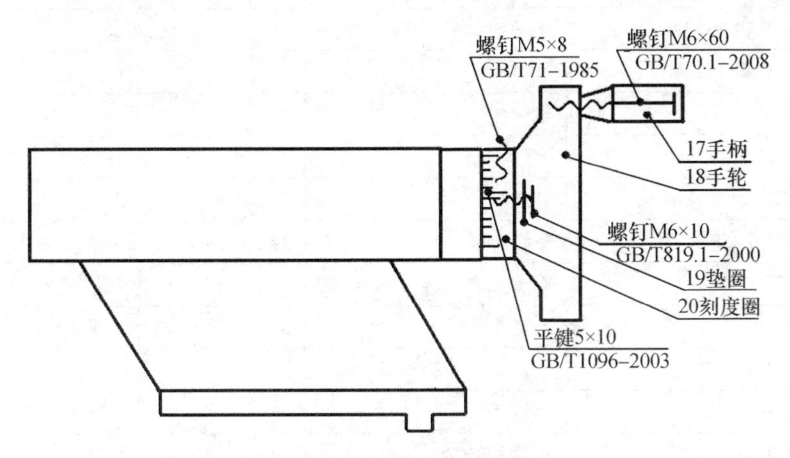

图 2.18 尾座装配示意图的绘制(一)

2) 尾座装配示意图的绘制(二)

尾座第二阶段装配示意图的绘制,主要涉及 12 个零件,其中包括本阶段拆卸下来的标准件 3 个:开槽锥端紧定螺钉 M5×8、油杯 6、4 个内六角螺钉 M6×16。非标准件 9 个,依次是:08 顶尖、09 套筒、10 锁紧螺栓、11 锁紧套、12 锁紧螺母、13 锁紧手柄、14 丝杠轴、15 丝杠螺母、16 方盖板,参见图 2.19。具体绘制步骤如下。

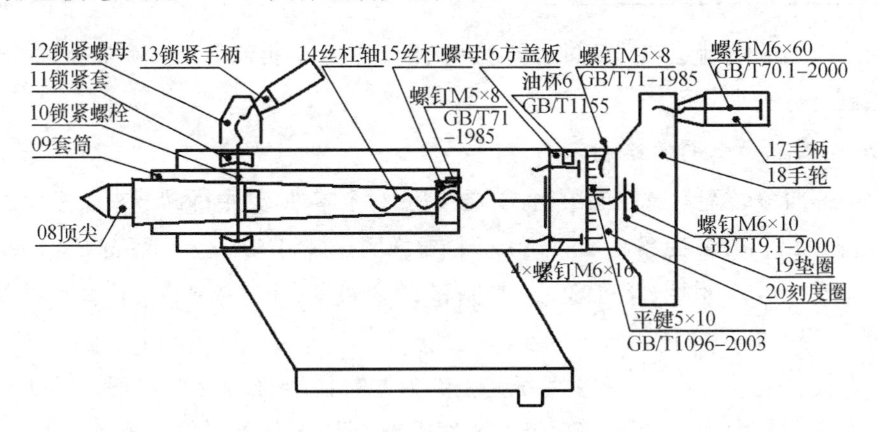

图 2.19 尾座装配示意图的绘制(二)

(1) 绘制套筒、顶尖外形。在尾座体上部方筒左端,绘制套筒外形。其显著特征是外形为长圆柱,内孔左端为莫氏锥度。顶尖右端以同样的莫氏锥度安装在套筒内,因其锥角极小

(小于其自锁角度),顶尖安装到套筒内后,在摩擦力作用下不会自行脱落。

(2) 绘制套筒锁紧装置。包括锁紧螺栓、锁紧套、锁紧螺母、锁紧手柄。因为锁紧螺栓、锁紧套在尾座体内部,且在套筒后面,所以只能示意性地画出其特征及位置。

(3) 绘制丝杠轴、丝杠螺母。丝杠轴的特征之一是有梯形螺纹,另外一个是靠轴肩右侧被方盖板轴向定位。

(4) 绘制标准件。补绘丝杠轴、丝杠螺母之间的骑缝螺钉——开槽锥端紧定螺钉 M5×8,绘制方盖板上方用于润滑的油杯,绘制安装方盖板的 4 只内六角螺钉 M6×16。

(5) 画指引线标注 9 只零件的序号和名称,序号从 08 到 16;画指引线标注 3 个标准件的名称、规格和国标号。

3) 尾座装配示意图的绘制(三)

尾座第三阶段装配示意图的绘制,主要涉及 13 个零件,其中包括本阶段拆卸下来的标准件 6 个:圆柱销 6m6×12、圆锥销 4×26、内六角螺钉 M10×50、内六角螺钉 M6×35 两个、开槽锥端紧定螺钉 M6×10;非标准件 7 个,依次是:01 压板、02 连接块、03 尾座垫板、04 偏心轴、05 手柄座、06 大手柄、07 尾座体,参见图 2.20。具体绘制步骤如下。

(1) 绘制 03 尾座垫板外形。03 尾座垫板位于机床导轨之上,与上面的 07 尾座体通过两个内六角螺钉 M6×35 连接,调节 07 尾座体与机床主轴的相对位置,用于车圆柱或圆锥。

(2) 绘制 01 压板外形。01 压板位于机床导轨下方,04 偏心轴锁紧后,可以锁紧尾座。

(3) 绘制尾座锁紧组件。该组件主要由 04 偏心轴、02 连接块、05 手柄座和 06 大手柄等自制零件组成。由于层叠,且 06 大手柄及 05 手柄座在尾座体后方,所以 05 手柄座、04 偏心轴和 02 连接块用细实线绘制,06 大手柄用虚线绘制。

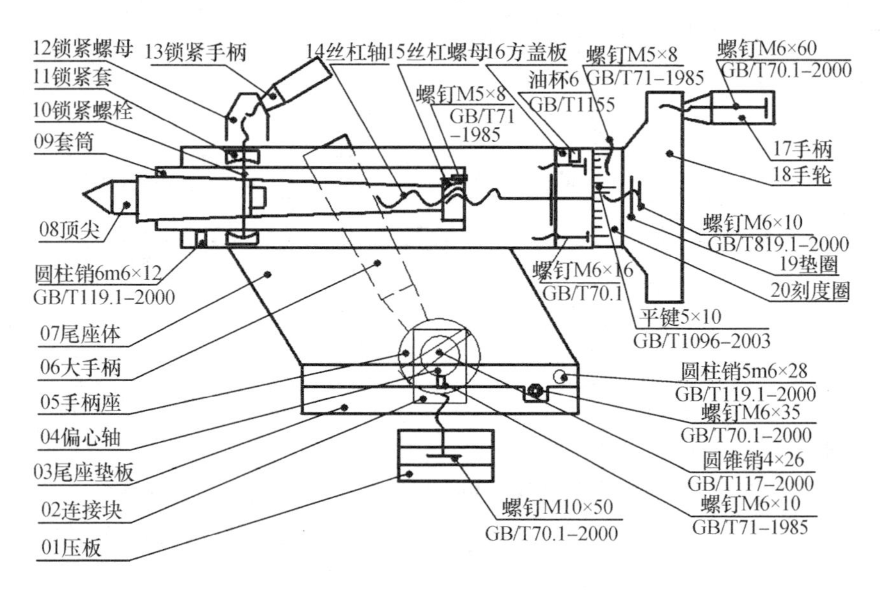

图 2.20　尾座装配示意图的绘制(三)

(4) 绘制标准件。绘制 09 套筒下的导向销——圆柱销 6m6×12。绘制 01 压板与 02 连接块之间的连接螺钉——内六角螺钉 M10×50。绘制 04 偏心轴的限位螺钉——锥端紧定螺钉 M6×10。绘制 05 手柄座与 04 偏心轴的连接销——圆锥销 4×26。绘制 07 尾座体后方 06 大手柄的支承销——圆柱销 5m6×28。绘制 03 尾座垫板与 07 尾座体的连接螺钉——2×内六角螺钉 M6×35。

(5) 画指引线标注 7 个零件的序号和名称,序号从 01 到 07;画指引线标注 6 个标准件的名称、规格和国标号。

4) 尾座零件明细表的填写

装配示意图绘制完成后,必须及时填写零件明细表,汇总零件种类、数量,确定零件材料,见表 2.3。

表 2.3 尾座零件明细表

序号	代号	名称	数量	材料	备注
1	WZ-01	压板	1	HT200	
2	WZ-02	连接块	1	Q235A	
3	WZ-03	尾座垫板	1	HT200	
4	WZ-04	偏心轴	1	45	
5	WZ-05	手柄座	1	Q235A	
6	WZ-06	大手柄	1	Q235A	
7	WZ-07	尾座体	1	HT200	
8	WZ-08	顶尖	1	T10A	
9	WZ-09	套筒	1	45	
10	WZ-10	锁紧螺栓	1	45	
11	WZ-11	锁紧套	1	45	
12	WZ-12	锁紧螺母	1	45	
13	WZ-13	锁紧手柄	1	Q235A	
14	WZ-14	丝杠轴	1	45	
15	WZ-15	丝杠螺母	1	ZQSn6-6-3	
16	WZ-16	方盖板	1	HT200	
17	WZ-17	手柄	1	Q235A	
18	WZ-18	手轮	1	HT200	
19	WZ-19	垫圈	1	Q235A	
20	WZ-20	刻度圈	1	45	

对于材料的选用,可以归纳为以下几点。

(1) 对于形状复杂,强度要求不高的零件(外观上看,非工作面有明显铸造特征,如铸造圆角、拔模斜度、粗糙表面,可以确定为铸件),一般材料选灰铸铁 HT200 就可以了,如尾座体、压板、尾座垫板、手轮、方盖板等。

(2) 对于轴类、受力较大的零件,一般选优质碳素钢 45 钢,如丝杠轴、偏心轴、锁紧螺栓、锁紧套、锁紧螺母、套筒等。

(3) 对于一些需要耐磨的零件,如顶尖,可以选含碳量高的高级优质碳素钢 T10A,经过淬火、低温回火后,可以达到很高的硬度,硬才能耐磨。

(4) 对于丝杠螺母、蜗轮等需要耐磨度极高的零件,可以选择铸锡青铜,常用牌号为:ZQSn6-6-3。

(5) 对于强度要求不高,无特殊耐磨、耐热、抗腐蚀要求的零件,均可选普通碳素结构钢Q235A,如手柄、手柄座、大手柄、锁紧手柄、连接块、垫圈等。

5) 尾座装配示意图技术要求的填写

零件拆卸过程中,要及时分析配合件之间的配合性质,并加以记录,形成技术要求,作为零件测绘填写技术要求的依据。公差带代号选择时,可参考《附录20 基孔制优选配合与常用配合》。

(1) 刻度圈孔与手轮对应外圆配合尺寸公差带代号为 ϕ28H7/g6。

(2) 手轮孔与丝杠轴对应轴段之间配合尺寸公差带代号为 ϕ12H8/f7。

(3) 方盖板孔与丝杠轴对应段配合尺寸公差带代号为 ϕ16H8/f7;方盖板油杯孔为 ϕ6H7。

(4) 套筒孔与丝杠螺母外圆配合尺寸公差带代号为 ϕ20H7/m6。

(5) 手柄座孔、尾座体偏心轴支承孔、连接块孔、尾座体偏心轴支承孔与偏心轴对应段配合尺寸公差带代号依次为 ϕ10H7/m6、ϕ18 H8/f7、ϕ14H8/f7、ϕ10H8/f7。偏心轴支承孔应有8级同轴度要求。

(6) 丝杠轴键槽宽度方向,松连接,查《附录13 普通型平键及键槽尺寸》,得宽度尺寸公差带代号为 $5H9(^{+0.030}_{0})$,深度尺寸上、下偏差为 $9^{0}_{-0.1}$ mm,键槽相对于 ϕ12f7 轴线对称度公差按9级选取。

(7) 尾座体与圆柱销6m6配合尺寸公差带代号为 ϕ6H7/m6。

(8) 尾座体孔与套筒外圆配合尺寸公差带代号为 ϕ30H7/h6。

(9) 尾座体 ϕ30 孔与方盖板定位短外圆柱配合尺寸公差带代号为 ϕ30H7/f7。

(10) 尾座体凸台与尾座垫板导向槽间配合尺寸公差带代号为16H8/g7。

(11) 2号莫氏锥度孔锥面相对外圆轴线跳动公差按7级选取。

2.5 尾座零件的测绘

2.5.1 零件测绘的注意事项

实际机械零件与设计要求往往存在差异,主要原因可能有:零件制造本身有误差、有缺陷;零件使用后已经磨损;经过表面处理后,尺寸已经发生变化等,因此,测绘时应加以考虑。

(1) 零件上的制造缺陷,如砂眼、缩孔、裂纹等,以及长期使用所造成的磨损等,都不应画出。

(2) 零件上的工艺结构,如铸造圆角、倒角、退刀槽、砂轮越程槽等,应查阅有关标准确定。

(3) 测量尺寸时要正确地选择基准,正确地使用量具,减小测量误差。

(4) 有配合要求的尺寸,其公称尺寸、配合性质及相应的公差值应与配合零件的相应部分协调一致,测量时只要选较易测量的测一个即可。对不重要的尺寸或非配合尺寸,允许将测量所得的尺寸适当圆整(调整到整数值)。

(5) 螺纹、键槽、齿轮的轮齿等有标准结构的尺寸,应将测量结果与标准值核对,采用标准结构尺寸,以利于制造。例如,由于齿轮磨损或测量误差,当测绘所得的模数不是标准模数时,应在标准模数表中选用与之最接近的标准模数。测绘内螺纹时,只需测绘与之旋合的外螺纹即可。

一般零件测绘按照拆卸的顺序,逐个部件进行。考虑到学习的渐进和避免不必要的重复,这里我们按照尾座零件类型分类进行测绘。零件的类型大致可以分为轴类、盘套类、端盖类和箱体类。现将尾座上的 20 个零件分类测绘,绘制零件草图。

零件草图是指在测绘现场绘制,一般可以借助(也可不借助)尺规等专用绘图工具,通过目测实物的大致比例画出零件图样。画零件草图的要求是:图不潦草、图形正确、线条清晰、尺寸齐全,并注写技术要求,填写简易标题栏。可以说,除了不是用尺规或计算机按比例画图外,零件草图包含了零件图的一切信息。

2.5.2 轴类零件的测绘

轴类零件是机器中最常见的一种零件,用来支撑传动零件(如带轮、齿轮等)和传递动力。常见的表面类型有圆柱面、圆锥面、花键、螺纹、横向孔等。轴类零件的主体结构是回转体,局部结构有键槽、倒角、圆角、退刀槽、砂轮越程槽、中心孔等,多数已标准化。这些局部结构是用来满足设计和工艺上的要求。

轴类零件主要在车床和磨床上加工。为了加工时看图方便,轴类零件的主视图按加工位置将轴线水平放置,表达各轴段的形状及相对位置。轴上的局部结构一般采用断面图、局部放大图、局部剖视图、局部视图来表达。如图 2.21 所示,用局部剖视图、移出断面图和局部视图的简化画法来表达左端键槽的位置、形状和尺寸;用局部放大图表达砂轮越程槽的结构;对于形状简单且较长的轴段采用折断的方法表达。

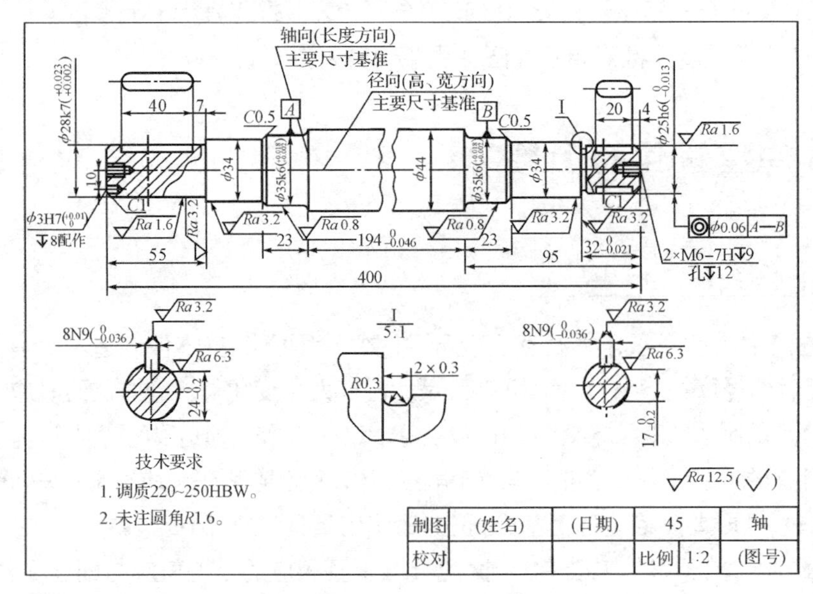

图 2.21 铣刀头主轴图

仪表车床尾座部件轴类零件有 6 个，由易到难依次是：大手柄、锁紧手柄、锁紧螺栓、顶尖、偏心轴、丝杠轴。锁紧手柄与大手柄结构完全相同，只是尺寸不同，留做作业。锁紧螺栓、偏心轴只是有些特殊结构，因此只介绍这部分的测绘要领。顶尖精度要求较高，丝杠轴的梯形螺纹是个难点，加之其结构较为典型，因此下面会详细介绍其测绘方法和草图绘制方法，并给出零件草图结果。

1) 大手柄草图的绘制

(1) 对大手柄进行分析和了解。该零件是车床尾座锁紧手柄。该手柄共 4 段：ϕ15×60 圆柱、ϕ15×34.5 圆锥、ϕ8×1.5 圆柱和 M8 螺纹部分，如图 2.22 所示。其中，M8 螺纹段的尺寸可通过测量螺纹大径和螺距得到，对照《附录 1 普通螺纹的公称直径与螺距系列》，大径一般为负公差，螺距可通过测量螺纹总长再除以螺纹牙数得到，再对应标准螺距确定。

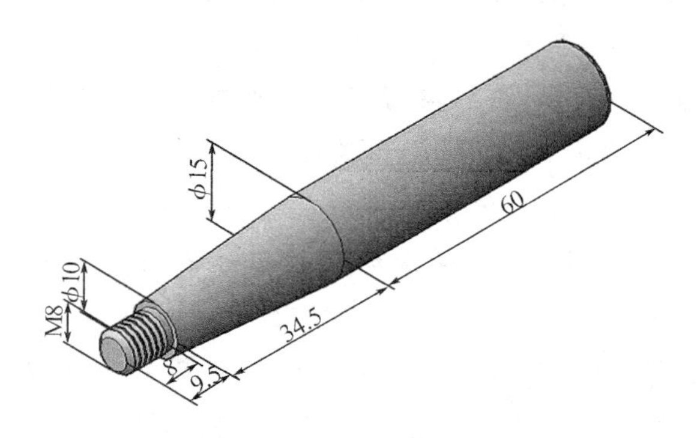

图 2.22　大手柄结构及尺寸图

(2) 相关知识。

① 螺纹表达。外螺纹大径为粗实线，小径为细实线，一般要有螺纹终止线或螺纹退刀槽；内螺纹大径为细实线，小径为粗实线。通常小径按大径的 0.85 倍画出，螺纹的起始端应有倒角，以便于套螺纹或攻螺纹。大手柄 M8 的螺纹用板牙套螺纹而成，无需螺纹退刀槽，但应有螺纹终止线，板牙无法把 ϕ8 段圆柱全部做成螺纹，如图 2.23 所示。

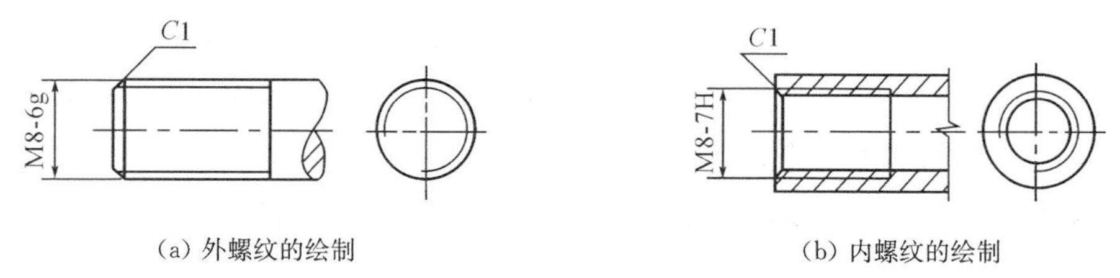

(a) 外螺纹的绘制　　(b) 内螺纹的绘制

图 2.23　螺纹表达

② 螺纹标注。普通螺纹的标记内容及格式为：

螺纹特征代号　尺寸代号—公差带代号—旋合长度代号—旋向代号

如：

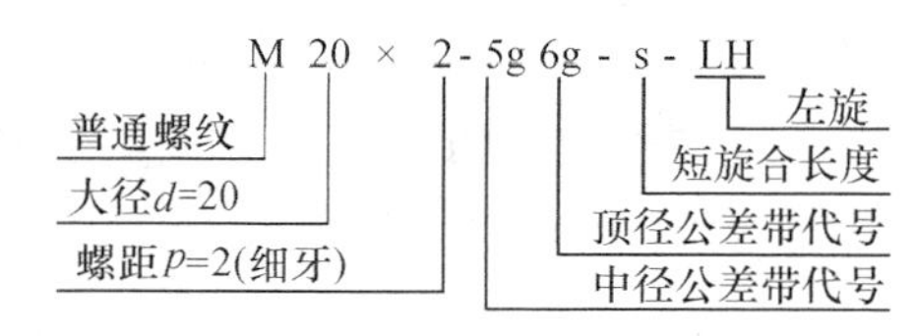

粗牙螺纹一般不用标注螺距，5g6g 分别为螺纹中径和顶径的公差带代号，旋合长度为中时不标注，右旋螺纹不标注旋向代号。

③ 技术要求。难以在图形上注写技术要求时，可用文字注写在标题栏上方或左方，一般包括下列内容：

a. 对材料、毛坯、热处理的要求(如硬度、金相要求等)。

b. 对有关结构要素的统一要求(如圆角、倒角、尺寸等)。

c. 对零件表面质量的要求(如镀层、喷漆等)。

④ 表面处理技术——镀铬。电镀铬按用途可分为两大类：一类是防护装饰性镀铬，镀层较薄，可防止基体金属生锈并美化产品外观；另一类是功能性镀铬，镀层较厚，可提高机械零件的硬度、耐磨性、耐蚀性和耐高温性。功能性镀铬按其应用范围的不同，可分为硬铬、乳白铬和松孔铬等。

a. 装饰铬。在钢基体上镀铜、镍后再镀铬。铜及铜合金的防护装饰性镀铬，可在抛光后直接镀铬，但一般在镀光亮镍后镀铬，可更耐腐蚀。

b. 硬铬。硬铬又称耐磨铬。镀硬铬是指在一定条件下沉积的铬镀层具有很高的硬度和耐磨性。镀硬铬一般较厚，可以从几微米到几十微米，有时甚至达到毫米级，如此厚的镀层才能充分体现铬的硬度和耐磨性。

c. 乳白铬。在普通镀铬工艺中，在较高温度(65～75 ℃)和较低电流密度下获得的乳白色的无光泽铬称为乳白铬，常用于量具、分度盘、仪器面板等的镀铬。

d. 松孔铬。如果在镀硬铬之后，用化学或电化学方法将镀铬层的粗裂纹进一步扩宽加深，以便吸藏更多的润滑油脂，提高其耐磨性，这就叫松孔铬。

大手柄表面，为了防锈和美观，采用表面处理，镀铬：D. L_1/Cr，按 CB/T 3764-1996 标准。这显然是一种硬铬，D 是电镀，L_1 是半光亮(L_2 是半亮，L_3 是全亮)。

(3) 绘制零件草图。

① 确定大手柄的表达方案。大手柄为回转体，没有键槽、退刀槽等细微结构，只要一个水平放置的基本视图即可。

② 绘制草图。平面图形，先从基准线入手，画出回转中心线；其次画出 M8、ϕ15×60 段，按目测比例画出总长；再画出圆锥面的小头 ϕ10 端面线，与 ϕ15 端面线连上，图形绘制完成。

③ 测量并标注尺寸。用游标卡尺测量各段直径及长度，标注到大手柄草图中。注意尺寸标注的规范性。

a. 直径尺寸前要加 ϕ，螺纹标注要按螺纹标记格式。

b. 水平标注的尺寸，数字在尺寸线上中部；垂直标注的尺寸，数字在尺寸线左中部；尺寸数字不可被尺寸界限或轮廓线贯穿。

c. 要标注总长，留相对不便测量的锥面长度不标，不可封闭。

④ 填写技术要求。主要是标注螺纹板牙切入端及大手柄尾部倒角 C1；还有表面处理要求——表面镀铬：D. L_1/Cr。表面粗糙度全部为 *Ra*3.2，在标题栏上方标出即可。

⑤ 填写标题栏。大手柄为手持零件，受力不大，无其他特殊要求，材料选 Q235A 即可，

无需热处理；比例为1∶1；图号与装配示意图一致。测绘人即设计人，是一种责任的担当，必须填写。图纸完成后，一般至少一人校对。如果出错，校对人与设计人负有同等责任。

大手柄零件草图见图2.24。

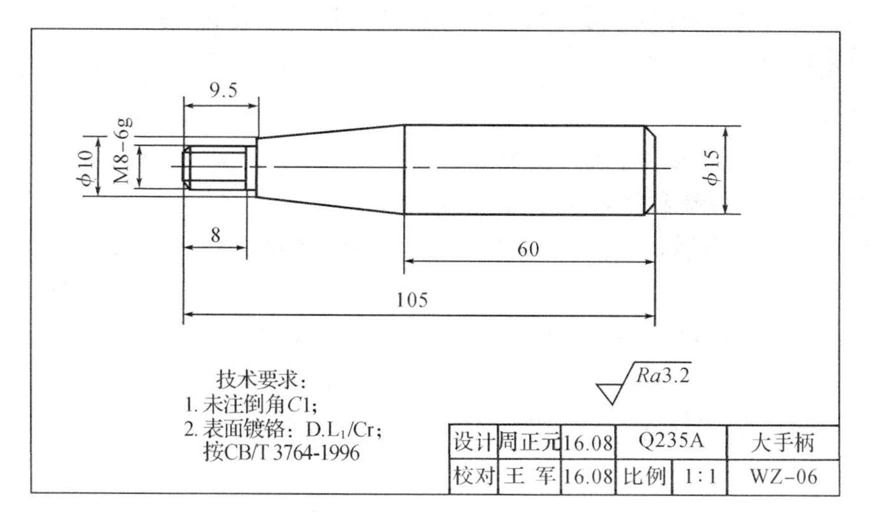

图2.24　大手柄零件草图

2）锁紧螺栓草图的绘制

(1) 对锁紧螺栓进行分析和了解。该零件是车床尾座套筒锁紧零件，与锁紧套配合，锁紧套下端与锁紧螺栓上端面间有3 mm的间隙，在锁紧螺母螺旋压紧下，利用圆弧面机械夹紧套筒。见图2.25套筒锁紧原理图，锁紧螺栓、锁紧套与套筒贴合的圆弧面半径应等于套筒直径的一半，圆心应与套筒中心重合。该零件共3段：$\phi17.5\times L_1$圆柱、$\phi8\times L_2$圆柱、M8$\times L_3$螺纹部分，如图2.26所示。

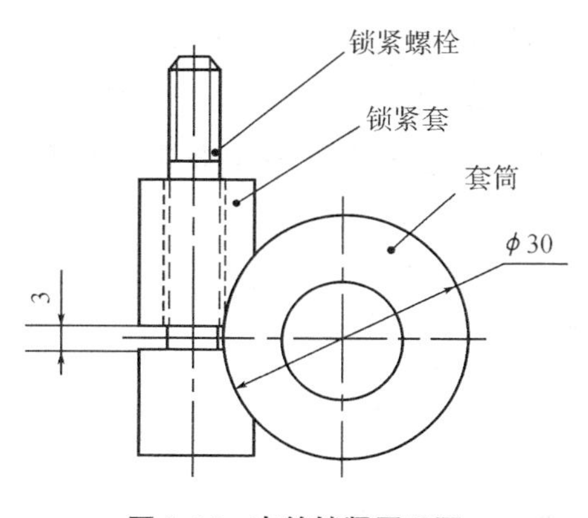

图2.25　套筒锁紧原理图

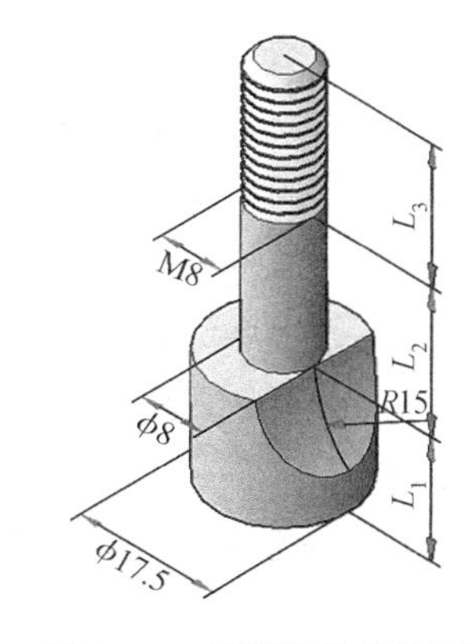

图2.26　锁紧螺栓结构图

(2) 相关知识——发黑(金属表面处理技术)。发黑是钢铁的化学氧化过程，也称发蓝。它是指将钢铁放到含有氧化剂的溶液中保持一定时间，使其表面生成一层均匀的、以Fe_3O_4为主要成分的氧化膜的过程。

传统发蓝的方法是在氢氧化钠溶液里添加氧化剂(如硝酸钠和亚硝酸钠)，在140 ℃下处理 15～90 min,生成氧化膜。钢铁发蓝后氧化膜的色泽取决于工件表面的状态、材料成分以及发蓝处理时的操作条件,一般为蓝黑到黑色。碳质量分数较高的钢铁氧化膜呈灰褐色或黑褐色。发蓝处理后膜层厚度在 0.5～1.5 μm,对零件的尺寸和精度无显著影响。

锁紧螺栓、锁紧套、丝杠轴、偏心轴等机器内部零件,对外观无特殊要求,通过发黑处理可增强其抗腐蚀能力。

(3) 绘制零件草图。

① 确定锁紧螺栓的表达方案。锁紧螺栓为回转体,没有键槽、退刀槽等细微结构,只需要绘制一个竖直放置的基本视图,与装配方向一致。

② 绘制草图。先从基准线入手,画出回转中心线;依次画出 M8×L_3 段、ϕ8×L_2 段、ϕ17.5×L_1 段;再画出切除的 R15 圆弧部分。R15 圆弧的圆心垂直方向在圆柱 ϕ17.5 上端面上方 1.5 处,水平方向在 ϕ17.5 轴线右侧 19 处(R15 圆弧刚好与 ϕ8 相切,15+4=19)。

③ 测量并标注尺寸。用游标卡尺测量各段直径及长度,标注到锁紧螺栓草图中。注意 R15 锁紧圆弧圆心及半径的标注,见图 2.27;还要注意要标注总长。

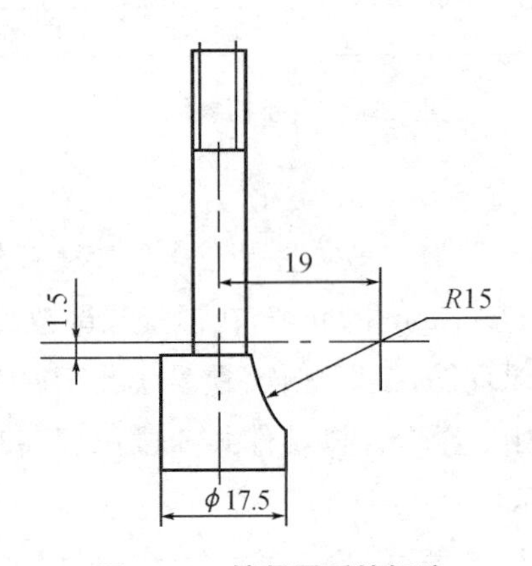

图 2.27 锁紧圆弧的标注

④ 填写技术要求。主要是标注螺纹板牙切入端及锁紧螺栓尾部倒角 C1;表面处理要求——表面发黑:H·Y,按 CB/T 3764-1996。表面粗糙度全部为 Ra6.3,在标题栏上方标出即可。

⑤ 填写标题栏。锁紧螺栓为螺旋夹紧零件,材料选优质碳素钢 45,调质处理:240～290HB;比例 1∶1;图号与装配示意图一致,WZ-10。

锁紧螺栓零件草图略。

3) 顶尖草图的绘制

(1) 对顶尖进行分析和了解。该零件是车床尾座主要功能零件,靠尾部莫氏锥度锥面安装在套筒中,60°顶尖与主轴三爪卡盘或顶尖配合,“一夹一顶”或“双顶尖”安装工件,见图 2.28。该零件共 4 段:60°顶尖、ϕ16.5×18.5 圆柱、大端为 ϕ18.2 的莫氏锥度锥面、尾部为 ϕ14×2.5圆柱。

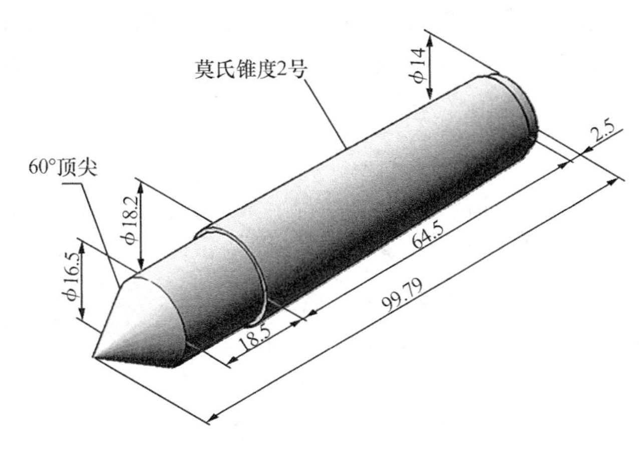

图 2.28　顶尖结构及尺寸图

(2) 相关知识——莫氏锥度。19 世纪美国机械师莫氏(Stephen A. Morse)为了解决麻花钻的夹持问题而发明的一个锥度的国际标准,用于静配合以精确定位。由于锥度很小,利用摩擦力的原理,可以传递一定的扭矩,又因为是锥度配合,所以可以方便地拆卸。在同一锥度的一定范围内,工件可以自由拆装,同时在工作时又不会影响到使用效果。比如钻孔的锥柄钻,如果使用中需要拆卸钻头磨削,拆卸后重新装上不会影响钻头的中心位置。

莫氏锥度有 0、1、2、3、4、5、6 共七个型号,锥度值有一定的变化,每一型号公称直径大小(大端)分别为 9.045、12.065、17.78、23.825、31.267、44.399、63.348,相应的锥度值分别为 1∶19.212、1∶20.047、1∶20.020、1∶19.922、1∶19.254、1∶19.002、1∶19.180。主要用于各种刀具(如钻头、铣刀)、刀杆及机床主轴孔锥度。

顶尖锥面的大端直径测量尺寸为 ϕ18.2,与 ϕ17.78 最接近,显然是莫氏锥度 2 号。

(3) 绘制零件草图。

① 确定顶尖的表达方案。顶尖为回转体,没有键槽、退刀槽等细微结构,只需要绘制一个水平放置的基本视图,与使用方向一致。

② 绘制草图。先从基准线入手,画出回转中心线;依次画出 60°锥角、ϕ16.5×18.5 段、2 号莫氏锥度段、ϕ14×2.5 段。

③ 测量并标注尺寸。用游标卡尺测量各段直径及长度,标注到顶尖草图中。注意在角度、直径确定后,60°锥角长度是确定的。莫氏锥度大端尺寸仍然标注名义尺寸 ϕ17.78,注意要标注总长。

④ 填写技术要求。主要是标注顶尖尾部倒角 C1;表面处理要求——表面发黑:H·Y,按 CB/T 3764-1996。表面粗糙度 60°锥角及莫氏锥度锥面部分需磨削,表面粗糙度为 *Ra*0.8,其余为 *Ra*6.3,在标题栏上方标出即可。60°锥角部分相对于锥面应有跳动要求。查《附录 26 同轴度、对称度、圆跳动、全跳动公差值》,主参数为 ϕ16.5,按 7 级精度,圆跳动公差值为0.012 mm。

⑤ 填写标题栏。顶尖为工件加工夹紧零件,需很硬,以保证使用寿命。材料选高级优质工具钢 T10A,热处理为淬火:57～62HRC;比例 1∶1;图号与装配示意图一致,WZ-08。

顶尖零件草图见图 2.29。为避免尺寸标注封闭，ϕ16.5 圆柱段长度不标。总长的数值，圆为整数。莫氏锥度锥面大端按标准值标出。基准标注时，注意与尺寸线对齐，表示是锥面的轴线。

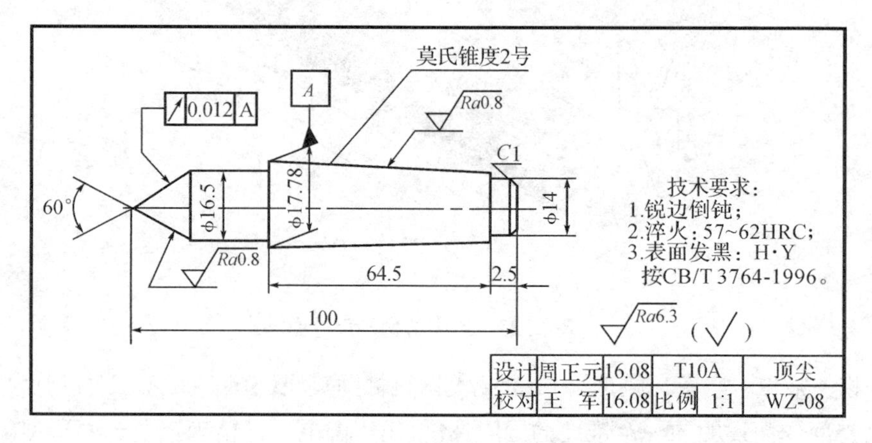

图 2.29 顶尖零件草图

4）偏心轴草图的绘制

（1）对偏心轴进行分析和了解。该零件是车床尾座夹紧到导轨上的功能零件，是典型的偏心夹紧方式。当操作者向后旋推大手柄时，偏心轴的偏心段会带动连接块向上移动，直至压板压紧机床导轨底部。当偏心距 e 与该段圆柱直径 D 之比：$e/D \leqslant 14$ 时会自锁，也就是说，由于摩擦力的作用，即使手松开，大手柄也不会回转使压板松夹。

见图 2.30，该零件共 4 段：$D_1 \times L_1$ 圆柱、$D_2 \times L_2$ 圆柱、偏心段 $\phi 14 \times L_5$ 圆柱、$D_1 \times L_6$ 圆柱。其中第二段圆柱 L_3 处有一宽为 L_4，底部直径为 D_3 的槽，用于限位紧定螺钉，使偏心轴轴向定位。

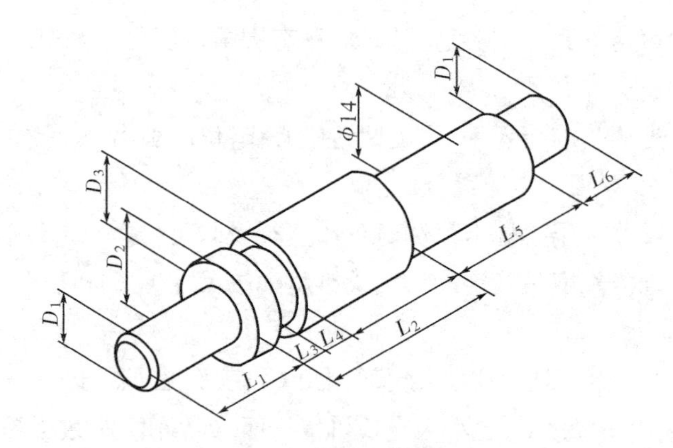

图 2.30 偏心轴结构及尺寸图

（2）相关知识。

① 偏心距的测量。

a. 游标卡尺检测法。如图 2.31 所示，这是一种最简单的测量方法，适用于测量精度要求不高的偏心工件。测量时测量工件偏心壁最厚（最大尺寸 L_1）处和最薄（最小尺寸 L_2）处的尺寸，偏心距 $e=(L_1+L_2)/2$。

b. 等高V形块高度尺检测法。如图2.32所示，这是一种较精密的测量方法。先测量主轴中心高：$h_1=H_1-D_1/2$。后测偏心轴中心高：$h_2=H_2-D_2/2$，H_2 是偏心轴处于最低位，高度游标尺读数最小时的数值。则偏心距 $e=h_1-h_2$。

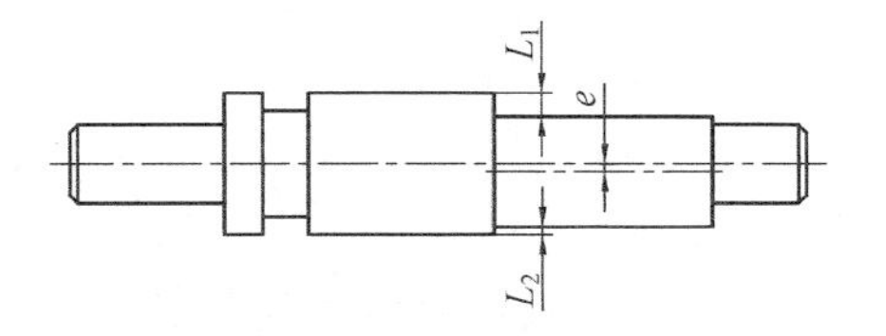

图2.31　游标卡尺检测法

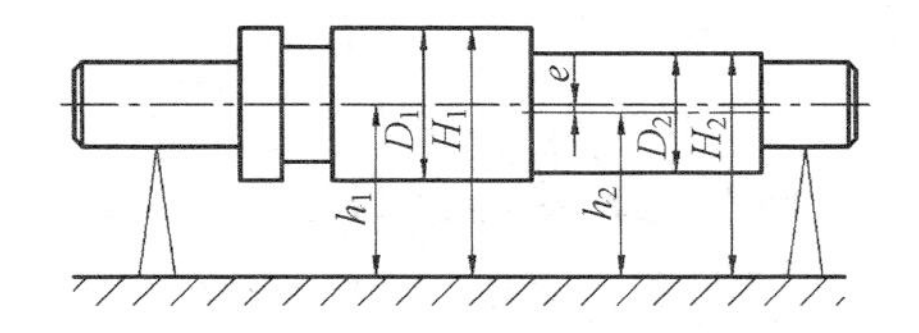

图2.32　等高V形块高度尺检测法

测量偏心轴的偏心距，只要用第一种方法，用游标卡尺测量 L_1、L_2 的尺寸后，可得偏心距 $e=(L_1-L_2)/2=1$。

② 表面粗糙度参数的选用。测绘时，对零件表面粗糙度要求的判别可使用粗糙度样块来比较，或参考同类零件的表面粗糙度要求来确定，确定的原则是：

a. 在同一个零件上，工作表面应比非工作表面粗糙度参数值小。

b. 摩擦表面应比非摩擦表面的粗糙度参数值小。

c. 配合精度要求高或小间隙的配合表面以及要求连接可靠且承受重载荷的过盈配合表面均应取较小的粗糙度参数值。

d. 要求密封、耐腐蚀或装饰性的表面粗糙度参数值要小。

e. 对于有配合精度要求的孔、轴表面粗糙度，可参照IT6、IT7、IT8级精度，对应表面粗糙度选 $Ra0.4$、$Ra0.8$、$Ra1.6$，依此类推。

(3) 绘制零件草图。

① 确定偏心轴的表达方案。偏心轴为回转体，没有键槽、细微沟槽结构，只需要绘制一个水平放置的基本视图，与使用方向一致。

② 绘制草图。先从基准线入手，画出回转中心线；依次画出 $D_1\times L_1$、$D_2\times L_2$ 圆柱、偏心段 $\phi14\times L_5$ 圆柱、$D_1\times L_6$ 圆柱。画偏心段时，先按偏心距 e 画出偏心段中心线，再对称画出偏心段圆柱。再补画 L_3 处 $L_4\times D_3$ 的槽。

③ 测量并标注尺寸。用游标卡尺测量各段直径及长度，标注到偏心轴草图中。注意按照偏心轴在尾座体中的安装位置，量取和标注尺寸；注意要标注总长。

④ 填写技术要求。

a. 尺寸公差。四段圆柱均与对应孔有配合要求，均选取合适的尺寸公差。L_1 段安装手柄座，安装好后配作锥销孔，压入锥销，一般不需要拆卸。参照《附录20　基孔制优选配合与常用配合》，选过渡配合的H7/m6。对应轴为D1m6。其他三段选H8/f7间隙配合。每个尺寸都必须有基本尺寸、公差带代号和极限偏差值，极限偏差值可查《附录21　优选及常用配合轴的极限偏差表》，以便于制造。

b. 位置公差。右侧的 $D_1(L_6)$ 段相对于基准段 D_2，应有同轴度要求，参照《附录26　同轴度、对称度、圆跳动、全跳动公差值》，选8级即可。

c. 表面粗糙度。L_1 段选 $Ra0.8$，L_2、L_5、L_6 段选 $Ra1.6$，其余选 $Ra6.3$。

d. 其他技术要求：未注倒角 $C1$；调质处理 28～32HRC；表面发黑处理：H · Y，按CB/T 3764-1996。

⑤ 填写标题栏。偏心轴为夹紧零件，受一定的力，材料选优质工具钢 45 钢；比例 1∶1；图号与装配示意图一致，WZ-04。

偏心轴零件草图略。

5）丝杠轴草图的绘制

(1) 对丝杠轴进行分析和了解。该零件是车床尾座主要功能零件，手轮的转动是通过丝杠轴、丝杠螺母的螺旋副，转变为套筒、顶尖的直线移动。如图 2.33 所示，丝杠轴主要由 5 段组成：$\phi10\times7$ 圆柱；梯形螺纹 Tr14×3LH；$\phi24\times6$ 圆柱；$\phi16\times24$ 和 $\phi12\times17$ 圆柱，其中 $\phi12\times17$ 上有宽为 5、长为 10 的平键键槽。轴顶端有 M6 深 10 的内螺纹。

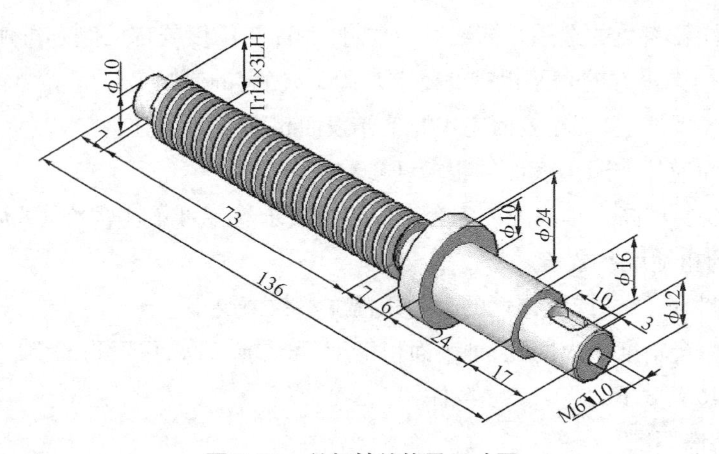

图 2.33　丝杠轴结构及尺寸图

(2) 相关知识。

① 梯形螺纹牙形与基本尺寸。梯形螺纹牙形(GB/T 5796.1-2005)见图 2.34，为 30°牙形角。用游标卡尺测量丝杠轴的大径，约为 13.8。测量 20 个螺距长度约为 60，平均后为 3。故丝杠轴基本规格为 Tr14×3。

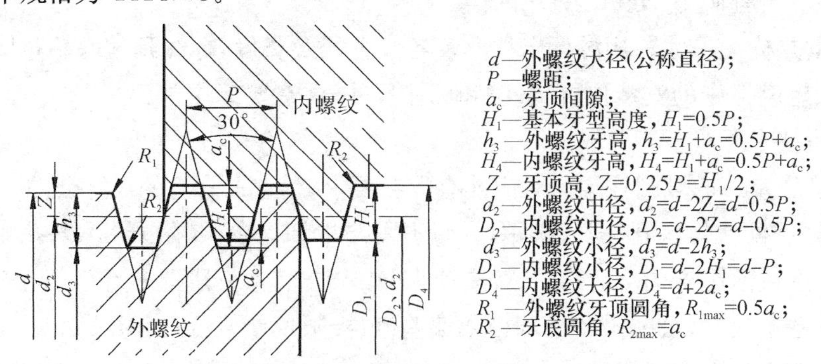

图 2.34　梯形螺纹的牙形图

梯形螺纹的基本尺寸见表 2.4。

表 2.4　梯形螺纹的基本尺寸表(GB/T 5796.3-2005)　　(单位:mm)

公称直径 d		螺距 P	中径 $d_2=D_2$	大径 D_4	小径	
第一系列	第二系列				d_3	D_1
8		1.5	7.5	8.3	6.2	6.5
	9	1.5	8.25	9.3	7.2	7.5
		2	8.00	9.5	6.5	7.0
10		1.5	9.25	10.3	8.2	8.5
		2	9.0	10.5	7.5	8.0
	11	2	10.00	11.5	8.5	9.0
		3	9.5	11.5	7.5	8.0
12		2	11.00	12.5	9.5	10.0
		3	10.50	12.5	8.5	9.0
	14	2	13	14.5	11.5	12
		3	12.5	14.5	10.5	11
16		2	15	16.5	13.5	14
		4	14	16.5	11.5	12
	18	2	17	18.5	15.5	16
		4	16	18.5	13.5	14
20		2	19	20.5	17.5	18
		4	18	20.5	15.5	16
	22	3	20.5	22.5	18.5	19
		5	19.5	22.5	16.5	17
		8	18	23	13	14
24		3	22.5	24.5	20.5	21
		5	21.5	24.5	18.5	19
		8	20	25	15	16
	26	3	24.5	26.5	22.5	23
		5	23.5	26.5	20.5	21
		8	22	27	17	18
28		3	26.5	28.5	24.5	25
		5	25.5	28.5	22.5	23
		8	24	29	19	20
	30	3	28.5	30.5	26.5	27
		6	27	31	23	24
		10	25	31	19	20

公称直径 d		螺距 P	中径 $d_2=D_2$	大径 D_4	小径	
第一系列	第二系列				d_3	D_1
32		3	30.5	32.5	28.5	29
		6	29	33	25	26
		10	27	33	21	22
	34	3	32.5	34.5	30.5	31
		6	31	35	27	28
		10	29	35	23	24
36		3	37.5	26.5	32.5	33
		6	33	27	29	30
		10	31	27	25	26
	38	3	36.5	38.5	34.5	35
		7	34.5	39	30	31
		10	33	39	27	28
40		3	38.5	40.5	36.5	37
		7	36,5	41	32	33
		10	35	41	29	30
	42	3	40.5	42.5	38.5	39
		7	38.5	43	34	35
		10	37	43	31	32
44		3	42.5	44.5	40.5	41
		7	40.5	45	36	37
		12	38	45	31	32
	46	3	44.5	46.5	42.5	43
		8	42.0	47	37	38
		12	40	47	33	34
48		3	46.5	48.5	44.5	45
		8	44	49	39	40
		12	42	49	35	36
	50	3	48.5	50.5	46.5	47
		8	46	51	41	42
		12	44	51	37	38
52		3	50.5	52.5	48.5	49
		8	48	53	43	44
		12	46	53	39	40

通过查阅上表,可得丝杠轴公称直径 $d=14$,中径 $d_2=12.5$,小径 $d_3=10.5$。

丝杠螺母大径 $D_4=14.5$,中径 $D_2=12.5$,小径 $D_1=11$。

② 梯形螺纹公差带的选用及标注。梯形螺纹公差带的选用见表 2.5。作为机床零件,丝杠选中等精度,内螺纹公差带代号选 7H,外螺纹公差带代号选 7e。

表 2.5　梯形螺纹公差带的选用表

精度	内螺纹		外螺纹		应用
	N	L	N	L	
中等	7H	8H	7h、7e	8e	一般要求
粗糙	8H	9H	8e、8c	9c	精度要求不高时采用

梯形螺纹的标注，见图 2.35。

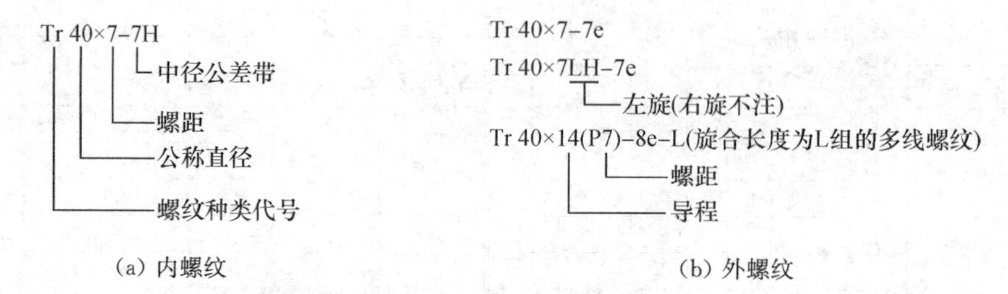

(a) 内螺纹　　(b) 外螺纹

图 2.35　梯形螺纹的标注示意图

丝杠轴标注为：Tr14×3LH-7e，丝杠螺母标注为：Tr14×3LH-7H。

③ 梯形螺纹公差。内、外螺纹中径基本偏差，见表 2.6。查此表可得，当螺距 $P=3$ 时，内螺纹大、中、小径基本偏差均为 0，外螺纹中径基本偏差(上差)e 级时为 −0.085 mm。

表 2.6　内、外螺纹中径基本偏差表(GB/T 5796.4-2005)　(单位：μm)

螺距 P/mm	内螺纹 D_2	外螺纹 d_2			螺距 P/mm	内螺纹 D_2	外螺纹 d_2		
	H EI	c es	e es	h es		H EI	c es	e es	h es
1.5	0	−140	−67	0	14	0	−355	−180	0
2	0	−150	−71	0	16	0	−375	−190	0
3	0	−170	−85	0	18	0	−400	−200	0
4	0	−190	−95	0	20	0	−425	−212	0
5	0	−212	−106	0	22	0	−450	−224	0
6	0	−236	−118	0	24	0	−475	−236	0
7	0	−250	−125	0	28	0	−500	−250	0
8	0	−265	−132	0	32	0	−530	−265	0
9	0	−280	−140	0	36	0	−560	−280	0
10	0	−300	−150	0	40	0	−600	−300	0
12	0	−335	−160	0	44	0	−630	−315	0

注：(1) 公差带的位置由基本偏差确定，本标准规定外螺纹的上偏差 es 及内螺纹的下偏差 EI 为基本偏差。

(2) 对外螺纹的中径 d_2 规定了三种公差带位置 h、e 和 c；对大径 d 和小径 d_3，只规定了一种公差带位置 h。h 的基本偏差为零，e 和 c 的基本偏差为负值。对内螺纹的大径 D_4、中径 D_2 及小径 D_1 规定了一种公差带位置 H，其基本偏差为零。

梯形螺纹公差值，见表 2.7。按此表，当公差直径 d 在 11.2～22.4 之间，$P=3$ 时，7 级，内螺纹的中径公差 T_{D_2} 为 0.330 mm；外螺纹中径公差 T_{d_2} 为 0.224 mm，则其下偏差 $ei=-0.085-0.224=-0.309$；外螺纹的小径公差 T_{d_3} 为 0.365 mm。按表 2.8 可以查出，$P=3$ 时，内螺纹小径公差 $T_{D_1}=0.315$(即上偏差)，外螺纹大径公差 $T_d=0.236$(即下偏差)。

表 2.7　梯形螺纹公差值表(GB/T 5796.4-2005)　(单位：μm)

公称直径 d/mm		螺距 P/mm	内螺纹中径公差 T_{D_2}			外螺纹中径公差 T_{d_2}				外螺纹小径公差 T_{d_3}								
										中径公差带位置为 c			中径公差带位置为 e			中径公差带位置为 h		
			公差等级															
>	≤		7	8	9	6	7	8	9	7	8	9	7	8	9	7	8	9
5.6	11.2	1.5	224	280	355	132	170	212	265	352	405	471	279	332	398	212	265	331
		2	250	315	400	150	190	236	300	388	445	525	309	366	446	238	295	375
		3	280	355	450	170	212	265	335	435	501	589	350	416	504	265	331	419

续表

公称直径 d/mm		螺距 P/mm	内螺纹中径公差 T_{D_2}			外螺纹中径公差 T_{d_2}				外螺纹小径公差 T_{d_3}								
										中径公差带位置为 c			中径公差带位置为 e			中径公差带位置为 h		
			公差等级															
>	≤		7	8	9	6	7	8	9	7	8	9	7	8	9	7	8	9
11.2	22.4	2	265	335	425	160	200	250	315	400	462	544	321	383	465	250	312	394
		3	330	375	475	180	224	280	355	450	520	614	365	435	529	280	350	444
		4	355	450	560	212	265	335	425	521	609	690	426	514	595	331	419	531
		5	375	475	600	224	280	355	450	562	656	775	456	550	669	350	444	562
		8	475	600	750	280	355	450	560	709	828	965	576	695	832	444	562	700
22.4	45	3	335	425	530	200	250	315	400	482	564	670	397	479	585	312	394	500
		5	400	500	630	236	300	375	475	587	681	806	481	575	700	375	469	594
		6	450	560	710	265	335	425	530	655	767	899	537	649	781	419	531	662
		7	475	600	750	280	355	450	560	694	813	950	569	688	835	444	562	700
		8	500	630	800	300	375	475	600	734	859	1015	601	726	882	469	594	750
		10	530	670	850	315	400	500	630	800	925	1087	650	775	937	500	625	788
		12	560	710	900	335	425	530	670	866	998	1223	691	823	1048	531	662	838
45	90	3	355	450	560	212	265	335	425	501	589	701	416	504	616	331	419	531
		4	400	500	630	236	300	375	475	565	659	784	470	564	689	375	469	594
		8	530	670	850	315	400	500	630	765	890	1052	632	757	919	500	625	788
		9	560	710	900	335	425	530	670	811	943	1118	671	803	978	531	662	838
		10	560	710	900	335	425	530	670	831	963	1138	681	813	988	531	662	838
		12	630	800	1000	375	475	600	750	929	1085	1273	754	910	1098	594	750	938
		14	670	850	1 060	400	500	630	800	970	1 142	1 355	805	967	1 180	625	788	1 000
		16	710	900	1 120	425	530	670	850	1 038	1 213	1 438	853	1 028	1 253	662	838	1 062
		18	750	950	1 180	450	570	710	900	1 100	1 288	1 525	900	1 088	1 320	700	888	1 125

表 2.8　内螺纹小径、外螺纹大径公差值表(GB/T 5796.4-2005)　　(单位:μm)

螺距 P/mm	1.5	2	3	4	5	6	7	8	9	10	12	14	16	18	20	22	24	28	32	36	40	44
内螺纹小径公差 T_{D_1}(4 级)	190	236	315	375	450	500	560	630	670	710	800	900	1 000	1 120	1 180	1 250	1 320	1 500	1 600	1 800	1 900	2 000
外螺纹大径公差 T_d(4 级)	150	180	236	300	335	375	425	450	500	530	600	670	710	800	850	900	950	1 060	1 120	1 250	1 320	1 400

注:(1) 梯形螺纹公差仅选择并标记中径公差带。
(2) 6 级公差仅是为了计算 7、8、9 级公差值而列出的。

(3) 绘制零件草图。

① 确定丝杠轴的表达方案。丝杠轴为回转体,需要绘制一个水平放置的基本视图,与使用方向一致。丝杠梯形螺纹需要退刀槽。丝杠的梯形螺纹的牙形需画局部放大图,并标注牙形角、螺距及大、中、小径的基本值和相应的上下偏差。手轮传动部分的平键键槽需要画一个断面图,表达键槽的键宽和深度。轴端的内螺纹可通过局部剖视图表达。

② 绘制草图。

a. 先从基准线入手,画出回转中心线;依次画出 ϕ10×7 圆柱段、Tr14×3LH-7e 梯形螺纹段长 73、ϕ24×6 圆柱、ϕ16×24 圆柱、ϕ12×17 圆柱。补画梯形螺纹退刀槽 7×ϕ10。补画键槽 5×10 深 3,补画内螺纹 M6 深 8,孔深 10,孔深比螺纹深大 $D/2$。绘制梯形螺纹牙形局部放大图。

b. 画键槽移出断面图,注意断面图的中心与断面剖切符号对齐。

③ 测量并标注尺寸。用游标卡尺测量各段直径及长度，标注到丝杠轴草图中。注意按照丝杠轴在尾座体中的安装位置，量取和标注尺寸；注意要标注总长。内螺纹深度可用深度游标卡尺量出孔深，减去3为螺纹深度。

④ 填写技术要求。

a. 尺寸公差。

(a) 丝杠部分公差按上述查表计算标出。

(b) 方盖板孔与丝杠轴对应段配合尺寸为 $\phi16H8/f7$，轴公差 $\phi16f7$ 查《附录21 优选及常用配合轴的极限偏差表》为 $\phi16f7(^{-0.016}_{-0.034})$。

(c) 手轮孔与丝杠轴对应轴段之间的配合尺寸为 $\phi12H8/f7$，轴公差 $\phi12f7$ 查《附录21 优选及常用配合轴的极限偏差表》为 $\phi12f7(^{-0.016}_{-0.034})$。

(d) 键槽宽度方向，松连接，查《附录13 普通型平键及键槽尺寸》，可得 $5H9(^{+0.030}_{0})$，深度为 $9^{\ 0}_{-0.1}$ mm。

b. 位置公差。键槽相对于 $\phi12f7$ 轴线对称度公差，参照《附录26 同轴度、对称度、圆跳动、全跳动公差值》，按9级为0.025 mm。

c. 表面粗糙度。丝杠工作面、两个6级配合面选 $Ra1.6$，键槽侧面选 $Ra3.2$，其余选 $Ra6.3$。

d. 其他技术要求：未注倒角 $C1$；调质处理28～32HRC；表面发黑处理：H・Y，按CB/T 3764-1996。

⑤ 填写标题栏。丝杠轴为较重要零件，材料选优质工具钢45钢，热处理为调质处理；比例为1∶1；图号与装配示意图一致，为WZ-14。

丝杠轴零件草图见图2.36。

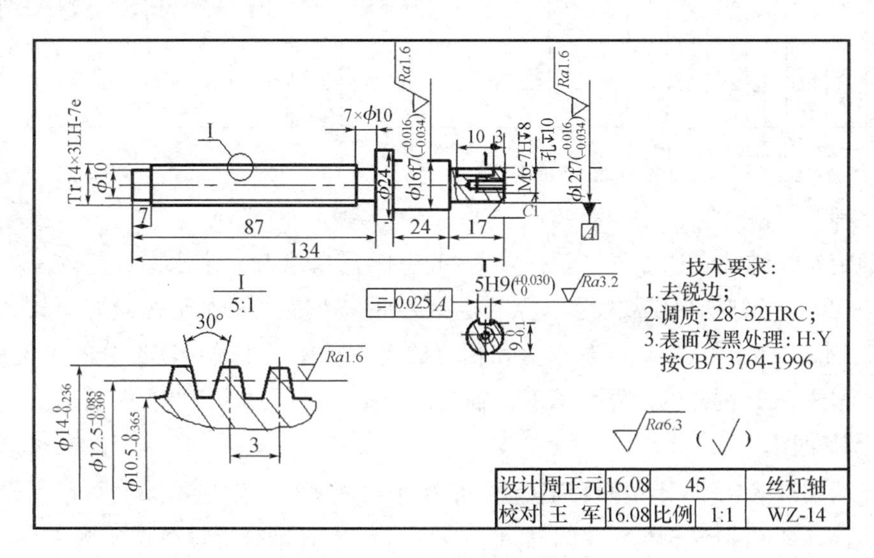

图2.36 丝杠轴零件草图

2.5.3　套类零件的测绘

套类零件一般是指带孔的，轴向尺寸大于径向尺寸的回转体零件，其表达方法与轴类零件相似，内部结构形状较复杂时，主视图可采用全剖或半剖视图。这类零件起衬垫、支承作用。仪表车床尾座部件中的套类零件有手柄、锁紧套、丝杠螺母、锁紧螺母、套筒。

1）手柄草图的绘制

（1）对手柄进行了解和分析。手柄通过内六角螺钉 M6×60 连接到手轮上，驱动手轮转动。手柄中间是螺钉穿孔，尺寸一般取比螺纹公称直径大 0.5 mm，或查《附录 3　联结零件沉头座及沉孔尺寸》确定。螺钉沉头孔尺寸也要按此附件尺寸绘制。对于 M6 内六角螺钉，沉孔为 ϕ12 mm，深 H_1＝7 mm，见图 2.37。

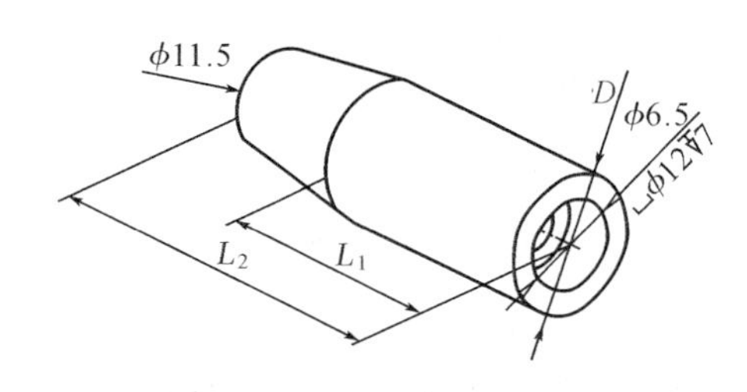

图 2.37　手柄结构及尺寸图

（2）绘制手柄的零件草图。手柄采用一个全剖视图就可以完全表达其外形和内部结构。

（3）测量尺寸，确定技术要求。手柄无特别的尺寸、形状、位置精度要求，都无需标注。这里要注意的是，不标注不等于没有要求，尺寸精度一般要达到“未注尺寸公差按 GB/T 1804-m”，形位公差一般要达到“未注形位公差按 GB/T 1184-H”，可在技术要求中写出。表面粗糙度全部为 Ra3.2。材料选普通碳素结构钢 Q235A，无需热处理。文字“技术要求”中，除了“去锐边”外，表面处理采用表面镀铬处理：D. L_1/Cr，按 CB/T 3764-1996。

（4）画手柄零件草图。图略。

2）锁紧套草图的绘制

（1）对锁紧套进行了解和分析。锁紧套与锁紧螺栓、锁紧螺母配合，其侧圆弧靠摩擦力侧抱在套筒外圆上，锁住顶尖进退。锁紧套中间是螺钉穿孔，取比螺纹公称直径大 0.5 mm。见图 2.38。

（2）绘制锁紧套零件草图。锁紧套采用一个全剖视图，就可以完全表达其外形和内部结构。绘制难点是锁紧圆弧的位置的表达，可参考图 2.25 套筒锁紧原理图。铣去的圆弧 R15 圆心在下端面下 1.5 mm，左 19 mm 处，见图 2.38。

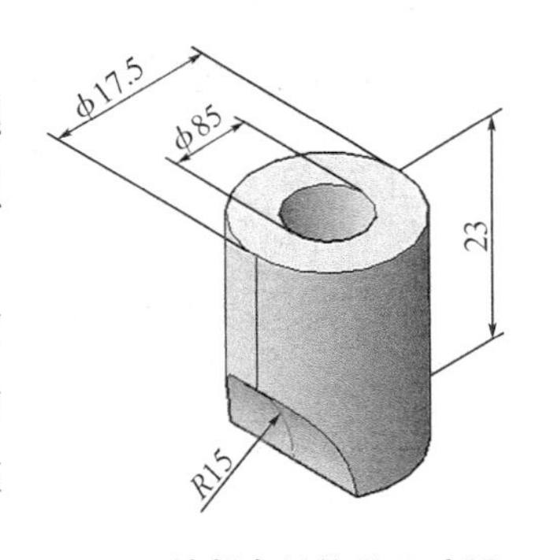

图 2.38　锁紧套结构及尺寸图

（3）测量尺寸，确定技术要求。锁紧套无特别的尺寸、形状、位置精度要求，都无需标注。表面粗糙度全部为 Ra3.2。材料选普通碳素结构钢 Q235A，无需热处理。文字“技术要求”中，除了“去锐边”外，表面处理采用表面发黑处理：H・Y，按 CB/T 3764-1996。

(4) 画锁紧套零件草图。图略。

3) 丝杠螺母草图的绘制

(1) 对丝杠螺母进行了解和分析。丝杠螺母与丝杠轴配合形成螺旋传动副,将手轮的旋转运动转换为套筒的直线运动,从而带动顶尖前后移动或锁止。其外圆与套筒过渡配合,并用紧定螺钉 M5×8 作为骑缝螺钉联结。见图 2.39。

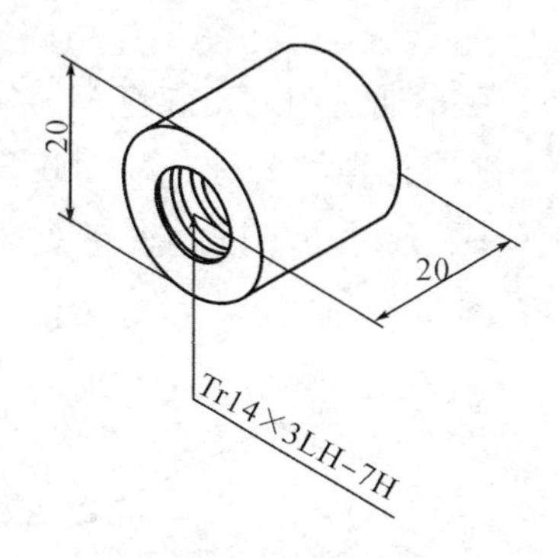

图 2.39 丝杠螺母结构及尺寸图

(2) 绘制丝杠螺母零件草图。丝杠螺母采用一个全剖视图,表达其外形和内部结构。由于是梯形螺纹,还需一个梯形螺纹牙形局部放大图,可参考图 2.36。

(3) 测量尺寸,确定技术要求。套筒孔与丝杠螺母外圆配合公差为 ϕ20H7/m6。查《附录 21 优选及常用配合轴的极限偏差表》可知,为 $\phi20m6(^{+0.021}_{+0.008})$。梯形螺纹内螺纹大、中、小径基本值查"表 2.4 梯形螺纹的基本尺寸表"可知,大、中、小径分别为 ϕ14.5、ϕ12.5 和 ϕ11。查"表 2.5 梯形螺纹公差带的选用表"可知,其公差带代号为 7H。查"表 2.6 内、外螺纹中径基本偏差表"可知,其下偏差均为 0。查"表 2.7 梯形螺纹公差值表"可知,其中径公差为 7 级,P=3 时,T=0.330 mm,小径公差值为 0.315 mm,分别为其中径和小径上偏差。外圆与牙型表面粗糙度为 Ra1.6,其余表面粗糙度全部为 Ra3.2。丝杠螺母易磨损,可选择耐磨材料铸锡青铜 ZQSn6-6-3,无需热处理。文字"技术要求"中,写"去锐边"。

(4) 画丝杠螺母零件草图。图略。

4) 锁紧螺母草图的绘制

(1) 对锁紧螺母进行了解和分析。锁紧螺母与锁紧螺栓、锁紧套配合,其侧圆弧靠摩擦力侧抱在套筒外圆上,锁住顶尖进退,见图 2.40。

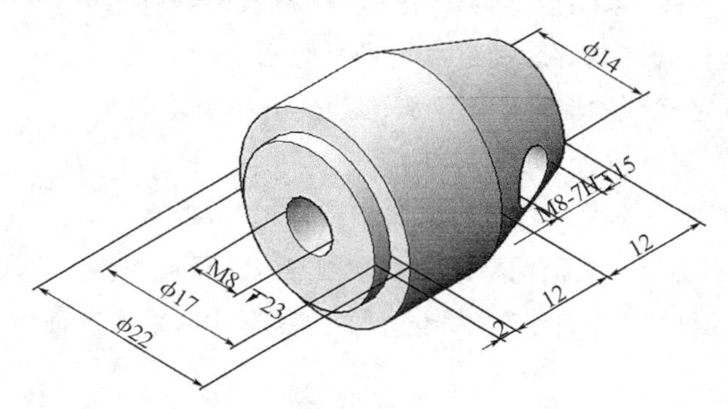

图 2.40 锁紧螺母结构及尺寸图

(2) 绘制锁紧螺母零件草图。锁紧螺母采用一个全剖视图表达其外形和内部结构。注意两个 M8 螺纹相交的相贯线形状为“×”。

(3) 测量尺寸，确定技术要求。锁紧螺母无特别的尺寸、形状、位置精度要求，都无需标注。螺纹规格可以测量与之旋合的外螺纹，深度为孔深减去公称直径的一半。外圆表面粗糙度为 $Ra1.6$，其余表面粗糙度全部为 $Ra3.2$。材料选普通碳素结构钢 Q235A，无需热处理。文字“技术要求”中，除了“去锐边”外，表面处理采用表面镀铬：D. L_1/Cr，按 CB/T 3764-1996。

(4) 画锁紧螺母零件草图，见图 2.41。

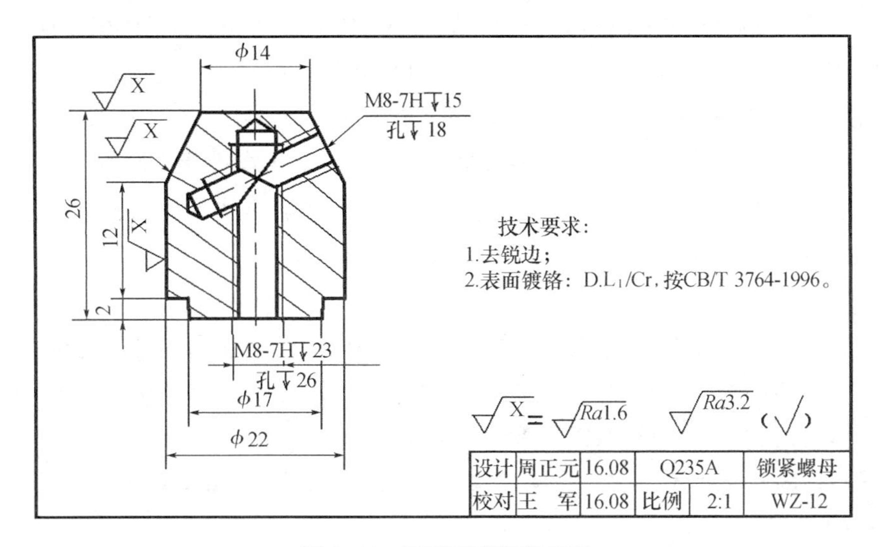

图 2.41　锁紧螺母零件草图

5) 套筒零件草图的绘制

(1) 对套筒进行了解和分析。套筒左内锥孔可以安装顶尖，右端圆柱孔安装丝杠螺母，下有直槽，在圆柱销限制下，将手轮旋转运动，转换为顶尖直线移动，见图 2.42。

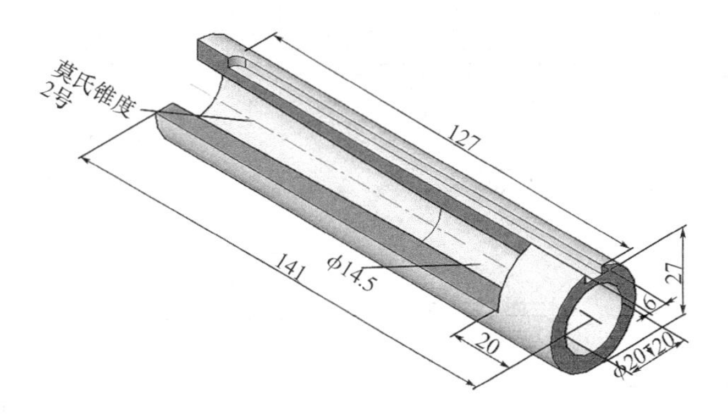

图 2.42　套筒结构及尺寸图

(2) 绘制套筒零件草图。套筒采用一个全剖视图表达其外形和内部结构。用一个断面图表达导向槽的宽度和深度尺寸。

(3) 测量尺寸，确定技术要求。

① 测量尺寸。测量套筒大外圆与总长为 $\phi30\times141$。测量莫氏锥度锥面大端直径约 $\phi18$，标注时仍然按名义尺寸 $\phi17.78$ 标注。测量安装丝杠螺母沉孔直径为 $\phi20$，深可以通过总长减去从锥面端量的深度得到，为 20。测量导向槽宽度为 6，深度为 27，长度为 127。内圆孔 $\phi14.5$ 尺寸为估算尺寸，要比丝杠轴大外圆大，确保丝杠轴进退自如。

② 尺寸公差。尾座体孔与套筒大外圆配合公差带代号为 $\phi30$H7/h6，故套筒大外圆尺寸公差查《附录 21 优选及常用配合轴的极限偏差表》得到 $\phi30\text{h}6(^{\ 0}_{-0.013})$。右端 $\phi20\times20$ 沉孔与丝杠螺母外圆配合公差带代号为 $\phi20$H7/m6，故 $\phi20$H7 查《附录 19 标准公差数值》得到 $\phi20\text{H}7(^{+0.021}_{\ 0})$。圆柱销 6m6 查《附录 21》，可知 $6\text{m}6(^{+0.012}_{+0.004})$，则槽宽 6 下偏差应比 +0.012 大，取 +0.020，上差按 IT7 级公差 0.012，为 0.032，则槽宽为 $6^{+0.032}_{+0.020}$，深 $27^{\ 0}_{-0.2}$。

③ 位置误差。2 号莫氏锥度孔锥面相对外圆轴线跳动公差按 7 级，查《附录 26 同轴度、对称度、圆跳动、全跳动公差值》可知，圆跳动数值为 0.012(主参数为 17.78)。槽宽为 6，中心平面对外圆轴线对称度公差为 9 级，查《附录 26》可得，主参数为 6 时，公差值为 0.025。

④ 表面粗糙度。外圆表面、锥面、$\phi20$H7 圆柱面粗糙度为 $Ra0.8$，其余表面粗糙度全部为 $Ra3.2$。

⑤ 其他技术要求。材料选优质碳素结构钢 45，调质：28～32HRC；外圆与锥面表面淬火 45～50HRC。文字“技术要求”中，除了“去锐边”外，表面处理采用表面发黑：H・Y，按 CB/T 3764-1996。锥孔涂色检验接触面积不小于 75%。

(4) 填写标题栏。套筒为较重要零件，材料选优质工具钢 45 钢；比例为 1∶1；图号与装配示意图一致，为 WZ-09。

(5) 画套筒零件草图，见图 2.43。

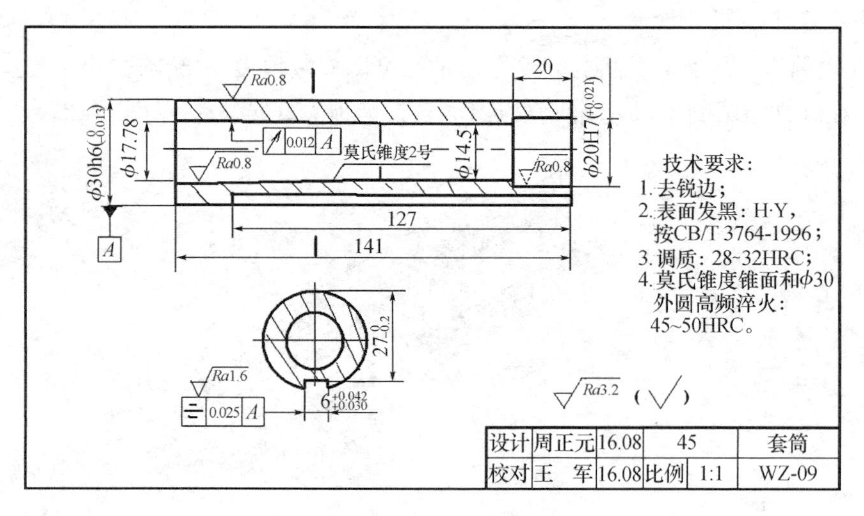

图 2.43　套筒零件草图

2.5.4 盘盖类零件的测绘

盘盖类零件一般包括法兰盘、端盖、手轮、带轮等，这类零件起支撑、轴向定位等作用。盘盖类零件的主要结构为回转体，其径向尺寸大于轴向尺寸。零件上常见的结构有螺孔、销孔、轮辐、槽等。仪表车床尾座部件中的这类零件有垫圈、手柄座、刻度圈、手轮、方盖板。

1) 垫圈零件草图的绘制

(1) 对垫圈进行了解和分析。垫圈通过沉头螺钉 M6×10 连接到丝杠轴端面，挡住手轮，起到轴向定位的作用。垫圈中间是螺钉穿孔，尺寸一般取比螺纹公称直径大 0.5 mm，或查《附录 3 联结零件沉头座及沉孔尺寸》确定。螺钉沉头孔尺寸也要按此附件尺寸绘制。对于 M6 沉头螺钉，沉孔 D=13 mm，角度为 90°。见图 2.44。

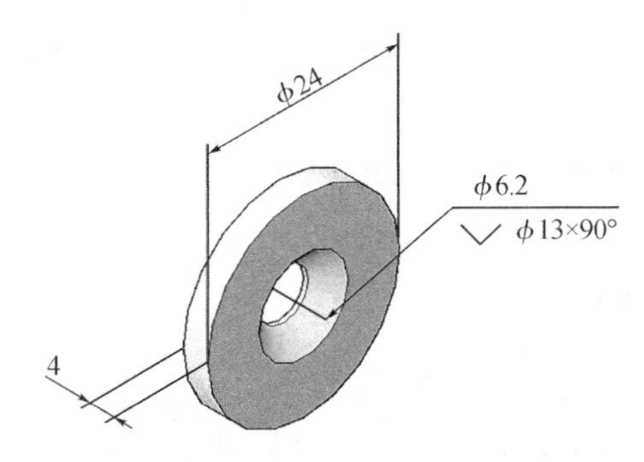

图 2.44 垫圈结构及尺寸图

(2) 绘制垫圈零件草图。垫圈采用一个全剖视图就可以完全表达其外形和内部结构。

(3) 测量尺寸，确定技术要求。垫圈无特别的尺寸、形状、位置精度要求，都无需标注。沉头孔的标注采用旁注法，参照图 2.44。表面粗糙度全部为 $Ra3.2$。材料选普通碳素结构钢 Q235A，无需热处理。文字“技术要求”中，除了“去锐边”外，表面处理采用表面镀铬处理：D. L_1/Cr，按 CB/T 3764-1996。

(4) 画垫圈零件草图。图略。

2) 手柄座零件草图的绘制

(1) 对手柄座进行了解和分析。手柄座通过 ϕ10 孔与偏心轴端的 ϕ10 过渡配合连接，公差带代号为 ϕ10H7/m6，连接后配作 ϕ4 锥销孔，打入锥销。大手柄螺纹端旋入 M8 螺纹孔内。螺纹孔与大外圆外相贯孔口处，锪 ϕ10 沉孔，深 1 mm。见图 2.45。

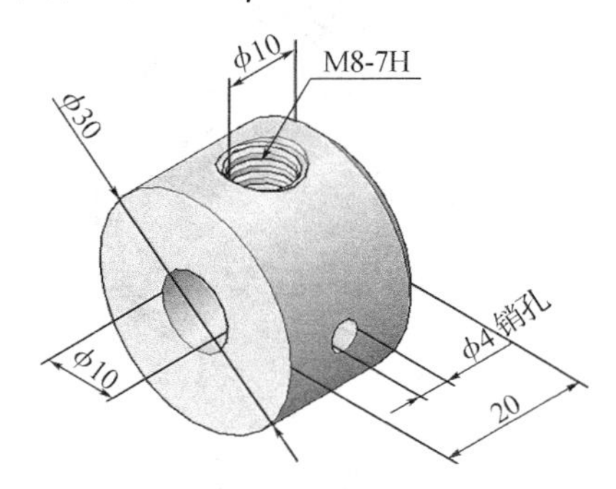

图 2.45 手柄座结构及尺寸图

(2) 绘制手柄座零件草图。手柄座采用一个全剖视图就可以完全表达其外形和内部结构。

(3) 测量尺寸,确定技术要求。

① 测量尺寸。测出内孔尺寸 $\phi10$。锥销大端尺寸约 $\phi4.2$,锥销是按小端尺寸标注的,因此,应该是规格为 4 的销,长比直径 30 要小,查《附录 15 圆锥销》,可确定其规格为 4×28,GB/T 117-2000。螺纹与大手柄螺纹规格一样。

② 尺寸与形位公差。$\phi10$H7 查《附录 19 标准公差数值》,可知 $\phi10\text{H7}(^{+0.015}_{0})$。销孔 $\phi4$ 是与偏心轴安装后配作,不必标注公差。

③ 表面粗糙度。$\phi10$H7 孔为 IT7 级公差,对应表面粗糙度可选 $Ra0.8$,其余为 $Ra3.2$。

④ 其他技术要求。去锐边;表面镀铬:D. L_1/Cr,按 CB/T 3764-1996。

(4) 标题栏填写。材料选普通碳素结构钢 Q235A,无需热处理。比例为 1∶1。名称:手柄座。图号为 WZ-05。

(5) 画手柄座零件草图,见图 2.46。

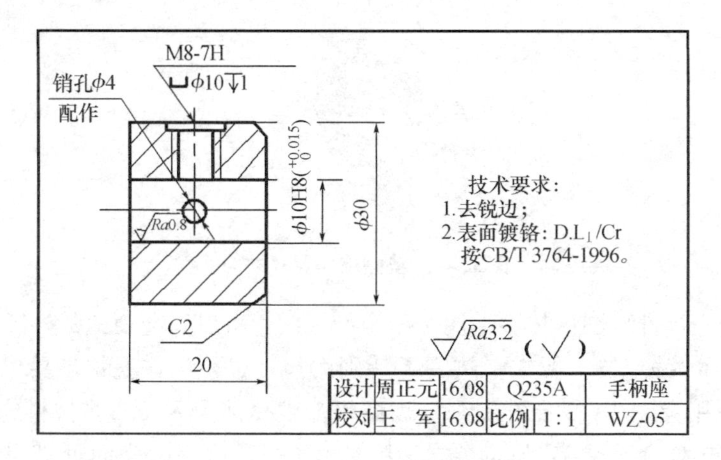

图 2.46 手柄座零件草图

3) 刻度圈零件草图的绘制

(1) 对刻度圈进行了解和分析。刻度圈通过 $\phi28$ 孔与手轮对应外圆间隙连接,公差带代号为 $\phi28$H7/g6,可在手轮上转动,以调整任何位置为零刻度,确定后,用紧定螺钉 M5 紧定,见图 2.47。

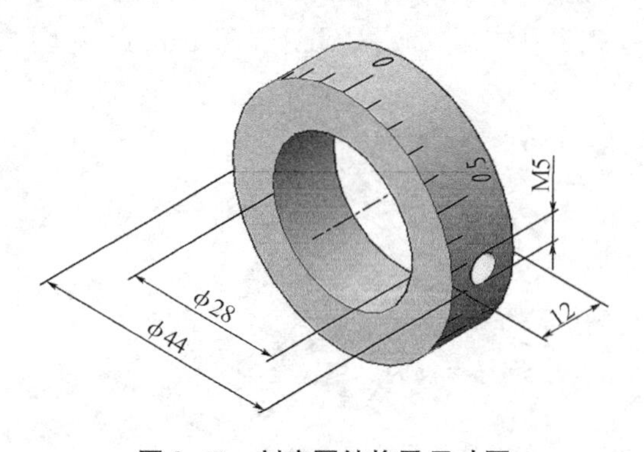

图 2.47 刻度圈结构及尺寸图

(2) 绘制刻度圈零件草图。刻度圈采用一个全剖视图,可基本表达其外形和内部结构,并将螺纹孔放在剖切面上。但这样外圈的刻度规律就表达得不够清楚,因此,采用半剖视图,一半表达内孔及螺纹孔,一半表达刻度线形状与规律更为合理。

(3) 测量尺寸,确定技术要求。

① 测量尺寸。测出内孔尺寸 $\phi28$。内螺纹规格可以通过测量对应的紧定螺钉——开槽锥端紧定螺钉 M5×8,得知为 M5 内螺纹。用游标卡尺再测出大外圆尺寸 $\phi44$ 及长度尺寸 12 mm。

② 尺寸与形位公差。$\phi28$H7 查《附录 19 标准公差数值》,可知 $\phi28H7(^{+0.021}_{0})$。其他尺寸不必标注公差。螺纹标注为 M5-7H。

③ 表面粗糙度。$\phi28$H7 孔为 IT7 级公差,对应表面粗糙度可选 $Ra0.8$。为便于大外圆刻线及读数,表面粗糙度数值可选 $Ra0.8$,其余为 $Ra3.2$。

④ 其他技术要求。去锐边;调质:28～32HRC;表面镀乳白硬铬:D. L_1/Cr,按 CB/T 3764-1996;30 根刻度线均布,短刻度线长 3 mm,长刻度线长 6 mm,每 5 根刻度线中有一根长刻度线,长刻度线处依次标注 0、0.5、1、1.5、2、2.5,字高 3 mm。

(4) 标题栏填写。材料选优质碳素钢 45 钢,调质处理。比例为 1∶1。名称:刻度圈。图号为 WZ-20。

(5) 画刻度圈零件草图,略。

4) 手轮零件草图的绘制

(1) 对手轮进行了解和分析。手轮通过 $\phi12$ 孔与丝杠轴对应外圆间隙配合连接,公差带代号为 $\phi12$H8/f7,靠平键 5×10 将手轮选择运动传递到丝杠轴。手柄通过内六角螺钉 M6×60 与手轮 M6 螺孔连接。$\phi28$ 外圆间隙配合安装刻度圈,见图 2.48。

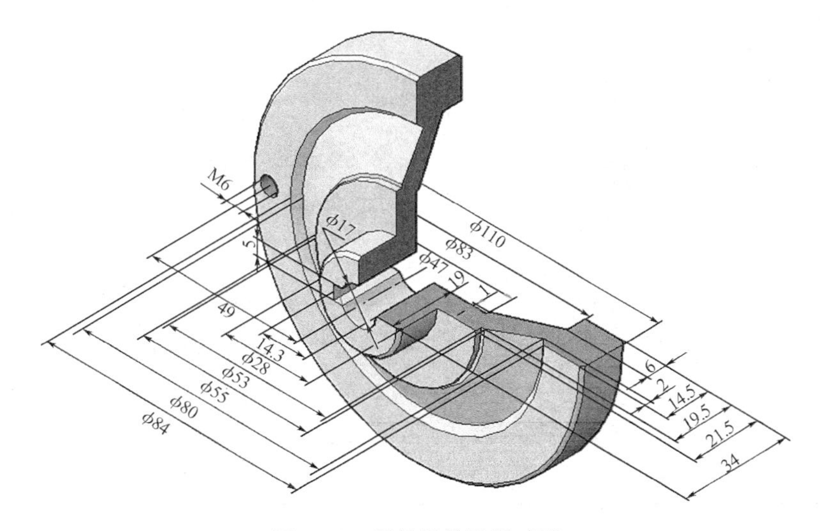

图 2.48 手轮结构及尺寸图

(2) 绘制手轮零件草图。手轮采用一个全剖视图可基本表达其外形和内部结构,并将 M6 螺纹孔、键槽放在剖切面上。还需一个简化画法的左视图,表达 $\phi12$H8 孔、键槽孔的形状和尺寸。

(3) 测量尺寸，确定技术要求。

① 测量尺寸。用游标卡尺依次测出左端的各外圆：$\phi 28$、$\phi 53$、$\phi 55$、$\phi 80$、$\phi 84$。测量右端内孔及直径：$\phi 12$、$\phi 47$、$\phi 83$、$\phi 110$。测出厚度尺寸 14.5、19.5、21.5。再用深度游标卡尺测量尺寸 6、2、34。

内螺纹规格可以通过测量对应的螺钉——内六角圆柱头螺钉 M6×60，得知为 M6 内螺纹。螺纹孔的位置可通过测量到边缘的距离，再用大半径减去该距离，可得螺孔中心到手轮中心的距离。键槽宽度为 5 mm，深度及公差查表确定。

② 尺寸与形位公差。$\phi 12$H8 查《附录 19 标准公差数值》，可知 $\phi 12\mathrm{H8}(^{+0.027}_{0})$。$\phi 28$g6 查《附录 21 优选及常用配合轴的极限偏差表》，得 $\phi 28\mathrm{g6}(^{-0.007}_{-0.020})$。其他尺寸不必标注公差。螺纹标注 M6-7H。

键槽宽度为 5 的公差，查《附录 13 普通型平键及键槽尺寸》，按松联结，得轮毂 $5^{+0.078}_{+0.030}$。轮毂槽深为 $d+t_2=12+2.3=14.3$，公差为 $14.3^{+0.1}_{0}$。键槽对 $\phi 12$H8 轴线的对称度公差，查《附录 26 同轴度、对称度、圆跳动、全跳动公差值》，按 9 级，公差值为 0.025。

③ 表面粗糙度。$\phi 12$H8 孔为 IT8 级公差，对应表面粗糙度可选 $Ra1.6$；$\phi 28$g6 为 IT6 级公差，对应表面粗糙度可选 $Ra0.4$。键槽侧面，表面粗糙度数值可选 $Ra1.6$，其余为 $Ra3.2$。

④ 其他技术要求。去锐边；表面镀铬：D. $\mathrm{L_1}$/Cr，按 CB/T 3764-1996。

(4) 标题栏填写。材料选普通碳素钢 Q235-A。比例为 1∶1。名称：手轮。图号：WZ-18。

(5) 画手轮零件草图，见图 2.49。部分尺寸同学自行测量填写。

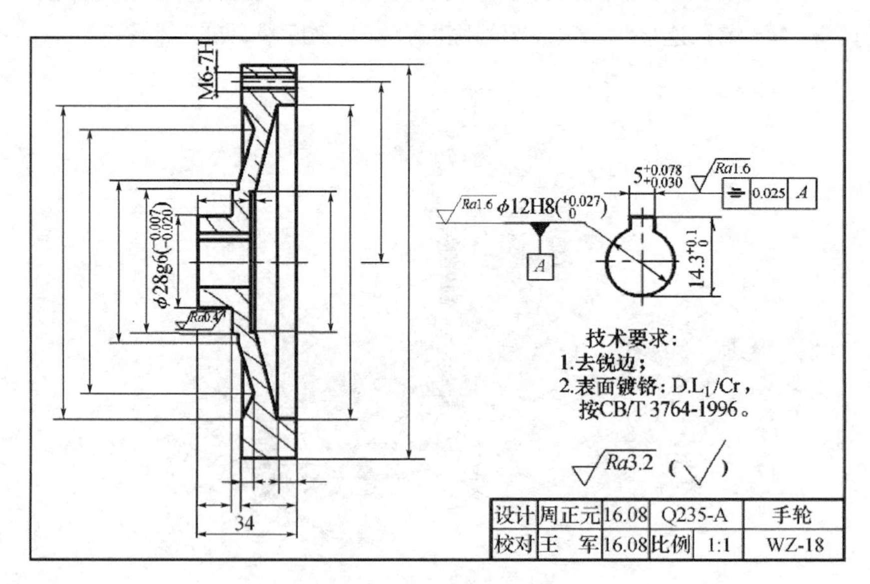

图 2.49 手轮零件草图

5) 方盖板零件草图的绘制

(1) 对方盖板进行了解和分析。方盖板通过 $\phi 30$ 外圆及端面定位于尾座体右端。4 个内六角螺钉穿过沉孔 4×ϕ7 与尾座体连接。方盖板上方有一 ϕ4 通孔，上面沉孔 ϕ6×6 用于安装压入式油杯，润滑油减少方盖板孔与轴摩擦。见图 2.50。

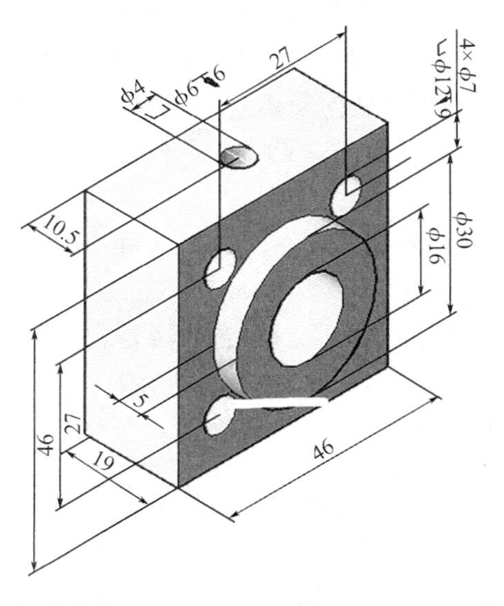

图 2.50　方盖板结构及尺寸图

(2) 相关知识——旋转剖视图。先假想按剖切位置剖开机件，然后将被剖切平面剖开的倾斜部分结构及其有关部分，绕回转中心(旋转轴)旋转到与选定的基本投影面平行后再投影，所得到的剖视图叫旋转剖。如图 2.51 所示，为摇臂的旋转剖视图。正投影为真实投影，俯视图为假想旋转后投影，并非“长对正”。其他位置(小孔)仍按原来位置画。注意标注剖切位置和名称，在回转中心处也要标注 A。

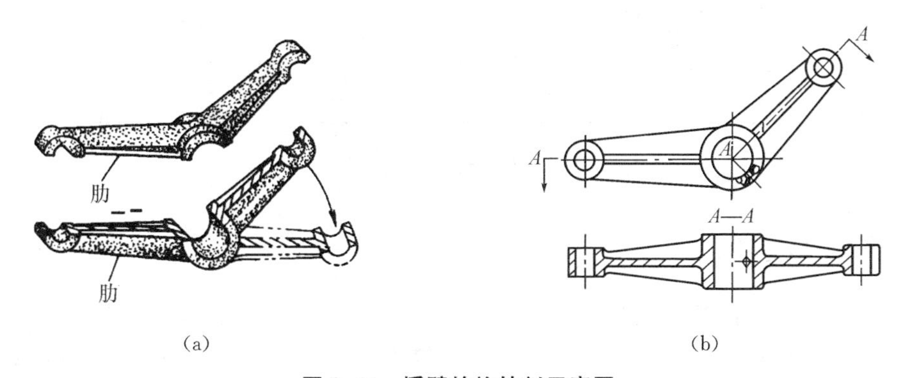

(a)　　　　(b)

图 2.51　摇臂的旋转剖示意图

(3) 绘制方盖板零件草图。方盖板采用一个主视图，一个旋转剖视图可基本表达其外形和内部结构，并将油杯孔、内六角螺钉孔放在剖切面上。

(4) 测量尺寸，确定技术要求。

① 测量尺寸。用游标卡尺测量圆形凸台 ϕ30×5。测量外形尺寸 46×46。测量方形部分厚度为 19。测量四螺钉穿孔中心距离：采用测量孔边缘距离＋孔径。沉孔尺寸可通过查《附录 3 联结零件沉头座及沉孔尺寸》确定，螺孔部分为 ϕ6.6，沉孔为 ϕ12 深 7。

② 尺寸与形位公差。$\phi16H8$ 查《附录19 标准公差数值》，可知 $\phi16H8(^{+0.027}_{0})$。油杯孔 $\phi6H7$ 查《附录19 标准公差数值》，可知 $\phi6H7(^{+0.012}_{0})$。用于定位的圆形凸台 $\phi30$，与尾座体孔应该是间隙配合，选 $\phi30H7/f7$。孔与套筒有较小的间隙配合，选 $\phi30H7$，但这里的凸台 $\phi30$，不必那么小配合，故选 $\phi30f7$。查《附录21 优选及常用配合轴的极限偏差表》可得，$\phi30f7(^{-0.020}_{-0.041})$。$4\times\phi6.6$ 孔，为了保证安装得上，必须有足够的位置精度。由于孔比螺钉名义尺寸大0.6，故位置度公差定为 $\phi0.25$，足以保证各螺钉安装位置精度。

其他尺寸不必标注公差。

③ 表面粗糙度。$\phi16H8$ 孔为IT8级公差，对应表面粗糙度可选 $Ra1.6$；$\phi6H7$ 为IT7级公差，对应表面粗糙度可选 $Ra0.8$，其余为 $Ra3.2$。

④ 其他技术要求。去锐边；表面发黑处理：H·Y，按CB/T 3764-1996。

(5) 标题栏填写。材料选灰铸铁HT200。比例为1∶1。名称：方盖板。图号：WZ-16。

(6) 画方盖板零件草图，见图2.52。

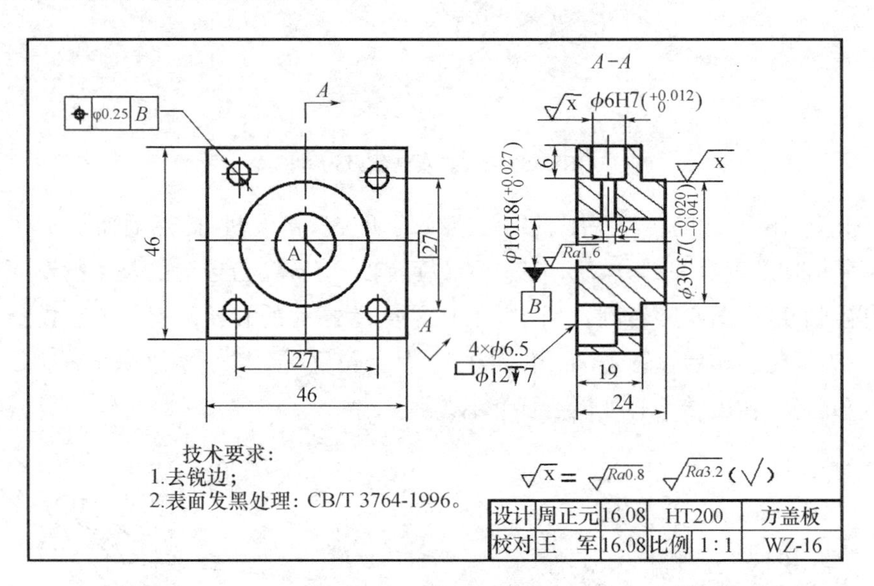

图2.52 方盖板零件草图

2.5.5 箱板类零件的测绘

箱板类零件的共同特点是加工面多为平面和孔。LT625仪表车床尾座中，板类零件主要有压板、连接块，相对简单些，起到支撑、连接等作用，箱体类零件一般为整个机器或部件的外壳，起支撑、连接、密封、容纳、定位及安装其他零件等作用，如减速器箱体、齿轮油泵泵体、阀门阀体等，尾座部件中的尾座体、尾座垫板等，是机器或部件中的主要零件。

箱体类零件的内腔和外形结构都比较复杂，箱壁上带有轴承孔、凸台、肋板等结构。安装部分还有安装底板、螺栓孔和螺孔。为符合铸件制造工艺特点，安装底板和箱壁、凸台外形常有拔模斜度、铸造圆角、壁厚等铸造零件工艺结构。

1) 压板零件草图的绘制

(1) 对压板进行了解和分析。压板向上压在机床导轨下面，通过内六角圆柱头螺钉

M10×50 连接到连接块，连接块上部通过孔连接到偏心轴的偏心段，起到锁紧尾座体的作用。压板中间是螺钉穿孔，一般取比螺纹公称直径大 0.5 mm。内六角螺钉沉头孔尺寸，需查《附录 3 联结零件沉头座及沉孔尺寸》按需要而定。对于 M10 内六角螺钉，沉孔直径 D=18 mm，深度为 11 mm。见图 2.53。

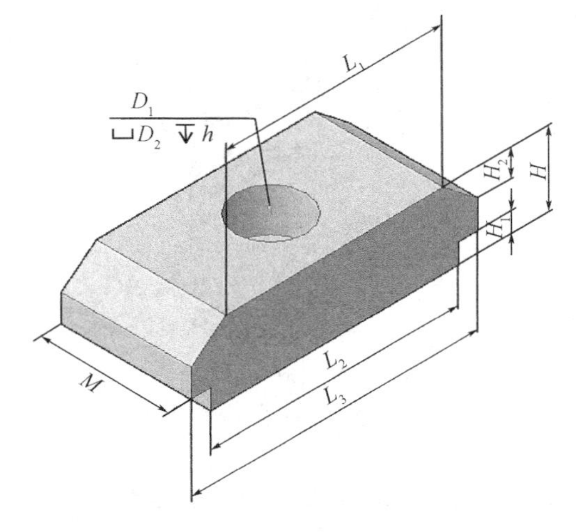

图 2.53　压板结构及尺寸图

(2) 绘制压板零件草图。压板采用一个主视图和一个俯视图，就可以完全表达其外形。其内部结构——螺钉沉孔，可以用局部剖视图表达。

(3) 测量尺寸，确定技术要求。用游标卡尺分别测量压板的长度尺寸 L_1、L_2、L_3，宽度尺寸 W，高度尺寸 H_1、H_2、H，螺钉穿孔尺寸 D_1、沉孔尺寸 D_2 及深度 h。D_1、D_2 及 h 要通过查《附录 3 联结零件沉头座及沉孔尺寸》按需要而定。

压板无特别的尺寸、形状、位置精度要求，都无需标注。沉头孔的标注采用旁注法，参照图 2.53。表面粗糙度加工面为 Ra6.3，其余为不加工符号。材料选灰铸铁 HT200，无需热处理。文字“技术要求”中，除了“去锐边”外，铸件一般要注明：铸件不得有缩孔、砂眼等缺陷。

(4) 画压板零件草图。见图 2.54，尺寸自行测量。

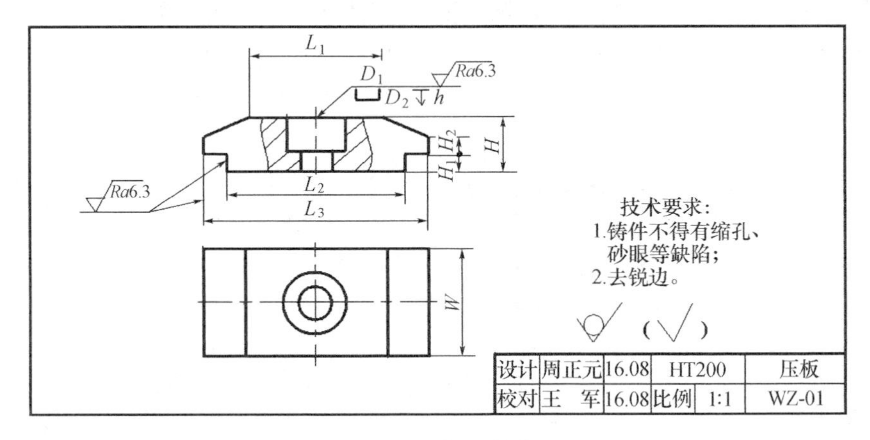

图 2.54　压板零件草图

2）连接块零件草图的绘制

（1）对连接块进行了解和分析。连接块上部的圆孔与偏心轴偏心部分间隙连接，下端通过螺孔、内六角螺钉与压板连接，起到上下连接作用。见图 2.55。

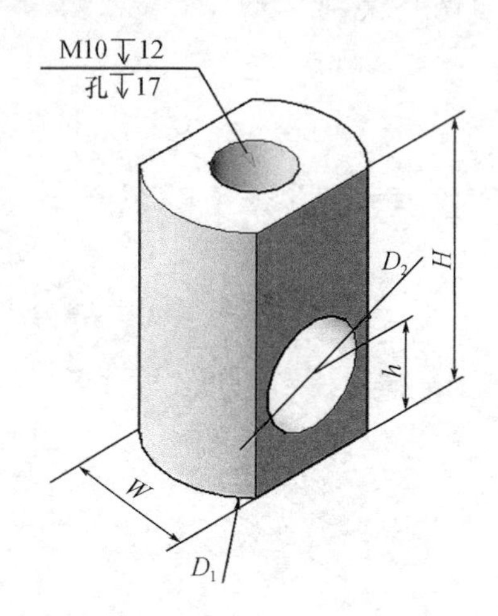

图 2.55 连接块结构及尺寸图

（2）绘制连接块零件草图。连接块采用一个主视图和一个俯视图就可以完全表达其外形。其内部结构——螺钉孔，可以用局部剖视图表达。

（3）测量尺寸，确定技术要求。

用游标卡尺分别测量连接块的宽度尺寸 W，直径 D_1，总高度尺寸 H，圆孔直径 D_2 即孔高度。螺钉孔深 17，则螺纹孔深 17－10/2＝12。螺纹孔规格按对应外螺纹 M10，则其规格也为 M10。游标卡尺量得总深度为 17，则螺孔深还要去除螺纹公称直径的一半。孔与偏心轴偏心部分为间隙连接，H8/f7。则查《附录 19 标准公差数值》得到 D_2 H8($^{+0.027}_{0}$)。

其他尺寸、形状、位置精度要求，都无需标注。螺纹孔的标注采用旁注法，参照图 2.55。表面粗糙度 D_2 孔为 Ra1.6，其余加工面为 Ra6.3。材料选普通碳素结构钢 Q235-A，无需热处理。文字“技术要求”中，除了“去锐边”外，表面处理——发黑处理：H·Y，按 CB/T 3764-1996。

（4）画连接块零件草图。见图 2.56，未标注的尺寸请自行量取。

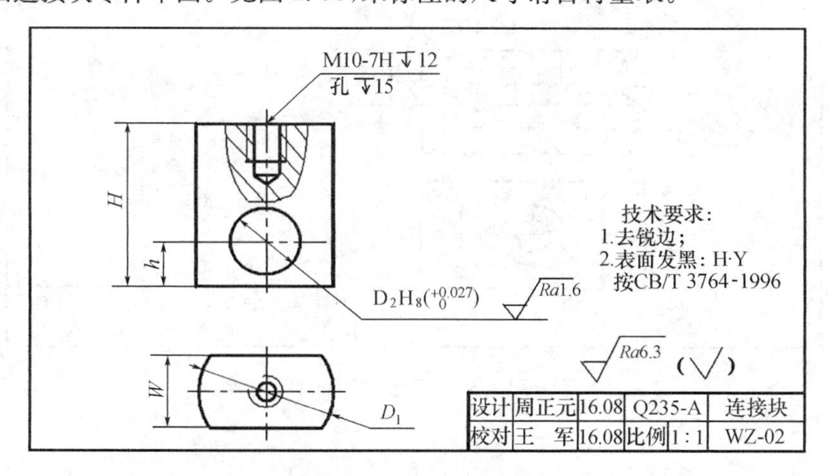

图 2.56 连接块零件草图

3）尾座垫板零件草图的绘制

(1) 对尾座垫板进行了解和分析。尾座垫板上表面与尾座体相接，通过宽为 16 的槽，限制尾座体只能前后移动，并通过两个 M6×35 调整尾座体与尾座垫板的相对位置，用于尾座偏移法车圆柱或圆锥。尾座垫板通过“一平面、一 V 形槽”骑在车床导轨上，见图 2.57。底部槽 60×15 为锁紧螺钉穿孔。

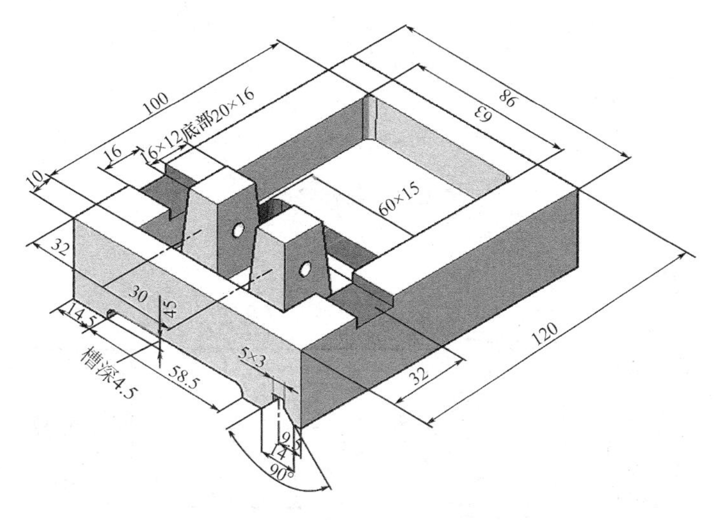

图 2.57 尾座垫板结构及尺寸图

(2) 相关知识——铸件的结构工艺性。铸造加工属于成型加工，通常是将熔化了的金属液体注入砂箱的型腔内，待金属液体冷却凝固后，去除型砂，获得铸件。为保证铸件质量，需对铸件的工艺结构提出要求。

① 起模斜度。如图 2.58 所示，铸造零件毛坯时，为了便于从砂型中取出模型，零件的内、外壁沿起模方向应有一定的斜度(1∶20～1∶10)。起模斜度在制作模型时应予以考虑，视图中可以不注出。

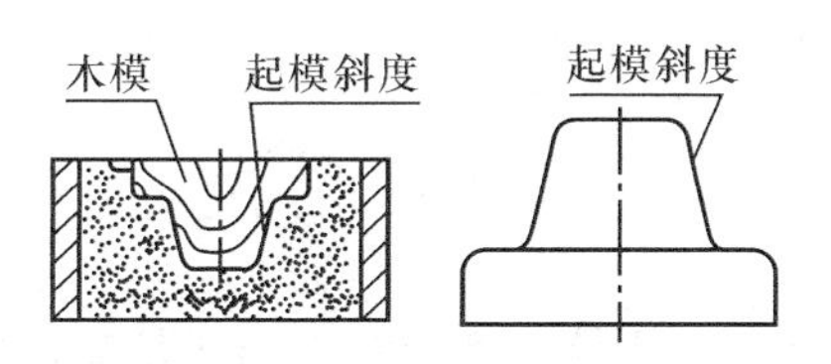

图 2.58 起模斜度示意图

② 铸造圆角。如图 2.59 所示，铸件各表面相交处应做成圆角，以免铸件冷却收缩时产生缩孔或裂纹，同时防止砂型在尖角处脱落。

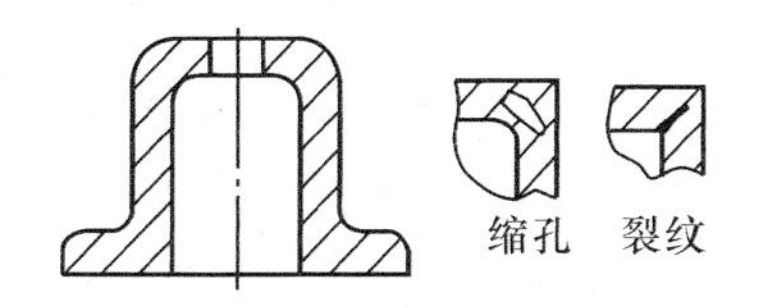

图 2.59 铸造圆角示意图

③ 铸件壁厚。在浇铸零件时，为了避免铸件各部分因冷却速度不同而产生缩孔或裂纹，应尽可能使铸件的壁厚均匀一致或逐渐过渡，如图 2.60 所示。

④ 凸台与凹坑。为了减少加工面，并保证两零件表面接触良好，常在零件接触面处设计凸台、凹坑或凹槽等结构，如图 2.61 所示。

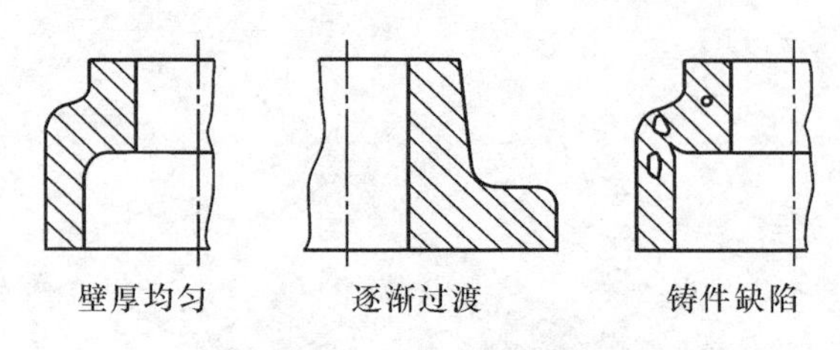

图 2.60 铸件壁厚图

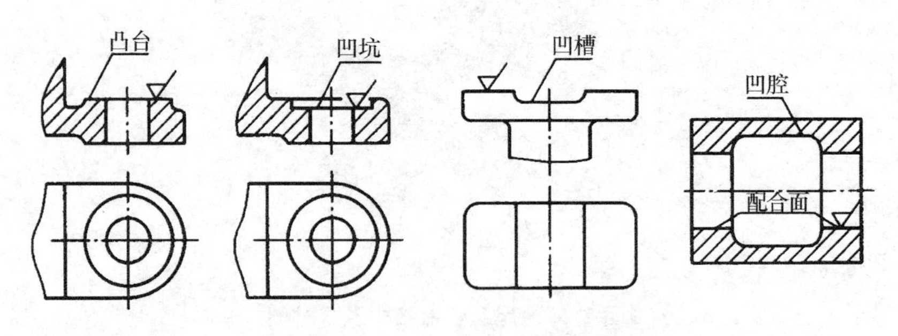

图 2.61 凸台与凹坑等结构图

⑤ 钻孔结构。钻孔时，应尽可能使钻头轴线与被钻表面垂直，以保证孔的精度和避免钻头折断，如图 2.62 所示。

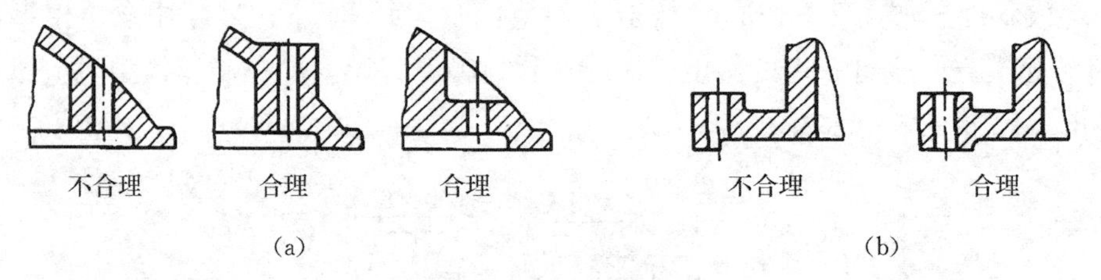

图 2.62 钻孔结构图

(3) 绘制尾座垫板零件草图。尾座垫板采用一个前后对称面处的全剖视图，可基本表达其内部结构。再绘制左视图和俯视图，可表达其外形。左视图采用局部剖视图画法，更能表达其内部形状结构，见图 2.63。

(4) 测量尺寸，确定技术要求。

① 测量尺寸。尾座垫板基本是长方体形状。先测量其外形尺寸 120×100×30。再测量其两个四方台尺寸，上部为 16×12，下部为 20×16。这种明显大于拔模斜度的，可直接标注。四方台的定位尺寸分别为 32 和 30。四方台上的 M6 螺孔规格，可通过测量内六角螺钉尺寸确定，它到上表面距离为 3。尾座垫板与尾座体上表面结合，并通过两个宽度为 16，深度为 4 的槽定位。导向 V 形槽尺寸为宽 14，90°，定位尺寸为 9.5，5×3 是磨削的砂轮越程

槽。通螺钉的通槽尺寸为15×60,定位尺寸为16.5。为了减少加工面,并保证两零件表面接触良好,底部凹槽尺寸为58.5×4.5,定位尺寸为14.5。

② 尺寸与形位公差。定位槽16与尾座体采用间隙配合H8/g7,H8查《附录19 标准公差数值》,可知为16H8($^{+0.027}_{0}$)。为保证尾座垫板与尾座体用M6螺钉装配后结合面仍然贴合,其位置尺寸3给公差为3±0.2,因为螺孔比螺母大0.5。螺纹标注为M6-7H。

③ 表面粗糙度。铸件表面粗糙度一般标注加工表面,不加工表面在其余中标出。ϕ16H8槽为IT8级公差,对应表面粗糙度可选*Ra*1.6。上表面为垫板与尾座体结合面,对应表面粗糙度可选*Ra*1.6;下表面及V形槽工作面为导轨工作面,表面粗糙度数值可选*Ra*1.6,螺纹表面、砂轮越程槽表面,表面粗糙度为*Ra*3.2。其余为不加工面。

④ 其他技术要求。铸件技术要求一般都要注明"铸件表面不得有缩孔、砂眼等缺陷",及"未注铸造圆角*R*2~*R*5"。

(5) 标题栏填写。铸件材料,没有特殊强度要求的,都选铸造性能最好的HT200。比例为1∶1。名称:尾座垫板。图号:WZ-03。

(6) 画尾座垫板零件草图,见图2.63,部分尺寸请同学自行测量标注。

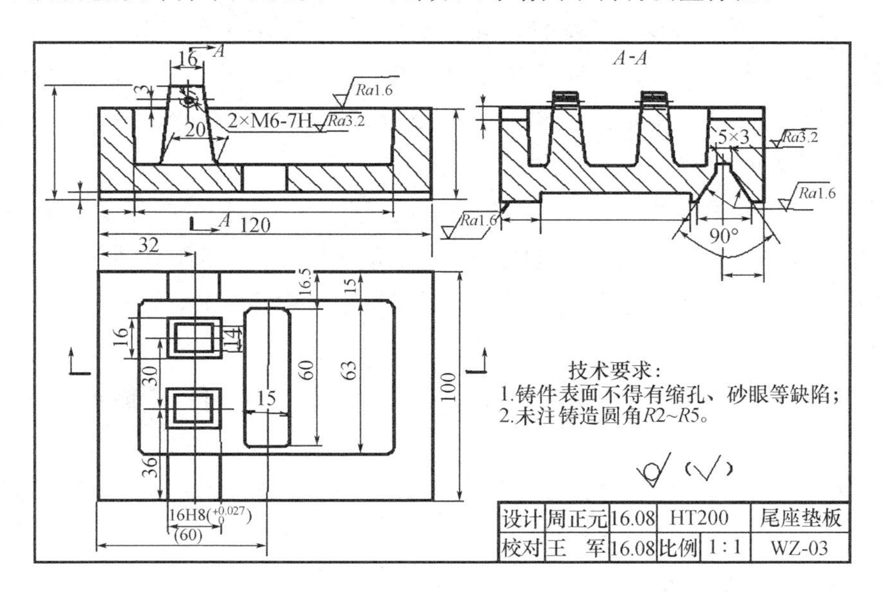

图2.63 尾座垫板零件草图

4) 尾座体零件草图的绘制

(1) 对尾座体进行了解和分析。尾座体为尾座部件的基准零件,也是本项目最为复杂的零件。一方面要用多个视图表达尾座体的形状;另一方面,要注意与安装在尾座体上的其他零件的尺寸配合关系,见图2.64。

(2) 绘制尾座体零件草图。

① 全剖的主视图。由于尾座体内部结构较复杂,用过套筒安装孔的全剖视图,可以表达出套筒安装孔、导向销孔、偏心轴安装孔、尾座偏移导向块等形状和外轮廓形状。

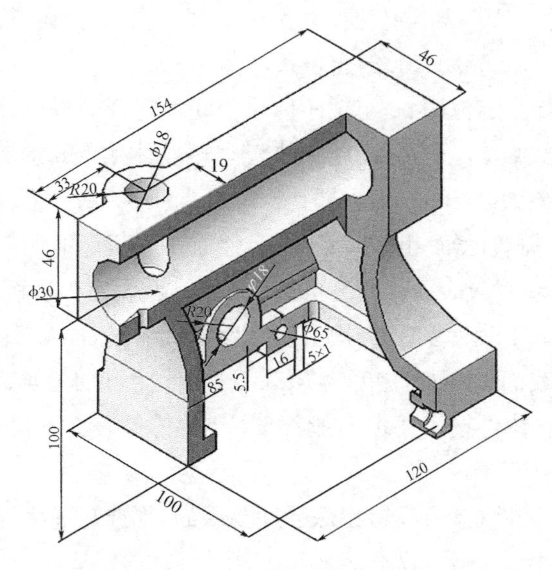

图 2.64　尾座体结构及尺寸图

② 左视图。左视图可以清楚地表达出尾座体从左向右看的外轮廓。其上部是 154×46×46 的长方体,底部也是 120×100×20 的长方体,二者中心平面重合。前面凹进是为了让开小拖板手柄;后面突出,是为了支撑锁紧套安装孔。前面可以简化为一段斜面,上部为一圆弧柱面;后面也可简化为一个圆弧柱面。

③ 局部仰视图。俯视图不能表达出尾座体底部形状,局部仰视图可以完整地表达出底部形状特征。在此基础上,再用局部剖视图表达出偏心轴安装孔的形状。

④ 局部后视图。尾座体后部,有一销孔,还有与偏心轴手柄座对应的半圆弧形状,可通过局部后视图表达。

⑤ 局部右视图。尾座体右端有 4 个方盖板安装螺孔,其他视图未能表达,用局部右视图表达。

⑥ 局部俯视图。套筒锁紧孔仅靠其他视图还不足以表达其形状特征,可以用局部俯视图表达。

(3) 测量尺寸,确定技术要求。

① 测量尺寸。尾座体形状复杂,尺寸繁多。为防止漏标、错标,应采用形体分析法。把尾座体分为上长方体、锁紧半圆柱、下长方体、偏心轴支撑凸台、尾座偏移导向块、中间连接体等若干个基本体,逐一进行尺寸测量和标注。

上长方体长×宽×高尺寸为 154×46×46,其中宽、高即便有制造误差,也应与件 WZ-16 方盖板一致,保证外形对齐。套筒孔尺寸,与套筒外圆一致——ϕ30。套筒孔到底面距离,应等于套筒孔下边缘到底面距离加上孔半径,刚好为 100。右端面的螺孔规格与方盖板安装螺钉规格一致——M6,孔深度用三用游标卡尺的深度尺测量,螺孔深度为孔深度再减去 3。螺孔孔距应与件 WZ-16 方盖板螺钉孔孔距一致——27。参见图 2.65 主视图与 B 向局部视图。

锁紧半圆柱孔尺寸。先测量孔直径 $\phi18$ 及深度 42。再测量半圆弧厚度，加上半径 9，即为锁紧半圆弧的外形 $R20$。参见图 2.65 的 C 向局部视图。

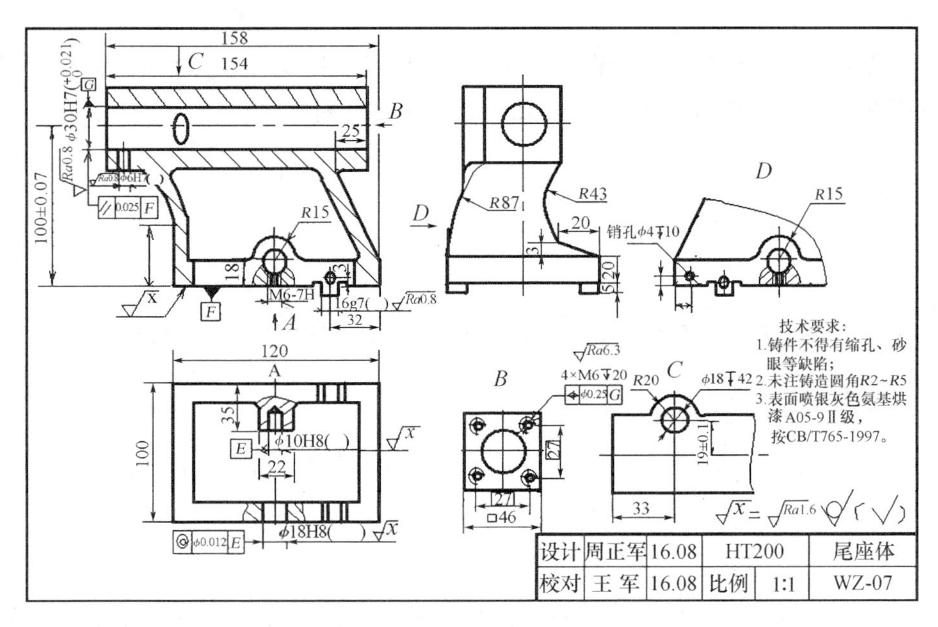

图 2.65 尾座体零件草图

下长方体尺寸为 120×100×20，尾座体总长为 158。偏心轴支撑凸台的孔与偏心轴段 $\phi18$ 一致，加上壁厚，可得外形圆弧半径为 $R15$。紧定螺钉孔与紧定螺钉规格一致——M6。导向块尺寸与尾座垫板导向槽尺寸一致——16。注意两边各留 5×1 的砂轮越程槽。

中间连接体轮廓尺寸，可采用铅丝法和坐标法测量，保证外形位置基本正确即可。壁厚可采用内卡钳、钢直尺配合测量。

② 尺寸与形位公差。

a. 尺寸公差。有配合的孔尺寸都必须标注相应尺寸公差：套筒孔 $\phi30H7(^{+0.033}_{0})$，导向销孔 $\phi6H7(^{+0.012}_{0})$，尾座偏移导向块 $16g7(^{-0.004}_{-0.016})$，还有偏心轴支撑孔 $\phi10H8$、$\phi18H8$，公差请自行查表确定。除此之外，套筒孔中心高度尺寸直接决定顶尖的高度，应给 IT10 级公差，查《附录 19 标准公差数值》为 0.14，此处应标注为 100±0.07。锁紧孔位置尺寸也应有公差约束 19±0.1。

b. 位置公差。$\phi30H8$ 轴线相对于底面平行度公差为 6 级，查《附录 25 平行度、垂直度、倾斜度公差值》可得 0.03。偏心轴大支撑孔 $\phi18$ 相对于小支撑孔 $\phi10$ 同轴度公差为 7 级，查《附录 26 同轴度、对称度、圆跳动、全跳动公差值》可得 0.012。

方盖板 4 个螺钉孔位置，应标注位置度误差 $\phi0.25$，注意理论正确尺寸 27 外面要加框。

③ 表面粗糙度。$\phi30H7$ 孔为 IT7 级公差；导向块两侧面 16g7 为 IT7 级；导向销孔 $\phi6H7$ 为 IT7 级，对应表面粗糙度可选 $Ra0.8$；$\phi10H8$、$\phi18H8$ 为 IT8 级，可标注为 $Ra1.6$。为简化标注，均标注为 x。螺纹表面粗糙度为 $Ra6.3$ 即可。

④ 其他技术要求。a. 铸件不得有缩孔、砂眼等缺陷；b. 未注铸造圆角 $R2\sim R5$；c. 表面

喷银灰色氨基烘漆 A05-9Ⅱ级，按 CB/T 765-1997。

铸件表面的油漆分自干漆和烘漆，烘漆抗腐蚀性能更好；油漆质量分Ⅰ～Ⅲ，Ⅰ级最低，Ⅲ级最高。

(4) 标题栏填写。材料选灰铸铁 HT200。比例为 1∶1。名称：尾座体。图号：WZ-07。

(5) 画尾座体零件草图，见图 2.65。部分尺寸请自行测量填写。

2.6 尾座装配图的绘制

零件测绘后，部件中零件关联尺寸是否正确，必须通过绘制装配图才能得到验证。

2.6.1 装配图的表达方法

装配图表达的重点是产品或部件的结构、工作原理和零件间的装配关系。为了清晰、简便地表达出装配体的结构，国家标准对画装配图提出了一些规定画法和特殊画法。

1) 装配图的规定画法

(1) 实心零件的画法。在装配图中，对于螺纹紧固件以及轴、键、销等实心零件，若按纵向剖切，且剖切平面通过其对称平面或轴线时，这些零件均按不剖绘制，如图 2.66 中的轴、螺钉和螺母。如果需要表达这些零件上的局部结构，如凹槽、键槽、销孔等，可用局部剖视图表示。若剖切平面垂直于上述零件的轴线时，则应画出剖面线。

(2) 相邻零件的轮廓线画法。两相邻零件的接触面或配合面，只画一条轮廓线；两零件的非接触面或非配合面，必须画出两条各自的轮廓线，如图 2.66 所示。

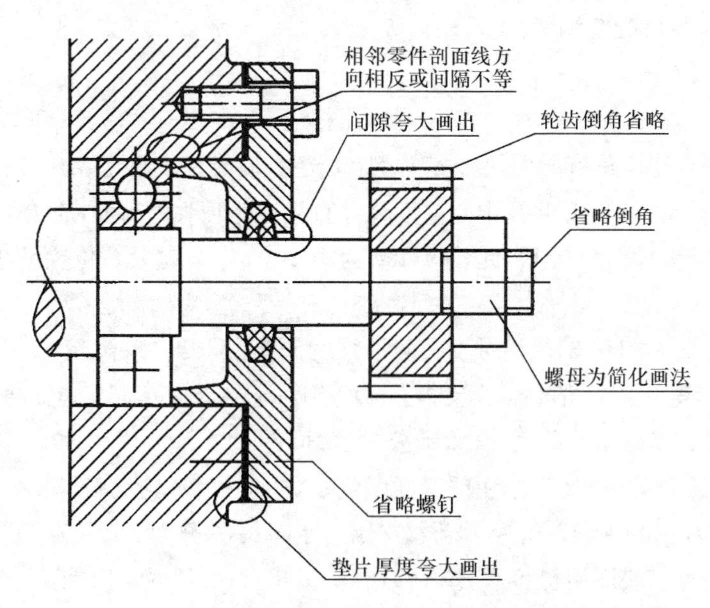

图 2.66　装配图中的规定画法和特殊画法

(3) 相邻零件的剖面线画法。在采用剖视的装配图中，相邻两个(或两个以上)金属零件剖面线的倾斜方向应相反或方向一致而间隔不等以示区别，如图 2.66 中的座体、滚动轴承和端盖的画法。同一零件在同一图样中的各视图上，剖面线应方向相同、间隔相等。当零件的厚度小于或等于 2 mm 时，允许用涂黑代替剖面符号，如图 2.66 中的垫片。

2) 装配图的特殊画法

(1) 简化画法。如图 2.66 所示，在装配图中，对于规格相同的零件组，如螺钉连接等，可详细地画出一处，其余用细点画线表示其位置；零件的工艺结构，如倒角、圆角、退刀槽等可省略不画。

(2) 拆卸画法。在装配图中，当某些零件遮住了其他需要表达的结构时，可假想沿某些零件的结合面剖切或拆卸某些零件后绘制，并注写“拆去××等”。

(3) 夸大画法。在装配图中，薄垫片、小间隙、小斜度或小锥度等允许夸大画出。对于厚度、直径不大于 2 mm 的薄、细零件，可用涂黑代替剖面符号，如图 2.66 所示。

(4) 假想画法。在装配图中，当需要表示某些零件的运动范围或极限位置时，可用细双点画线画出其运动范围或极限位置。如图 2.67 中画出了车床尾座上手柄的另一个极限位置。

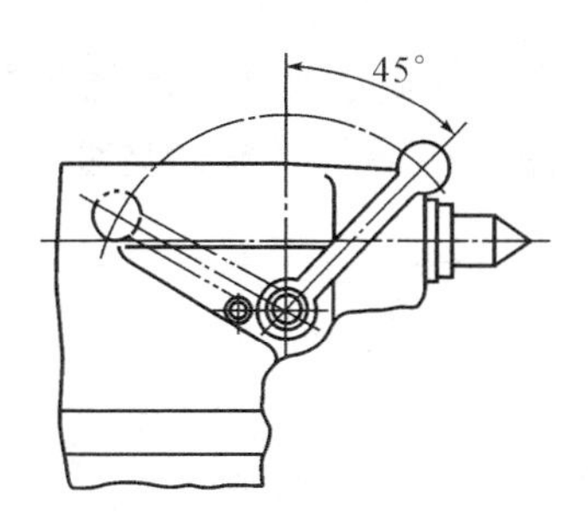

2.67　车床尾座上手柄的另一个极限位置示意图

为了表示与本部件有关但又不属于本部件的相邻零部件时，也可采用假想画法，将其他相邻零部件用细双点画线画出。

(5) 展开画法。在传动机构中，为了表示传动关系及各轴的装配关系，可假想用剖切平面按传动顺序沿各轴的轴线剖开，然后依次展开，将剖切平面都旋转到与选定的投影面平行，再画出其剖视图。

(6) 单独表达某零件。在装配图中，可以单独画出某一零件的视图，但必须在所画视图的上方注出该零件的视图名称，在相应的视图附近用箭头指明投射方向，并注写同样的字母。

2.6.2　尾座装配图的画图步骤

1) 画出尾座体的全剖主视图和左视图

按照图 2.65 尾座体零件草图，绘制尾座体的全剖主视图和左视图，如图 2.68 所示。建议用 AutoCAD 软件画图，这样更能准确地反映出零件的形状和尺寸，反映关联零件间配合关系的正确性。

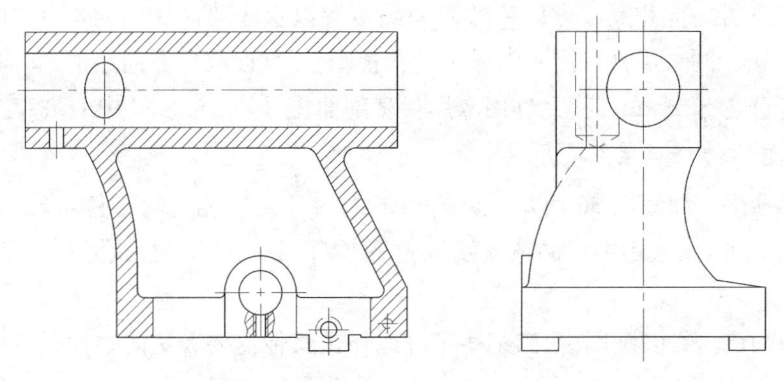

图 2.68 尾座体的全剖主视图和左视图

2) 在尾座体全剖主视图和左视图上画其他零件和标准件

(1) 绘制方盖板。在尾座体全剖主视图套筒安装孔右端，绘制方盖板。方盖板左视图是按照旋转剖视图画的，画到装配图上时，仍然按照全剖视图绘制。以凸台端面定位，孔中心线与套筒安装孔中心重合，尾座体右端面的轮廓线被遮掉，凸台部分应擦除。尾座体 $\phi30$ 孔与方盖板定位短外圆柱配合尺寸公差带代号为 $\phi30H7/f7$。在 $\phi6\times6$ 沉孔处，按照油杯标注件样式绘制油杯。本步可检验方盖板高度是否与尾座体上长方体等高，方盖板螺钉安装孔距是否与尾座体螺孔孔距一致，油杯孔深与油杯高是否一致，见图 2.69。

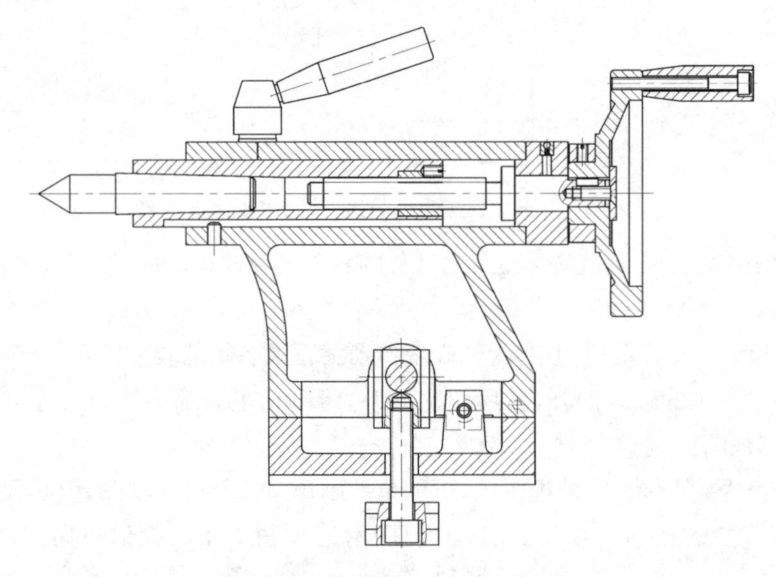

图 2.69 尾座体的全剖主视图装配

(2) 绘制丝杠轴。以方盖板凸台端面定位，孔定心，绘制丝杠轴，擦除方盖板右端被丝杠轴遮掉的孔轮廓线。方盖板 $\phi16$ 孔与丝杠轴配合尺寸公差带为 $\phi16H8/f7$。此步可检验孔与轴基本尺寸的一致性及孔、轴长度尺寸的正确性。要保证丝杠轴在孔中自由转动，轴段长度应比孔长度长。补充标注方盖板长 $24_{-0.1}^{\ 0}$，轴对应段长 $24_{\ 0}^{+0.1}$。

(3) 绘制手轮、手柄、刻度圈、垫圈及对应标准件。以丝杠轴 $\phi12$ 外圆定心，轴肩左端面定位，绘制手轮全剖视图。手轮孔与丝杠轴配合尺寸公差带为 ϕ12H8/f7。以手轮 ϕ28 台阶外圆定心，台阶端面定位，绘制刻度圈全剖视图。刻度圈孔与手轮对应外圆配合尺寸公差带代号为 ϕ28H7/g6。以手轮右沉孔端面定位，孔中心线定心，绘制垫圈。以手轮右大端面定位，手柄安装螺孔轴线定心，绘制手柄。擦除被遮挡处线段，参见图 2.69。

在丝杠轴键槽处，绘制平键 5×10，注意其上部与手轮键槽孔之间要留不小于 0.6 的间隙（因为零件粗实线线宽 0.5）。在刻度圈螺孔处，绘制开槽锥端紧定螺钉 M5×8，将螺纹孔改画成外螺纹，并绘制 1×2 螺钉尾端的槽。在手轮与手柄连接处，绘制圆柱头内六角螺钉 M6×50。这里螺钉过孔与螺钉之间的间隙采用夸大画法，线间距离不小于 0.6，确保打印后有间隙。绘制十字槽沉头螺钉，长度为 10，按外螺纹绘制，未及螺纹孔仍然按照内螺纹绘制。

（4）绘制套筒、顶尖、丝杠螺母、骑缝螺钉、导向销。以尾座体套筒安装孔轴线为基准，距丝杠轴丝杠右端约 20 mm 处，绘制套筒，擦除被丝杠轴遮挡的右端面线。尾座套筒孔与套筒外圆配合尺寸公差带代号为 ϕ30H7/h6。以套筒右端丝杠螺母孔左端定位，轴线定心，绘制丝杠螺母，擦除被丝杠轴遮挡处。套筒孔与丝杠螺母外圆配合尺寸公差带代号为 ϕ20H7/m6，为过渡配合。在骑缝处绘制开槽锥端紧定螺钉 M5×8，擦除相应缝线。轴线定心，锥面定位，绘制顶尖，擦除套筒被遮挡左端面线。在尾座体导向销孔处，绘制导向圆柱销 6m6×12，注意圆柱销下端面与尾座体表面对齐，二者尺寸配合公差带代号为 H7/m6。

（5）绘制尾座垫板、连接块、压板及连接螺钉。以尾座体下底面定位，下部右端面对齐，绘制尾座垫板。尾座垫板导向槽与尾座体导向凸台配合尺寸公差带代号为 16H8/g7。以尾座体偏心轴安装孔定心，绘制连接块，并将孔打上剖面线作为偏心轴。以连接块螺纹孔轴线定心，螺纹终止线向下 2 mm 处，向下绘制内六角螺钉 M10×50。以螺钉轴线定心，圆柱头上端面定位，绘制压板，并用局部剖视图表达沉孔结构，以免绘制虚线。

由于仅此视图还不足以反映套筒锁紧机构、偏心轴结构，所以还需在尾座体左视图上绘制相应零件，见图 2.70。

（6）绘制锁紧螺栓、锁紧套、锁紧螺母、锁紧手柄。以缺口圆弧面圆心定位，对齐到套筒中心，绘制锁紧螺栓。用同样的方法绘制锁紧套，擦除尾座体上表面被遮挡线段。以锁紧螺栓轴线定心，锁紧套上表面定位，绘制锁紧螺母。以锁紧螺母螺纹孔轴线定心，螺孔孔口平面定位，用对齐命令（align）将绘制好的锁紧手柄装配到对应位置。锁紧螺母内部结构可以省略不画。将画好的锁紧套、锁紧螺母、锁紧手柄复制到主视图距离左端面 33 处。

（7）绘制偏心轴、手柄座、大手柄。以尾座体偏心轴安装孔左端面向右 7 mm 处定位，偏心轴 6×ϕ10 凹槽中心平面对齐，偏心轴孔轴线定心，绘制偏心轴。以偏心轴 ϕ12 轴线定心，端面定位，绘制手柄座。以手柄座螺孔定心，螺纹孔口沉孔端面定位，绘制大手柄。在尾座体偏心轴限位螺钉孔 M6 处绘制锥端紧定螺钉 M6×10。

用同样的方法绘制连接块、连接螺钉、压紧块。在压板台阶表面，用双点画线绘制“假想”机床导轨夹持表面。手柄座孔、尾座体偏心轴支承大孔、连接块孔、尾座体偏心轴支承小孔与偏心轴对应段配合尺寸公差带代号依次为 ϕ10H7/m6、ϕ18 H8/f7、ϕ14H8/f7、ϕ10H8/f7。

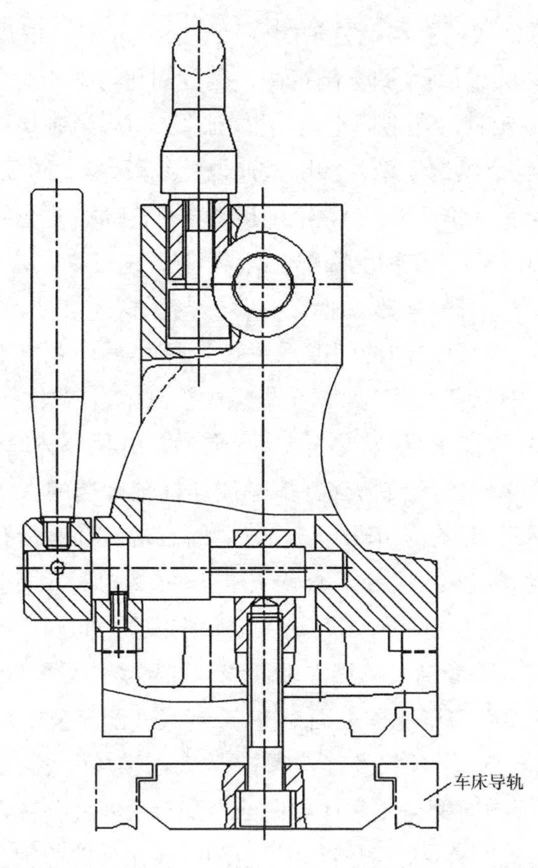

图 2.70　尾座体的左视图装配

3）编写零件序号

装配图中的所有零部件都必须编写序号，同时在标题栏上方的明细栏中将零部件名称与图中序号一一对应地列出。由于装配图的绘制与装配示意图有一定差异，零件编号顺序不同，图号也不同。最终零件图号以装配图为准。具体要求如下。

（1）同一张装配图中，相同的零（部）件用一个序号，一般只标注一次，在明细栏注中写数量及尺寸。

（2）如图 2.71 所示，指引线应自所指零件的可见轮廓内画一圆点后引出，在指引线的水平细实线上方或细实线圆内注写序号；序号数字的字号比图中尺寸数字的字号大一号或两号。若所指部分（很薄的零件或涂黑的剖面）内不宜画圆点时，可在指引线的末端画一箭头，并指向该部分的轮廓。

（3）指引线不允许相交，当通过有剖面线的区域时，指引线不应与剖面线平行。必要时指引线可画成折线，但只可曲折一次。

（4）一组紧固件或装配关系清楚的零件组，可采用公共指引线，如图 2.71 所示，方盖板 15 及安装方盖板的内六角螺钉 16，采用同一指引线。

（5）序号应按顺时针或逆时针方向顺序编号，并沿水平或垂直方向排列整齐。

编写零件序号后，要仔细核对，防止漏标或重复编写。

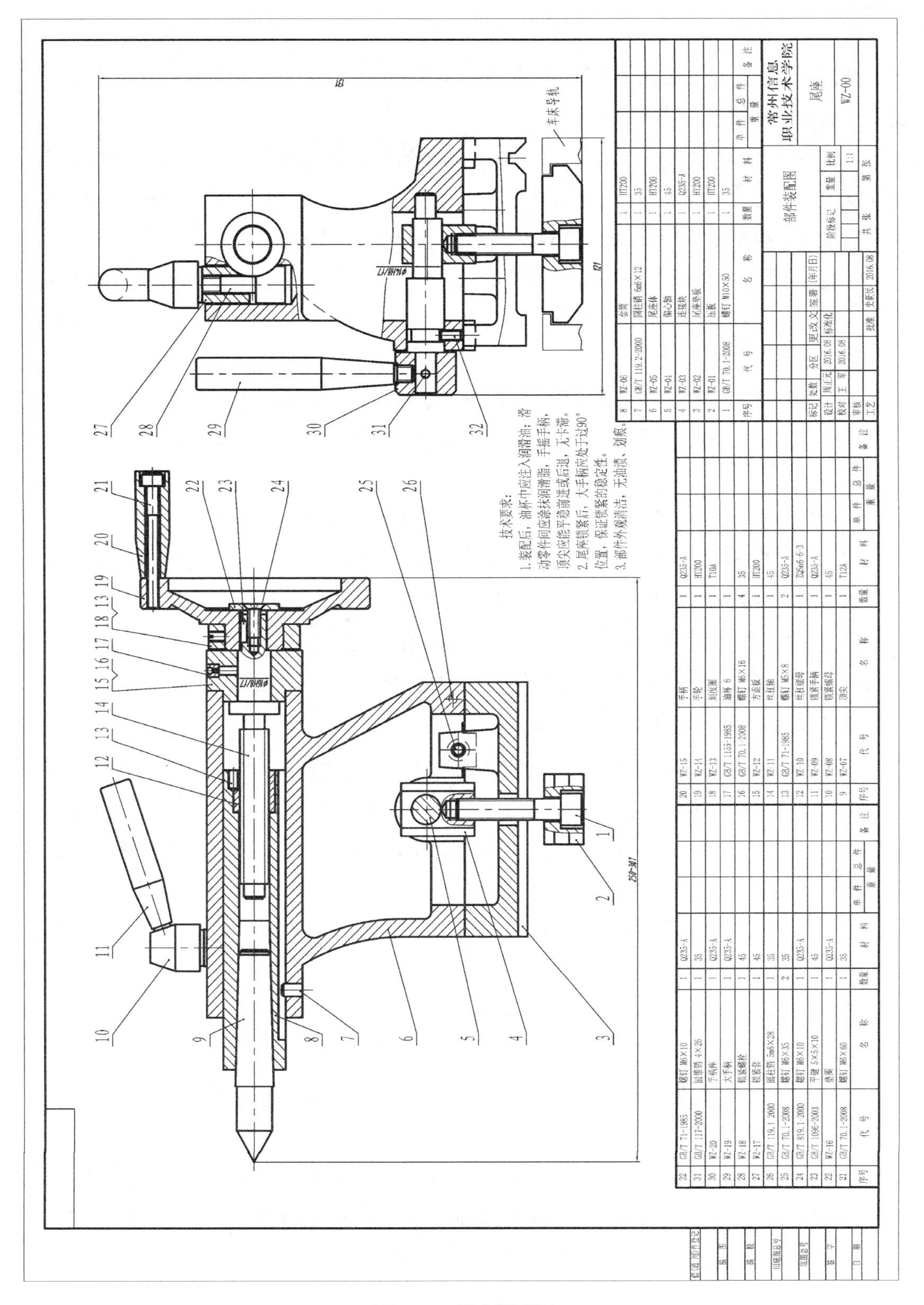
车床导轨
技术要求：
1.装配后，油杯中应注入润滑油；滑动零件间应涂抹润滑脂，手摇手柄，顶尖应能平稳前进或后退，无卡滞。
2.尾座锁紧后，大手柄应处于过90°位置，保证锁紧的稳定性。
3.部件外观清洁，无油渍、划痕。
常州信息职业技术学院
部件装配图
尾座
WZ-00

图 2.71　尾座装配图

4）尺寸标注

装配图表达的是机器或部件，与零件图的作用不同，因而对尺寸标注的要求也不同。装配图中通常需标注以下尺寸。

(1) 零件之间配合尺寸。如图 2.71 中方盖板孔与丝杠轴对应段配合尺寸公差带代号为 ϕ16H8/f7，连接块孔与偏心轴对应段配合尺寸公差带代号为 ϕ14H8/f7。注意：尺寸数字不可以被中心线贯穿，如无法避让，可将相应中心线、轮廓线打断。

(2) 总体尺寸。表示机器或部件外形轮廓的尺寸，即总长、总宽和总高尺寸。总体尺寸为机器或部件在包装、运输、安装时所需的空间大小提供依据。如图 2.71 中的总长为 250～307，总宽为 121，总高为 131。

(3) 规格(性能)尺寸。表示机器、部件规格大小或工作性能的尺寸，是设计和选用机器或部件的主要依据，如滑动轴承的孔径尺寸为 ϕ50H8，表明该轴承只能用来支撑直径为 ϕ50 的轴。

(4) 安装尺寸。表示部件安装到机器上或机器安装到基座上所需的尺寸。

(5) 其他重要尺寸。指设计过程中经计算或选定的重要尺寸以及其他必须保证的尺寸。如运动零件的极限位置尺寸、主要零件的重要结构尺寸等。

应当注意，装配图上的一个尺寸有时具有多种作用，在标注尺寸时，可根据装配体的结构特点和作用进行具体分析，然后再确定标注哪些尺寸。

5）装配图中的技术要求

除了图形中已用代号或符号表达的技术要求以外，机器或部件在包装、运输、安装、调试和使用过程中应满足的一些技术要求通常用文字注写在明细栏上方或图样下方的空白处。装配图中的技术要求应根据装配体的具体情况而定，必要时也可参照同类产品确定。其内容可从以下几个方面来考虑：

(1) 装配要求。机器或部件在装配过程中需注意的事项及装配后应达到的要求，如准确度、装配间隙、润滑要求等。

(2) 检验要求。对机器或部件基本性能的检验、试验及操作时的要求，以及总体外观要求。

(3) 使用要求。机器或部件在使用、维护、保养时的注意事项和要求等。

6）填写明细栏

明细栏可按国家标准中推荐使用的格式绘制，明细栏中包括序号、代号、名称、数量、材料、备注等内容，如图 2.71 所示。明细栏通常画在标题栏上方，按自下而上的顺序填写。当位置不够时，可紧靠在标题栏的左侧由下而上继续填写。

2.7　画零件工作图

画零件工作图应是根据装配图，以零件草图为基础，按需要调整个别表达方案、规范画法的设计制图过程。零件工作图是制造零件的依据，在绘制零件工作图时对零件的视图表达、尺寸标注以及技术要求等不合理或不完整之处都必须进行修正。

在画零件工作图时，要注意以下几个问题。

(1) 草图中标注但未画出的零件上的细小结构(如倒角、圆角、退刀槽等)，在画零件工作图时应予以表示。

(2) 零件的表达方案(如主视图的投射方向等)不一定与装配图的表达方案完全一致，应作必要调整。

(3) 装配图中注出的尺寸一般应抄注在相应的零件图中，并按手册查出尺寸公差的具体数值，零件图中仅有尺寸公差代号是不够的。

(4) 根据装配图的总体要求，重新调整零件的技术要求，使之与其他零件协调一致。

1) 轴类零件零件图的绘制

尾座部件中的轴类零件有 6 个，由易到难依次是：大手柄、锁紧手柄、锁紧螺栓、顶尖、偏心轴、丝杠轴。现以较难且较典型的顶尖和丝杠轴为例，介绍零件图的绘制。

(1) 顶尖零件图的绘制。在图 2.29 顶尖零件草图的基础上，用 AutoCAD 软件绘制顶尖零件图，要点如下：

① 莫氏锥度 2 号大端要比理论正确尺寸 ϕ17.78 稍大，按照 ϕ18 绘制，保证磨损后可重磨使用；莫氏锥度轮廓线严格按照 1∶20.02 锥度画出，以验证图形的正确性。

② 标注跳动位置公差时，注意指引箭头垂直于 60°顶尖锥面。

③ 莫氏锥度 2 号大端尺寸 ϕ18 正常标注后，再用 DIMEDIT 命令的“O”选项，输入倾斜角度 25°。

④ 基准符号中竖线注意与尺寸线对齐，表明基准是锥面的中心线；基准符号填充用“SOLID”图案填充。

⑤ 未注公差的尺寸，不是没有精度要求，严格时应标注“未注尺寸公差按 GB/T 1804-m，未注形位公差按 GB/T 1184-H”，以避免争议。

顶尖零件在装配图中的图号为 WZ-07，零件图见图 2.72。

(2) 丝杠轴零件图的绘制。在图 2.36 丝杠轴零件草图的基础上，用 AutoCAD 软件绘制丝杠轴零件图，见图 2.73，要点如下：

① 回转类零件，一般先以回转中心线为界，画上面一半的轮廓图形，画好后再用镜像命令完成下面一半图形的绘制。轮廓画好后，再画键槽、螺纹等细节。

② 梯形螺纹局部放大图，先画大、中、小径位置线，齿形角 30°梯形的有材料部分和齿槽部分长度相等。

③ 平键除了键宽和深度尺寸有要求外，槽对中心轴线有对称度要求。

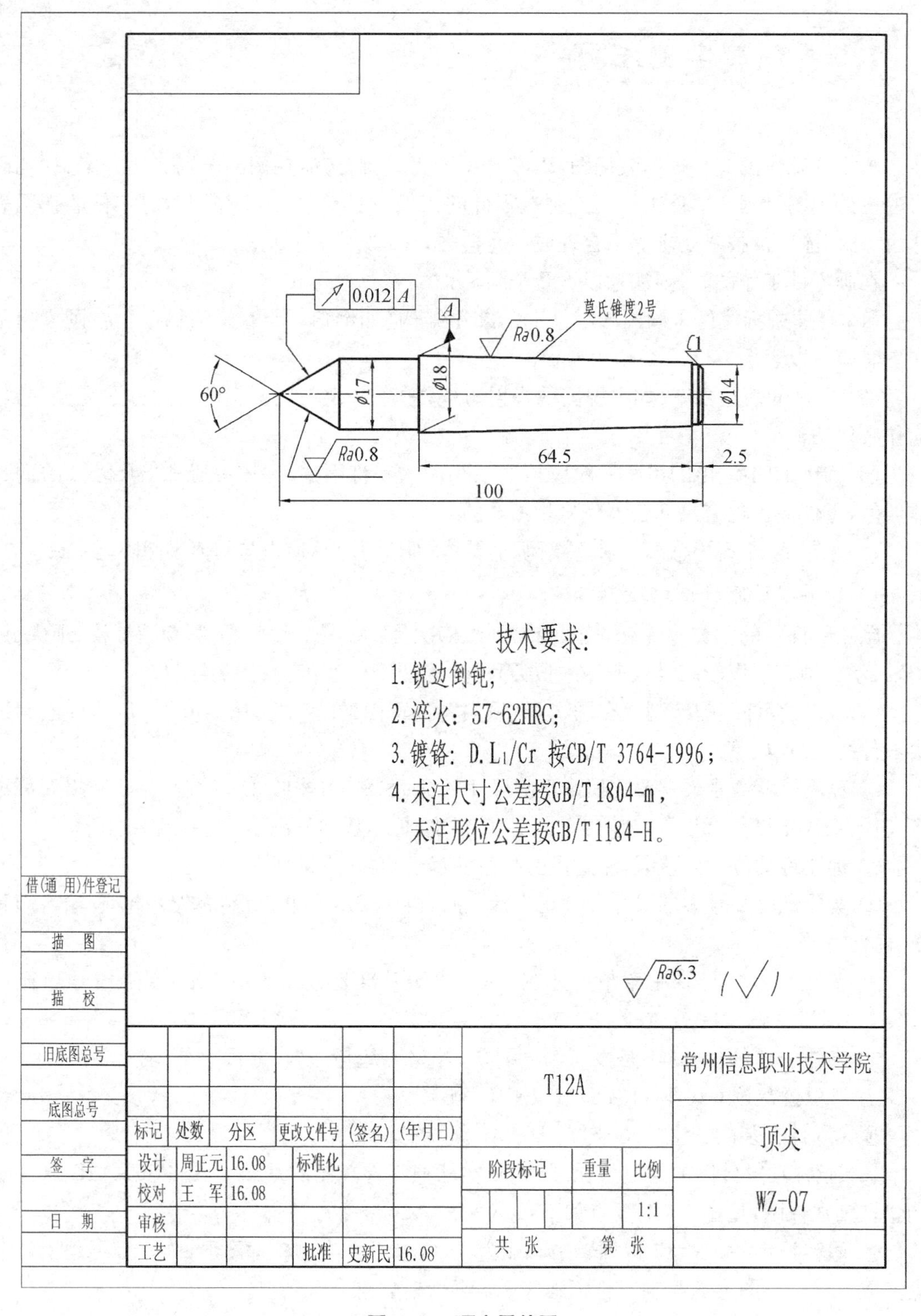

0.012 A
A
莫氏锥度2号
Ra0.8
C1
60°
ϕ17
ϕ18
ϕ14
Ra0.8
64.5
2.5
100
技术要求:
1.锐边倒钝;
2.淬火:57~62HRC;
3.镀铬:D.L1/Cr 按CB/T 3764-1996;
4.未注尺寸公差按GB/T 1804-m,
未注形位公差按GB/T 1184-H。
Ra6.3
借(通 用)件登记
描 图
描 校
旧底图总号
底图总号
签 字
日 期
标记
处数
分区
更改文件号
(签名)
(年月日)
设计
周正元
16.08
标准化
校对
王 军
16.08
审核
工艺
批准
史新民
16.08
T12A
阶段标记
重量
比例
1:1
共 张
第 张
常州信息职业技术学院
顶尖
WZ-07

图 2.72　顶尖零件图

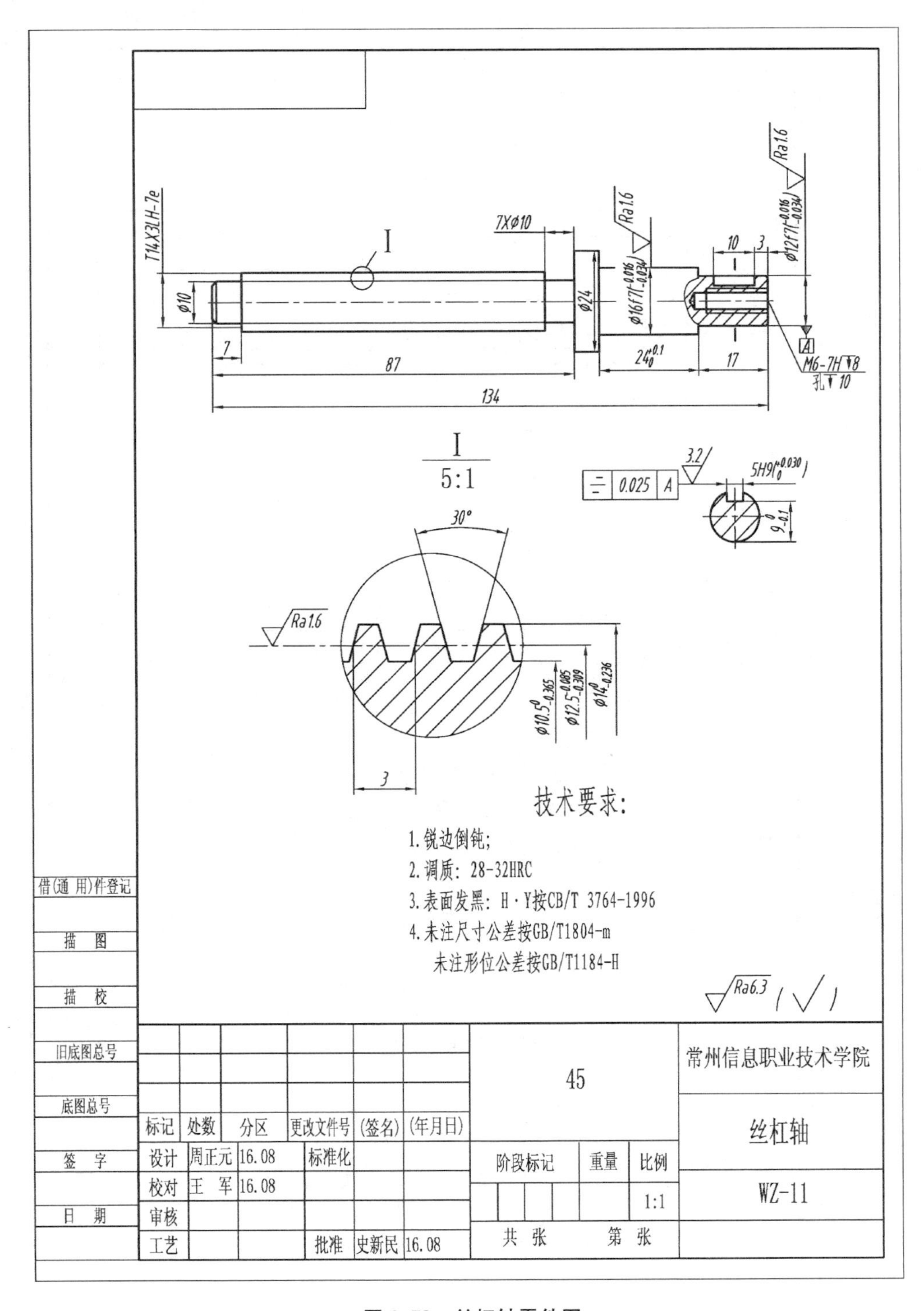

图 2.73　丝杠轴零件图

图 2.74、图 2.75、图 2.76 分别列出了套筒、方盖板、尾座体三种典型套类、箱板类零件图,供大家学习参考。

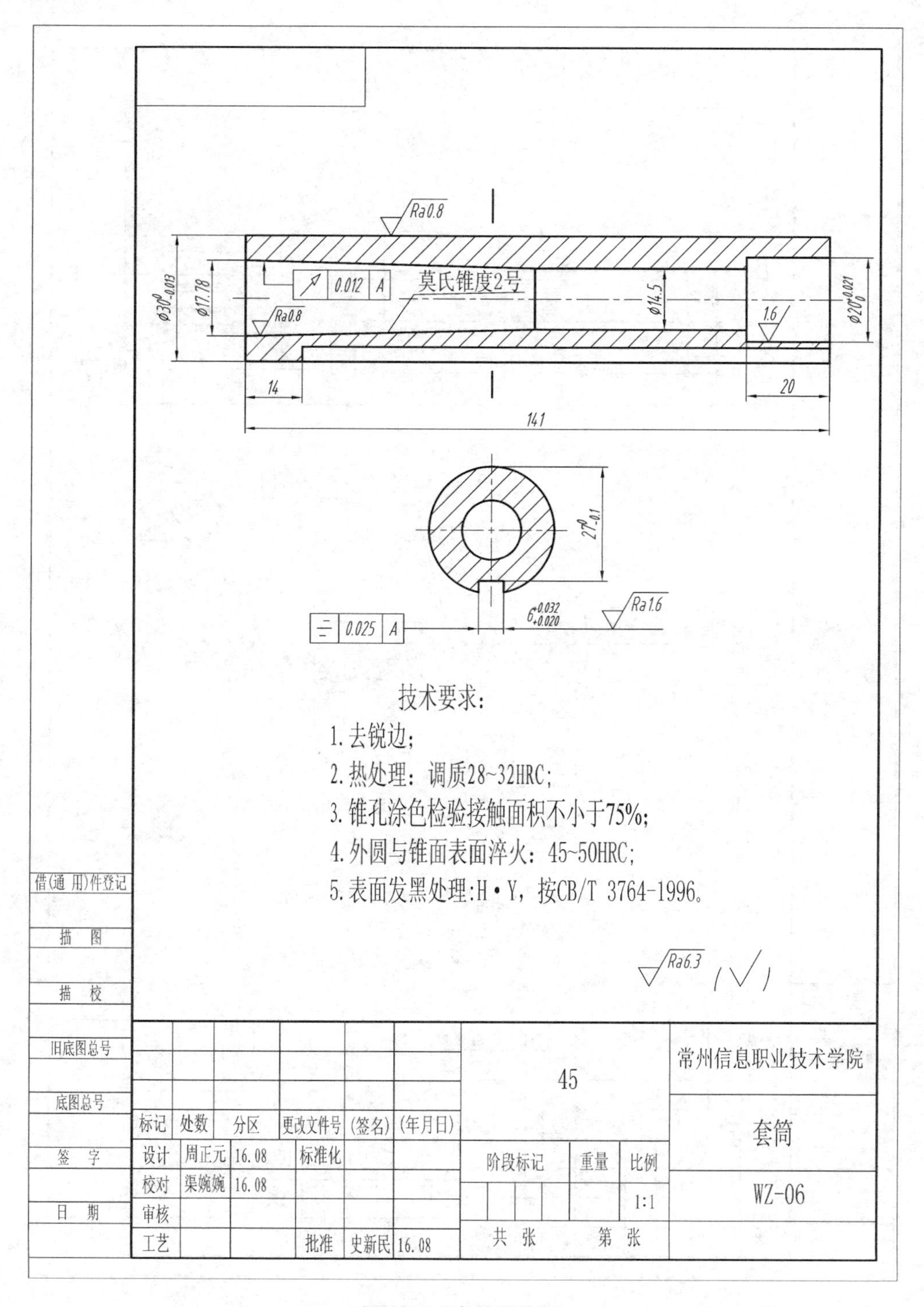

Ra0.8
0.012 A
莫氏锥度2号
φ30$^{0}_{-0.013}$
φ17.78
Ra0.8
φ14.5
1.6
φ20$^{+0.021}_{0}$
14
20
141
27$^{0}_{-0.1}$
0.025 A
6$^{+0.032}_{+0.020}$
Ra1.6
技术要求:
1.去锐边;
2.热处理:调质28~32HRC;
3.锥孔涂色检验接触面积不小于75%;
4.外圆与锥面表面淬火:45~50HRC;
5.表面发黑处理:H·Y,按CB/T 3764-1996。
Ra6.3
借(通 用)件登记
描 图
描 校
旧底图总号
底图总号
签 字
日 期
标记 处数 分区 更改文件号 (签名) (年月日)
设计 周正元 16.08 标准化
校对 渠婉婉 16.08
审核
工艺 批准 史新民 16.08
45
阶段标记 重量 比例
1:1
共 张 第 张
常州信息职业技术学院
套筒
WZ-06

图 2.74 套筒零件图

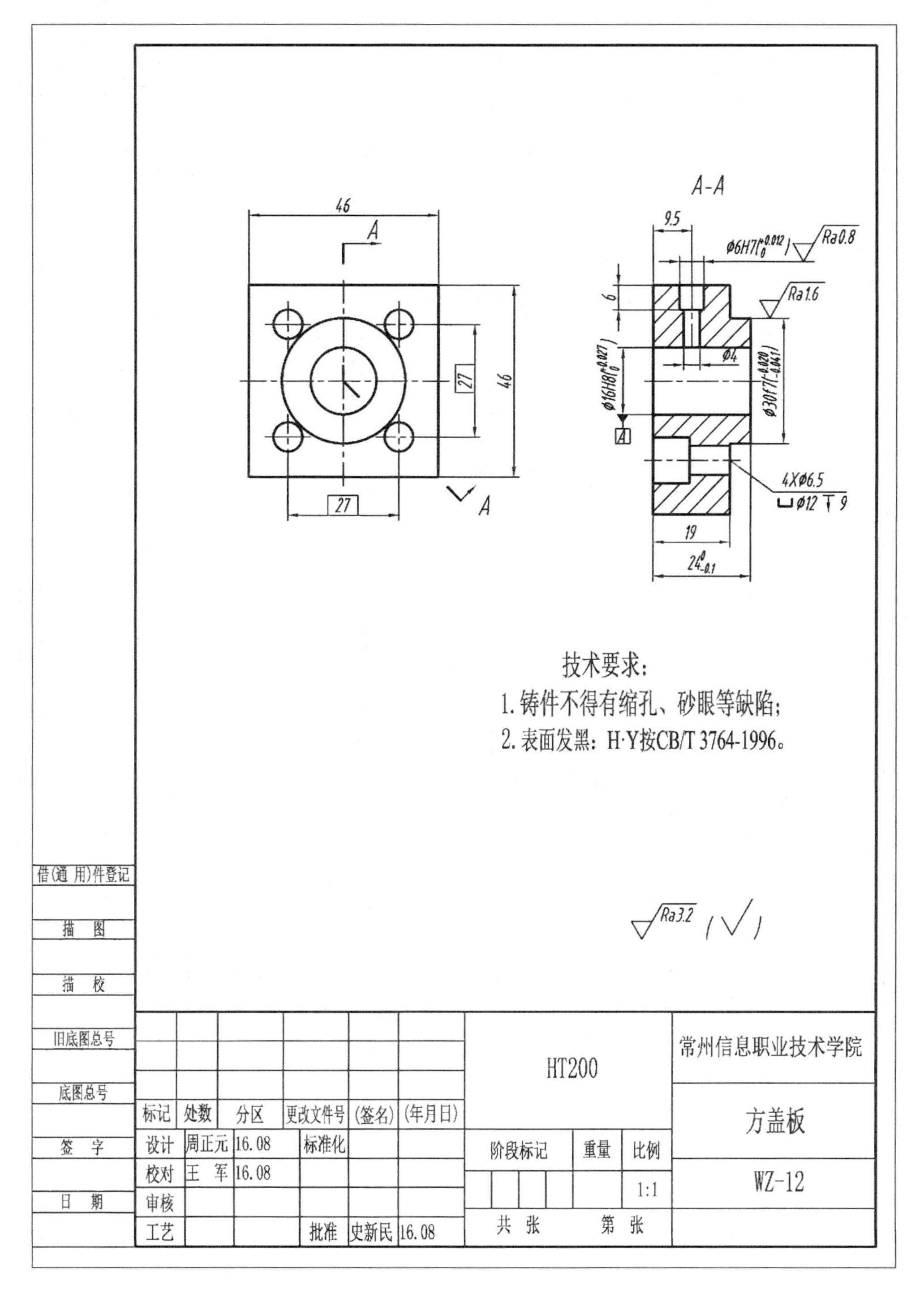
A-A
46
A
27
46
27
A
9.5
Φ6H7($^{+0.012}_{0}$)
Ra0.8
Ra1.6
6
Φ4
Φ16H8($^{+0.027}_{0}$)
Φ30f7($^{-0.020}_{-0.041}$)
A
4XΦ6.5
⌴Φ12 ↧9
19
$24^{0}_{-0.1}$
技术要求：
1. 铸件不得有缩孔、砂眼等缺陷；
2. 表面发黑：H·Y按CB/T 3764-1996。
Ra3.2 (√)
借(通 用)件登记
描 图
描 校
旧底图总号
底图总号
签 字
日 期
标记 处数 分区 更改文件号 (签名) (年月日)
设计 周正元 16.08 标准化
校对 王 军 16.08
审核
工艺 批准 史新民 16.08
HT200
阶段标记 重量 比例
1:1
共 张 第 张
常州信息职业技术学院
方盖板
WZ-12

图 2.75　方盖板零件图

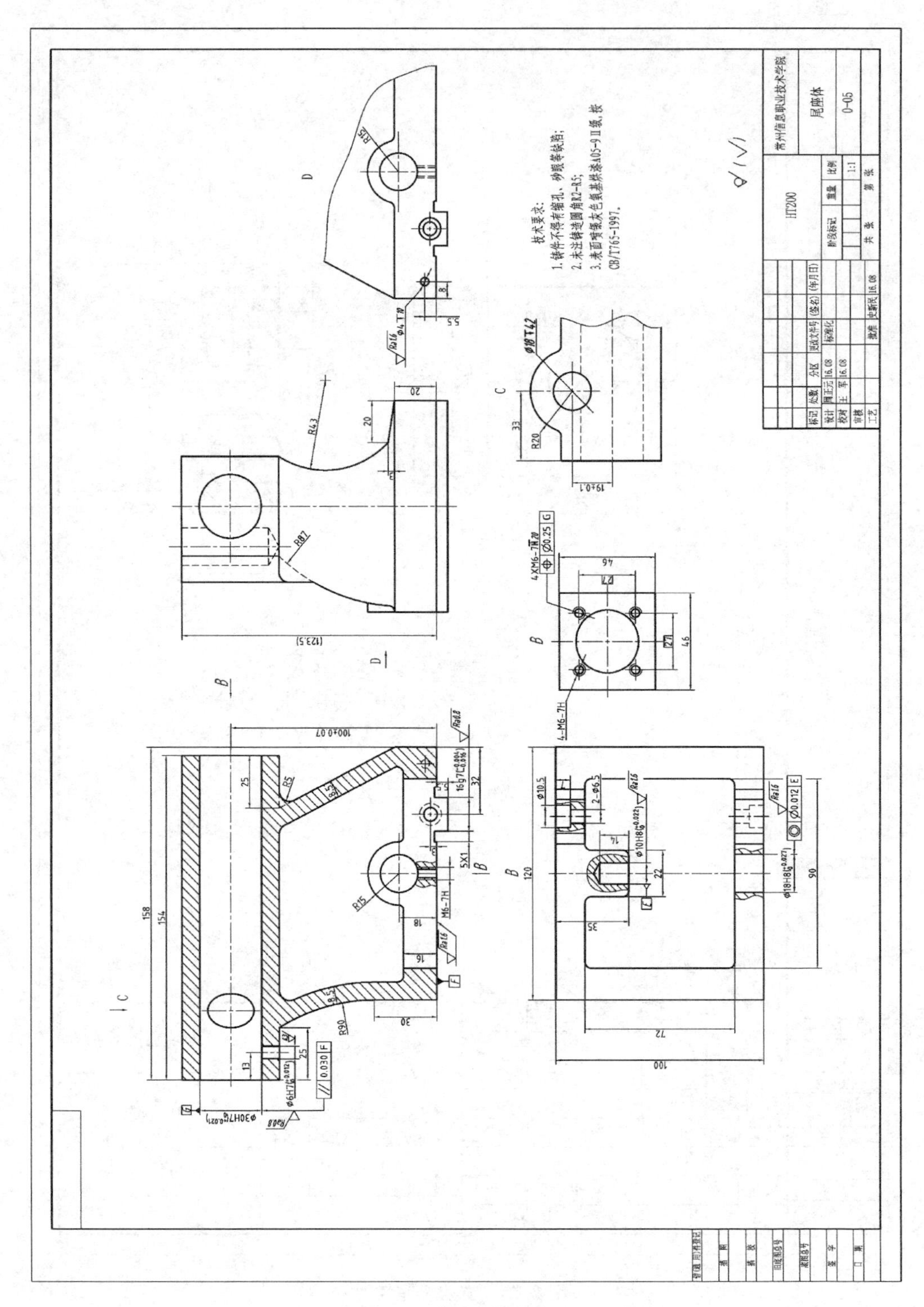
技术要求：
1.铸件不得有缩孔、砂眼等缺陷；
2.未注铸造圆角R2~R5；
3.表面喷褐灰色氨基烘漆A05-9Ⅱ级，按GB/T765-1997。
常州信息职业技术学院
尾座体
0-05
HT200
1:1

图 2.76　尾座体零件图

习题二

一、选择题

(　　)1. 螺钉中紧固力较大的是________。

A. 开槽螺钉　B. 十字槽螺钉　C. 内六角螺钉　D. 开槽紧定螺钉

(　　)2. 空间较小、机构紧凑、紧固力不大的两工件连接，一般用________螺钉。

A. 内六角　B. 开槽　C. 十字槽　D. 开槽紧定

(　　)3. 以下螺钉长度不正确的是________。

A. 16　B. 8　C. 25　D. 36

(　　)4. 油杯是________类型的零件。

A. 标准件　B. 外购件　C. 自制件　D. 定制件

(　　)5. 圆锥销的锥度一般是________。

A. 1∶30　B. 1∶40　C. 1∶50　D. 1∶60

(　　)6. 装配示意图中的线段，可能是________。

A. 螺纹连接　B. 轴、杆　C. V 带传动　D. 固定联轴器

(　　)7. 画装配示意图时，一般从________入手。

A. 基准线　B. 中间零件　C. 图框　D. 主要零件

(　　)8. 关于螺纹 M12×1-5g6g-LH，描述错误的是________。

A. 细牙螺纹　B. 5g 大径公差带　C. 螺距为 1　D. 左旋螺纹

(　　)9. 量具、分度盘、仪器面板等的镀铬，常用的是________。

A. 装饰铬　B. 硬铬　C. 乳白铬　D. 松孔铬

(　　)10. 机床壳体等铸件外表，常采用的表面处理是________。

A. 镀铬　B. 发黑　C. 喷油漆　D. 表面淬火

(　　)11. 常规条件下，机器内部零件常采用的表面处理是________。

A. 镀铬　B. 发黑　C. 喷油漆　D. 表面淬火

(　　)12. 机器外部零件需要华丽的零件外表，常采用的表面处理是________。

A. 镀铬　B. 发黑　C. 喷油漆　D. 表面淬火

(　　)13. 对于高硬度、高耐磨的零件，制作时常选用的材料是________。

A. T12A　B. 45　C. 35　D. Q235-A

(　　)14. 对应有配合要求的 IT8 级精度的孔，表面粗糙度数值可选________。

A. *Ra*0.8　B. *Ra*1.6　C. *Ra*3.2　D. *Ra*6.3

(　　)15. 套类零件主视图常采用________视图。

A. 前视图　B. 全剖　C. 局部剖　D. 旋转剖

(　　)16. 对于没有特殊要求的铸件，制作时使用最多的材料是________。

A. QT600-3　B. ZG310-570　C. ZQSn6-6-3　D. HT200

(　　)17. 清洗橡胶制品零部件时，应该用________清洗剂最为合适。

A. 汽油　B. 酒精　C. 水　D. 煤油

(　　)18. 对于形状复杂、强度要求不高的零件，制作材料应该用________。

A. HT200　B. Q235A　C. 45　D. T10A

(　　)19. 对于一些需要耐磨的零件，如顶尖、刻度圈，制作材料可以选________。

A. HT200　B. Q235A　C. 45　D. T10A

(　　)20. 对于丝杠螺母、涡轮等需耐磨性极高的零件，制作材料可以选________。

A. 45　B. Q235A　C. ZQSn6-6-3　D. T10A

(　　)21. 对强度要求不高，无特殊耐磨、耐热、抗腐蚀要求的零件，制作材料可以选___。

A. 45　B. Q235A　C. ZQSn6-6-3　D. T10A

(　　)22. 对于基准直径为 $\phi20$，相对有转动，精度较高孔、轴间配合，公差带代号可以选________。

A. $\phi20H7/m6$　B. $\phi20H8/g7$　C. $\phi20H7/g6$　D. $\phi20H7/f6$

(　　)23. 对于直径为 $\phi20$，定位精度要求较高，不常拆卸孔、轴间配合，公差带代号选________。

A. $\phi20H7/m6$　B. $\phi20H8/g7$　C. $\phi20H7/g6$　D. $\phi20H7/f6$

(　　)24. ________表面处理对零件尺寸精度影响最小。

A. 镀铬　B. 发黑　C. 喷油漆　D. 表面淬火

(　　)25. 对于顶尖这种需要高耐磨的零件，其技术要求标注为________。

A. 淬火：58～63HRC　B. 正火：170～217HB

C. 调质：28～32HRC　D. 淬火：45～50HRC

(　　)26. 对于丝杠轴等需要综合性能较好的零件，其技术要求标注为________。

A. 淬火：58～63HRC　B. 正火：170～217HB

C. 调质：28～32HRC　D. 淬火：45～50HRC

(　　)27. 基孔制配合，对于直径为 $\phi12$，IT8 级公差的孔，其公差带代号是________。

A. $\phi12h8$　B. $\phi12g8$　C. $\phi12H8$　D. $\phi12N8$

(　　)28. 对于直径为 $\phi12$，IT8 级公差的基孔制孔，其上偏差为________。

A. +0.022　B. +0.027　C. +0.033　D. +0.039

(　　)29. 对于直径为 $\phi12$，IT8 级公差的基孔制孔，其下偏差为________。

A. 0　B. +0.027　C. −0.027　D. +0.039

(　　)30. 未注公差尺寸的公差等级一般是________。

A. IT7　B. IT9　C. IT13　D. IT15

二、判断题

1. 拆卸下来的零部件应马上命名与编号，作出标记，并作相应记录。(　　)
2. 必须把所有零件都拆下来，才可以完成测绘任务。(　　)
3. 对于拆卸下来的那些较小的或容易丢失的零件，应放在一个小盒子里。(　　)

4. 平键是用两侧面为工作面来做周向固定和传递转矩的。 ( )
5. 测绘时零件上的制造缺陷,如砂眼、缩孔、裂纹、磨损等,都应画出。 ( )
6. 在同一个零件上,工作表面应比非工作表面粗糙度参数值小。 ( )
7. 测绘时的尺寸,都如实按工件实际尺寸测量、标注。 ( )
8. 烘漆抗腐蚀性能比自干漆更好。 ( )
9. 零件草图只能用手工绘图,不可以借助于尺规或计算机。 ( )
10. 装配示意图的画法没有严格的规定,通常用简单的线条画出零件的大致轮廓。 ( )
11. 对于较简单的图纸,设计人员自行校对即可投入生产,无需其他人校对。 ( )
12. 零件草图可以潦草点,不必标全尺寸。 ( )
13. 零件草图可以暂时不标表面粗糙度要求。 ( )
14. 零件草图除了不要正规图框、按目测比例绘图外,其他要求与零件图相同。 ( )
15. 零件上的工艺结构,如铸造圆角、倒角、退刀槽等,应查阅有关标准确定。 ( )
16. 莫氏锥度可以传递一定的扭矩。 ( )
17. 摩擦表面应比非摩擦表面的粗糙度数值大。 ( )
18. 旋转剖视图仍然遵守“长对正、高平齐”原则。 ( )
19. 螺钉穿孔的位置度公差,一般都是 ϕ0.25。 ( )
20. 当零件本身就有较大的斜度时,可以不考虑拔模斜度问题了。 ( )
21. 钻孔时,钻入时应尽可能使钻头轴线与被钻表面垂直,但出孔时无所谓。 ( )
22. 剖切平面通过其对称平面或轴线时,这些零件均按不剖绘制。 ( )
23. 同一零件在同一图样中的不同视图上,剖面线的方向可以不相同。 ( )
24. 装配示意图可以替代装配图的作用,验证零件关联尺寸的正确性。 ( )
25. 圆柱销 GB/T 119.2 跟 GB/T 119.1 相比,GB/T 119.2 是淬硬的圆柱销。 ( )
26. 和圆柱销相比,圆锥销更适合于经常拆卸的使用场合。 ( )
27. 粗牙螺纹一般不要标注螺距。 ( )
28. 在同一个零件上,工作表面应比非工作表面粗糙度参数值大。 ( )
29. 同一张装配图中,相同的零件用一个序号,一般只标注一次。 ( )
30. 装配图中指引线不允许相交,当通过有剖面线的区域时,不应与剖面线平行。 ( )

三、填空题

1. 机器的联结方式中永久性联结主要是零件间的焊接、________和大过盈量过盈联结。
2. 机器的联结方式中半永久性联结一般是指过盈量不大的________联结。
3. 机器的联结方式中活动联结一般是指________配合和可拆联结。
4. 机器的联结方式中可拆联结一般是指螺纹、________、________联结。
5. 拆卸方法一般有利用冲击力拆卸方法、压出压入法、________法和________法。

6. 装配过程主要包括部件装配、总装配、调整、________和试车。
7. 部件测绘过程主要包括了解测绘对象、画________、画零件草图、画总装配图、画零件图等步骤。
8. 标准件无需绘制图纸，只需注明其规格（型式、结构和尺寸）和________标准。
9. 技术要求一般包括对材料、毛坯、热处理的要求，对有关结构要素的统一要求和对________________的要求。
10. 表面处理技术中，在海水中和恶劣环境下工作的零件，一般选________。
11. 技术要求中 CB/T 3764-1996 标准，是________标准，颁布年份是________。
12. 发黑的技术要求表示方法是________________________。
13. 镀硬铬的技术要求表示方法是________________________。
14. 顶尖的顶角一般是________°。
15. 偏心轴的偏心距检测精度要求不高时，常采用的方法是________________________。
16. 梯形螺纹牙型角是________°。
17. 丝杠螺母的梯形螺纹 Tr14×3LH-7H 中，LH 表示________。
18. 箱板类零件的共同特点是，加工面多为________________。
19. 对于厚度和直径不大于 2 mm 的薄、细零件，可用________代替剖面符号。
20. 测绘内螺纹规格时，只需测绘与之旋合的________螺纹即可。
21. 对于轴上的键槽，常用________图来表达，砂轮越程槽常用________图表达。
22. 尺寸标注中的符号：R 表示__________，ϕ 表示__________，□表示__________，t 表示__________，C 表示__________，EQS 表示__________，↧表示__________，∠表示__________。
23. 丝杆的梯形螺纹的牙形需画________图来表达。
24. 对于丝杠螺母、蜗轮等需要耐磨度极高的零件，材料可以选________。
25. 装配图中，对于厚度小于 2 mm 的零件，可用________代替剖面符号。
26. 装配图中的技术要求可以从装配要求、检验要求和________要求几方面考虑。
27. 明细栏中包括序号、________、名称、数量、材料、备注等内容。
28. 平键连接的配合采用的基准制是________。
29. 孔直径为 ϕ25，查《附表 13 普通型平键及键槽尺寸》可得，其键宽为________。
30. 孔径为 ϕ30，键槽宽度为 8，正常连接，其轮毂键槽公差为________。

项目三

LT625B 仪表车床刀架拖板部件的拆装与测绘

学习目标

(1) 了解刀架拖板部件拆装工艺过程、作用及工作原理；

(2) 学会 AutoCAD 绘图初始化及图框的绘制；

(3) 掌握用 AutoCAD 软件直接绘制部件图的方法；

(4) 掌握在 AutoCAD 装配图中拆画零件工作图的方法。

本章介绍了 LT625B 仪表车床刀架拖板部件的作用、工作原理及其拆装顺序和方法。重点介绍了 AutoCAD 绘图初始化及图框的绘制，用 AutoCAD 软件直接绘制部件图的方法，以及在 AutoCAD 装配图中拆画零件工作图的方法。

机械零部件的测绘方法，可以像项目二那样，先拆下零件，画装配示意图，再绘制零件草图和部件装配图，最后画零件工作图。对于零件数量不多的部件，也可以在拆下基准零件后，直接用 AutoCAD 软件绘制装配图，再从装配图中拆画零件的相应视图，画零件工作图。前者适合于零部件较为复杂，零件不适合于直接测量画图的情况；后者更适合于零件数量相对较少，绘图者对 AutoCAD 软件应用较为熟练的情况。

3.1 LT625B 仪表车床刀架拖板部件的拆装

3.1.1 LT625B 仪表车床刀架拖板部件的作用及工作原理

1) LT625B 仪表车床刀架拖板部件的作用

LT625B 仪表车床刀架的作用是安装刀具(车刀)。刀架四个方向可同时装四把刀具，见图 3.1。当手握刀架手柄逆时针旋松锁紧螺母后，上提刀架就可以沿逆时针方向转动刀架，更换刀具。

当转动小拖板手柄时，小拖板就可以左右移动。当车大而短的锥面时，将小拖板转动半个锥角，顺时针转动小拖板手柄，小拖板就可以向前移动，车出锥面。

当需要车端面时，顺时针转动中拖板手柄，中拖板前移带动刀架前移，实施车端面、割槽或割断。

当需要手动车外圆时，先上提开合螺母手柄使开合螺母处于开位，转动大拖板手柄，就

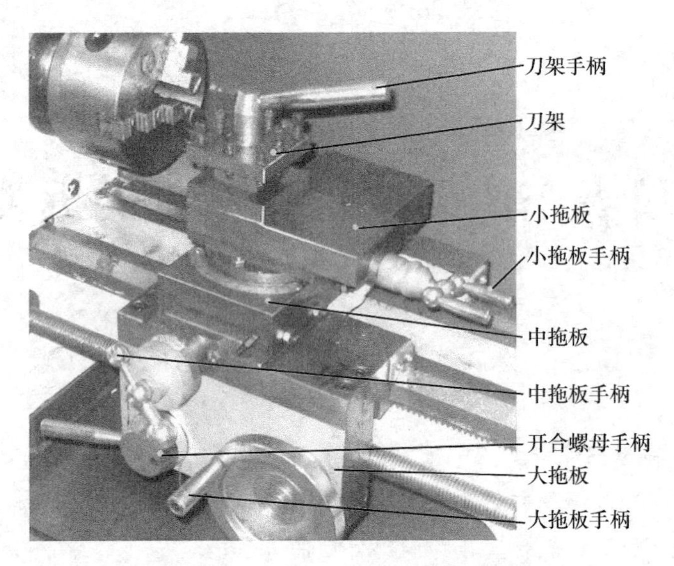

图 3.1 LT625B 仪表车床刀架拖板部件实物图

可以带动大拖板，从而带动刀架左右移动，实施车外圆。当车螺纹时，下压开合螺母手柄，丝杠与大拖板丝杆螺母接合。车单线螺纹时，主轴转一圈(最后丝杠转一圈)，刀移动一个螺距。

2) LT625B 仪表车床刀架拖板部件的工作原理

(1) 刀架单向转动工作原理。逆时针旋转刀架手柄，旋松刀架紧固螺母，刀架可沿着顺时针方向转动，且每隔 90°可精确定位。原因是刀架底面有 4 个定位孔，90°均布。定位孔下有安装在小拖板体上的单向舌，单向舌下有压簧，上顶单向舌，使单向舌恰好插在刀架定位孔内。

(2) 车锥角原理。车削锥度大而长度短的工件及锥孔时，可将小滑板偏转等于工件锥角 α 的一半角度(即 $\alpha/2$)后，旋紧刀架手柄，然后摇进给手柄进行切削，见图 3.2。

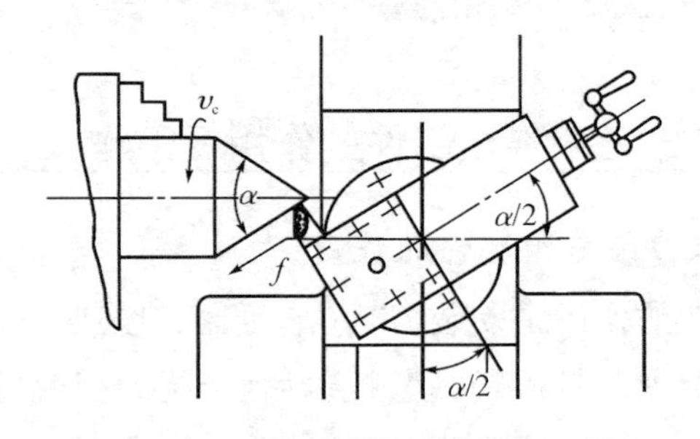

图 3.2 LT625B 仪表车床车锥面结构图

这种方法的优点是操作简便，可加工任意锥角的内外锥面，但锥面长度不可太大(受小滑板行程的限制)。需手动进给，劳动强度较大。此法主要用于单件小批量生产中，精度较低。

(3) 车螺纹原理。车削螺纹与一般车削不同，要求主轴每转一转，刀架准确地移动一个螺距。车削一般螺纹时，按机床铭牌指示，变动进给箱外面的变速手柄，更换不同的交换齿轮$\frac{a}{b}\times\frac{c}{d}$，即可获得车削各种不同螺距的螺纹。不同的螺距可用调整交换齿轮的方法来实现，用这种方法还可以加工特殊螺距的螺纹，见图 3.3。

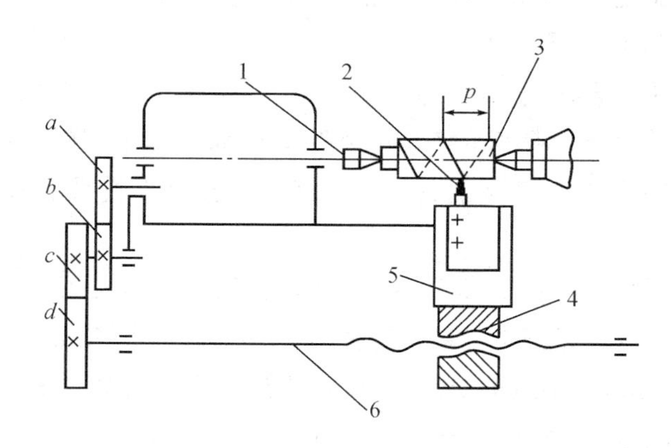

1—主轴　2—车刀　3—工件　4—开合螺母　5—床鞍　6—丝杠

图 3.3　车螺纹的传动示意图

3.1.2　LT625B 仪表车床刀架拖板部件的拆装

LT625B 仪表车床刀架小拖板部件的组成见图 3.4。

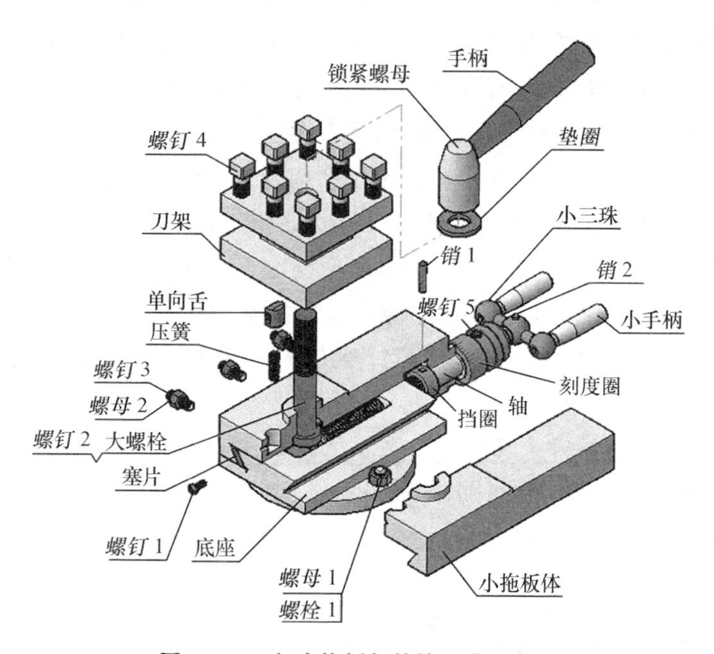

图 3.4　刀架小拖板部件的组成示意图

1）刀架小拖板部件的拆卸

LT625B 仪表车床刀架小拖板部件共由 13 种零件和 9 种标准件（斜体标注）组成，其拆装步骤如下。

(1) 逆时针转动刀架锁紧手柄,旋松锁紧螺母,直至拆下刀架锁紧螺母及与之相连的手柄。

(2) 取下垫圈及 8 个螺钉 4,再取下刀架。

(3) 用开口扳手旋松紧固小拖板的两只螺母 1,直至从螺栓 1 上取下,将底座转动一个角度,取下小拖板部件的其余零件。

(4) 用开口扳手旋松小拖板部件后面的 3 只锁紧螺母 2,用一字槽旋具旋松并拆下螺钉 3。逆时针旋转小手柄,直至小拖板底座从小拖板体上分离,取下间隙调整塞片。

(5) 用手下压单向舌,用十字槽旋具旋松螺钉 1,直至单向舌及压簧可以从小拖板体的凹孔中取出。

(6) 用一字槽旋具旋松螺钉 5,刻度圈可以沿轴做轴向移动,看清轴的其余结构。

(7) 小手柄通过螺纹与小三珠连接,可直接用手或借助于手用虎钳将之拆下。

(8) 螺钉 2 旋在大螺栓与小拖板体下的沉孔的缝间,用一字槽旋具将螺钉 2 拆下。

挡圈在轴靠肩向左安装后,配作销孔,打入销 1。小三珠安装在轴末端外圆后,配作销孔,打入销 2。此处结构可以清楚地看到并测量,因此可以不必拆下。

2) 刀架小拖板部件的安装

刀架小拖板部件的安装顺序与拆卸顺序刚好相反,具体步骤如下。

(1) 将小手柄安装到小三珠上。

(2) 刻度圈向左靠紧轴的端面后,用一字槽旋具将螺钉 5 旋紧,紧定刻度圈。

(3) 将压簧放入单向舌的凹孔中,下压至与小拖板体上平面相平,用十字槽旋具旋紧螺钉 1,松开单向舌,保证被螺钉 1 挡住不脱出,下压无卡滞。

(4) 用一字槽旋具将螺钉 2 装入旋紧,保证大螺栓不松动。

(5) 顺时针旋转小手柄,直至小拖板底座重新旋合到小拖板体上。

(6) 在塞片侧面薄薄涂抹一层润滑脂,安装间隙调整塞片,注意方向,有倒角的一端朝上。用一字槽旋具慢慢旋紧 3 只螺钉 3,保证底座与小拖板体之间无明显间隙,小手柄转动后二者又均匀相对移动。用开口扳手旋紧螺母 2,锁紧螺钉 3。

(7) 将带螺钉 4 的刀架安装到小拖板上,轻转刀架,使单向舌刚好插入刀架凹孔中精确定位。放上垫圈,旋入锁紧螺母。

(8) 将小拖板部件重新通过底座上的两个安装孔,安装到螺栓 1 上,用螺母 1 紧固。注意调整小拖板方向,基本与主轴方向平行。

至此小拖板安装工作基本完成。

3.2 刀架小拖板部件 CAD 图的绘制

3.2.1 AutoCAD 绘图初始环境设计

中国有句谚语叫“磨刀不误砍柴工”。要想画图又快、又准确,首先必须对 AutoCAD 初始环境进行设置。

1）图层设计

打开 AutoCAD 默认样板图，设置下列图层，见表 3.1。

表 3.1 图层的设置

序号	图层名	颜色	线型	线宽	应用举例
1	0	白	Continuous	0.5	粗实线：可见轮廓线
2	cen	红色	Center	0.25	细点画线：轴线、对称中心线
3	dash	黄色	Dashed	0.25	细虚线：不可见轮廓线
4	thin	绿色	Continuous	0.25	细实线：尺寸线及尺寸界线、剖面线

2）文字样式设置

机械制图中，技术要求、尺寸都需要用文字或数字书写，设置两种文字样式，分别用于文字和尺寸标注，见表 3.2。

表 3.2 文字样式的设置

名称	字体名	宽度因子	倾斜角度	功用
长仿宋	仿宋	0.7	0°	汉字
数字	Isocp. shx	1	15°	尺寸

3）标注样式设置

为了快速进行不同类型的尺寸标注，设置 3 种尺寸样式，符合国家标准尺寸标注要求，见表 3.3。正常标注用“ISO-25”样式。标注角度时，数字只能向上，用“角度”样式。标注轴类旋转体时，希望自动加前缀“ϕ”时，用“fai”样式。

表 3.3 尺寸样式的设置

名称	文字对齐	前缀	文字样式	文字高度	起点偏移量	小数分隔符
ISO-25	与尺寸线对齐	无	数字	3.5 mm	0	“.”句点
角度	水平	无	数字	3.5 mm	0	“.”句点
fai	与尺寸线对齐	%%c	数字	3.5 mm	0	“.”句点

3.2.2 用 AutoCAD 绘制小拖板装配图

用 AutoCAD 软件进行计算机辅助绘图的最大优点在于其画图的准确性。尽量按照 1∶1的比例准确画图，完工后的 AutoCAD 装配图，不仅图形清晰，每个零件的每条线段长度、圆弧的圆心坐标等信息一应俱全。

1）调用初始化绘图环境

在上述初始化环境图中，另存为“小拖板装配图.dwg”，用课后绘制的 A3 装配图框，直接开始画装配图。

2）先画基准件小拖板体全剖视图

基准零件小拖板体是铸件，不仅外观较为复杂，内部结构也很复杂。因此，小拖板零件最佳表达方式是用一个全剖的主视图。如图 3.5 所示，画图基本步骤如下：

(1) 先从最左端高 25 线画起，用直接距离法，再画外轮廓 66 长，再向下 1.5，向右 78，向下 9.5，向右 6，向下 25，向左 6，向下，保证总高度为 36.5，再向左 16，向上 28.5，向左 19，向下 5，至左端面。这些尺寸只要一把三用游标卡尺就可以测量，测量时注意圆整。

(2) 画左端单向舌孔 $\phi10$，距左端面距离为 9。

(3) 画 M3 螺孔，距上表面距离为 6。

(4) 在距左端面 33 处画大螺栓沉孔 $\phi18$，深 5(估算)，$\phi12.6$ 螺栓过孔，$\phi25$ 定位凸台，高 5。

(5) 由尺寸 9.5 及 $\phi25$，确定右端 $\phi12$ 孔中心到上表面距离为 22，再画 $\phi12$ 孔线。

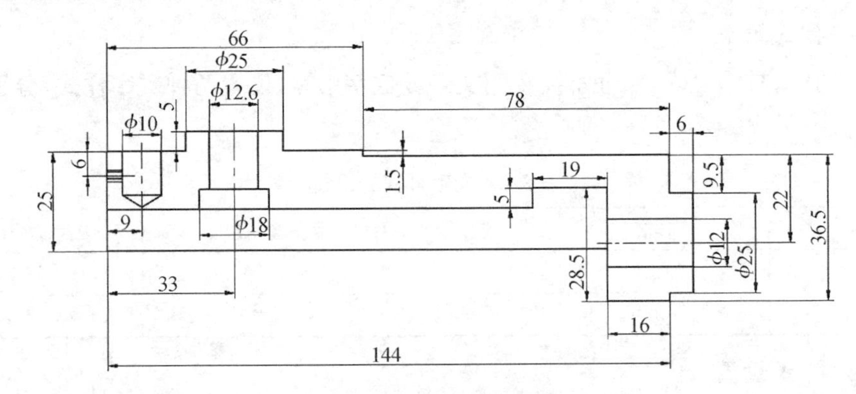

图 3.5　刀架小拖板全剖视图

3) 在小拖板体全剖视图上画其他零件及标准件

可以分为四步：

(1) 首先在小拖板体上逐步画轴、挡圈、刻度圈、小三珠、小手柄。按照孔 $\phi12$ 中心线位置画轴。轴肩以尾座体右端面定位，左边画上挡圈、锥销。再依次向右画刻度圈及其紧定螺钉 5，用外螺纹画法画出。小三珠右端与轴右端对齐，安装后钻孔 $\phi2.9$，再用锥铰刀铰孔，安装锥销。最后画小手柄，画好一个，另外一个用镜像命令。周边建议用局部剖视图表达。

(2) 其次再画：单向舌、弹簧、螺钉。单向舌与尾座体孔间隙配合，公差带代号为 H8/f7。弹簧因尺寸较小，可以用示意画法。

(3) 再次，画：刀架、垫圈、锁紧螺母、手柄等，见图 3.6。大螺栓底部与小拖板体间隙配合，螺杆 M12 部分与螺栓穿孔不可以再有配合关系，否则为“干涉”。

(4) 最后补画骑缝螺钉 2，标准件方头紧定螺钉 4，十字槽导向螺钉 1。

4) 标注标准件

小拖板附件，相对零件少、空隙多，直接在装配图上画指引线，标注各螺钉的数量、国标号。注意用于紧定塞片的三个螺钉、螺母，因在最后面，看不到，可以虚线画出。指引线可以与安装此零件的尾座体指引线共用指引线，见图 3.7。

5) 画指引线标注零件序号

一般从左下角开始，用阿拉伯数字 1、2、3…顺时针依次画指引线标注所有零件，指引线起始用黑点起画。可以用 donut 命令，将内径半径设定为 0，外径半径设定为 1。

6）尺寸标注

装配图中尺寸标注，主要包括配合尺寸、外形尺寸、规格尺寸等。配合尺寸标注小拖板上定位凸台与刀架凹孔间间隙配合 ϕ25H7/g6。外形尺寸标注小拖板总的长度尺寸范围：230～280。底座与中拖板连接尺寸为 ϕ20H7/g6，底座的外形尺寸为 ϕ110。

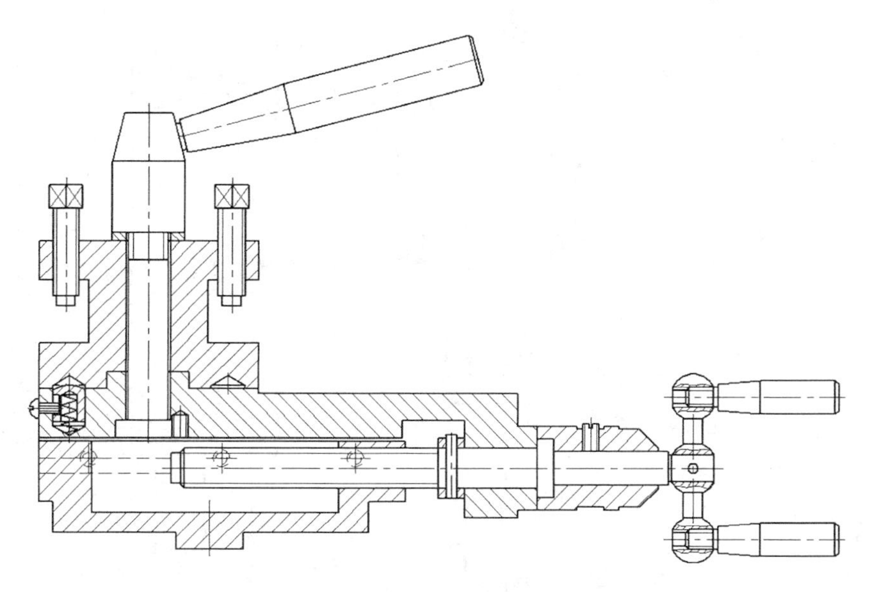

图 3.6　小拖板部件图

7）技术要求

技术要求主要包括装配要求、检验要求和使用要求。小拖板部件装配要求要保证：① 配作挡圈后，轴无明显轴向窜动；② 间隙调整螺钉调整后，小拖板体相对于底座移动无明显间隙，再用螺母 2 锁紧；③ 滑动表面间涂抹润滑脂；④ 旋松锁紧螺母后，能逆时针单向旋转刀架，且每隔 90°精确定位（使用要求）。

8）填写标题栏

装配图的标题栏填写与零件图不同的是，填写材料处填写部装图。图号一般是部件名称汉语拼音字头＋00。本图是 XTB-00。

9）填写明细栏

按拉线顺序，依次填写标题栏中序号、代号、名称、数量、材料及备注。重量一般在产品成熟后，直接用电子秤称取。

① 代号：所有自制件从第一个零件开始，如 XTB-01、XTB-02 等，标准件填国标号。

② 名称：给每个零件起个名字，一般按其功能、形状、方位、大小等起名，以形象、直观为好。

③ 数量：同一个零件多处出现时，序号相同，数量填写总数量，且填写一次即可。

④ 材料：与零件图一致，按零件强度要求、使用环境条件等，选择合适的材料。

⑤ 备注：一些特殊需要说明的，如自制件太简单“无图”，标准件“改制”等。

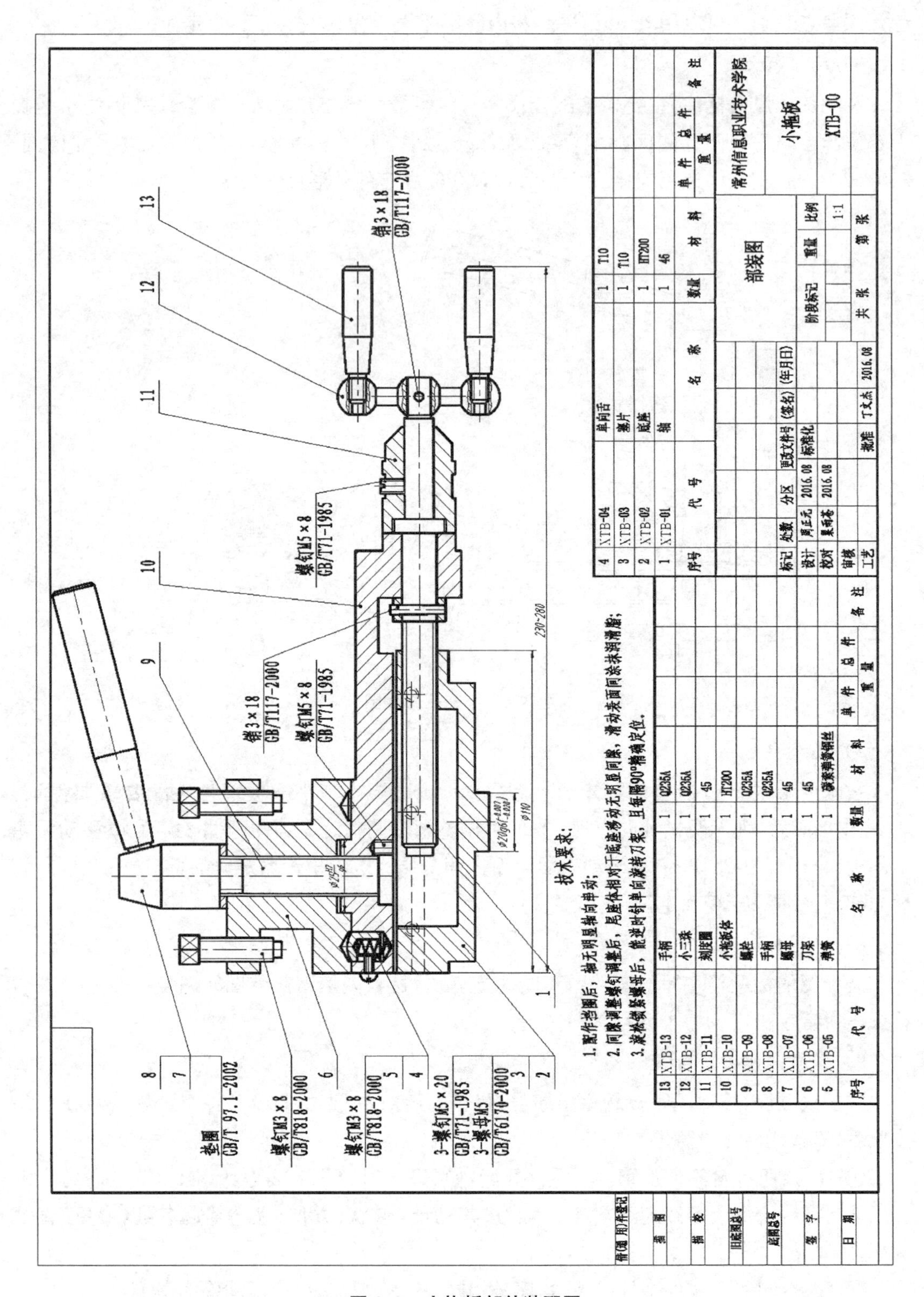

图 3.7　小拖板部件装配图

3.3　刀架零件图的拆画

3.3.1　用 AutoCAD 绘制零件图框

用 3.2.1 节 AutoCAD 绘图初始环境设计中的样板图，绘制零件图国标推荐图框，也可以作为课后作业完成。

零件图框和装配图图框的常见绘制方法有：

(1) 用做“块”的方法，做标题栏。每次插入标题栏后，待填的项目会提示填充，如比例、材料、名称、图号等，作为块的属性。

(2) 用直线直接画标题栏，文字用动态文字填写，因为新版 AutoCAD 只要“双击”就可以对文字进行修改，非常方便。

(3) 用画表格命令画标题栏和装配图的明细表。虽然这种方法第一次画表格时比较麻烦，但一旦画好后使用时，只要“单击”就可以更改所要填写的内容。零件图标题栏及尺寸，如图 3.8 所示。

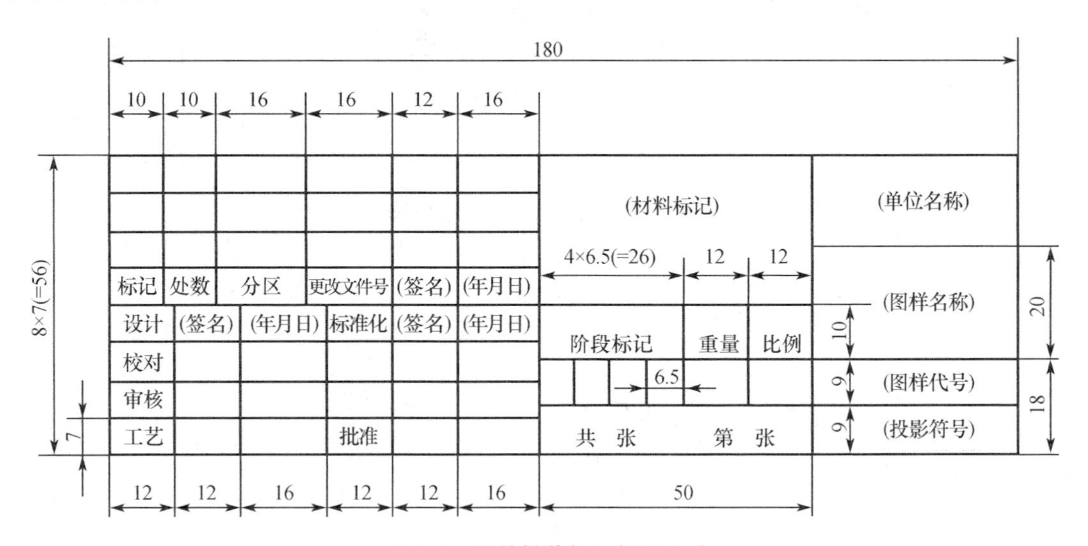

图 3.8　零件推荐标题栏及尺寸

3.3.2　从小拖板装配图中拆画零件图

从小拖板装配图中拆画零件图，与直接测绘零件画零件图相比，其优点是容易保证装配关系，对于一些中等复杂的部件是非常行之有效的测绘方法。对于零件数量多，装配关系复杂的部件，即便先画了零件图，也必须进行装配图的绘制，核准装配位置，才能最终保证装配质量。

AutoCAD 装配图画好后，从中拆画零件图的步骤如下：

(1) 打开小拖板装配图，选中所要拆画零件的全部对象，可多选不可少选，在“编辑”菜单下选“复制”，或用快捷键“CTRL+C”。

(2) 打开零件图样板图，在“编辑”菜单下选“粘帖”，或用快捷键“CTRL＋V”。注意，插入时“图层”为0层。

(3) 将零件图样板图另存为“手柄.dwg”。

(4) 用“修剪”“删除”等命令编辑，剩下所需要的刀架图形，按“长对正”“高平齐”原则补画俯视图及其他必要视图。

(5) 标注尺寸及必要的公差、形位公差，填写技术要求和标题栏，完成零件图。

1) 旋转体零件的零件图拆画

对于旋转体零件，如小手柄、手柄、挡圈、小三珠零件图和螺母、刻度圈零件图、轴等7个零件，可以直接从装配图中拆画。如图3.9小三珠零件图和图3.10轴零件图。其他旋转体零件拆画比较简单或以前已经画过类似图形，请同学自行完成。

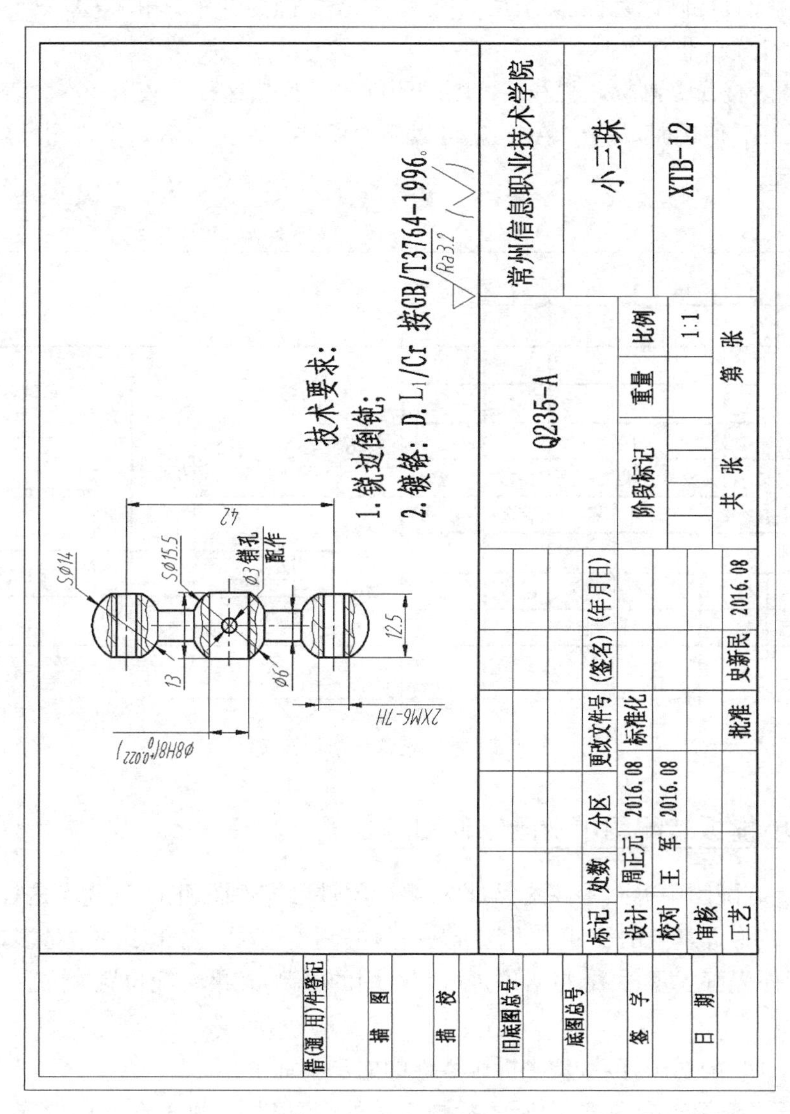

图3.9 小三珠零件图

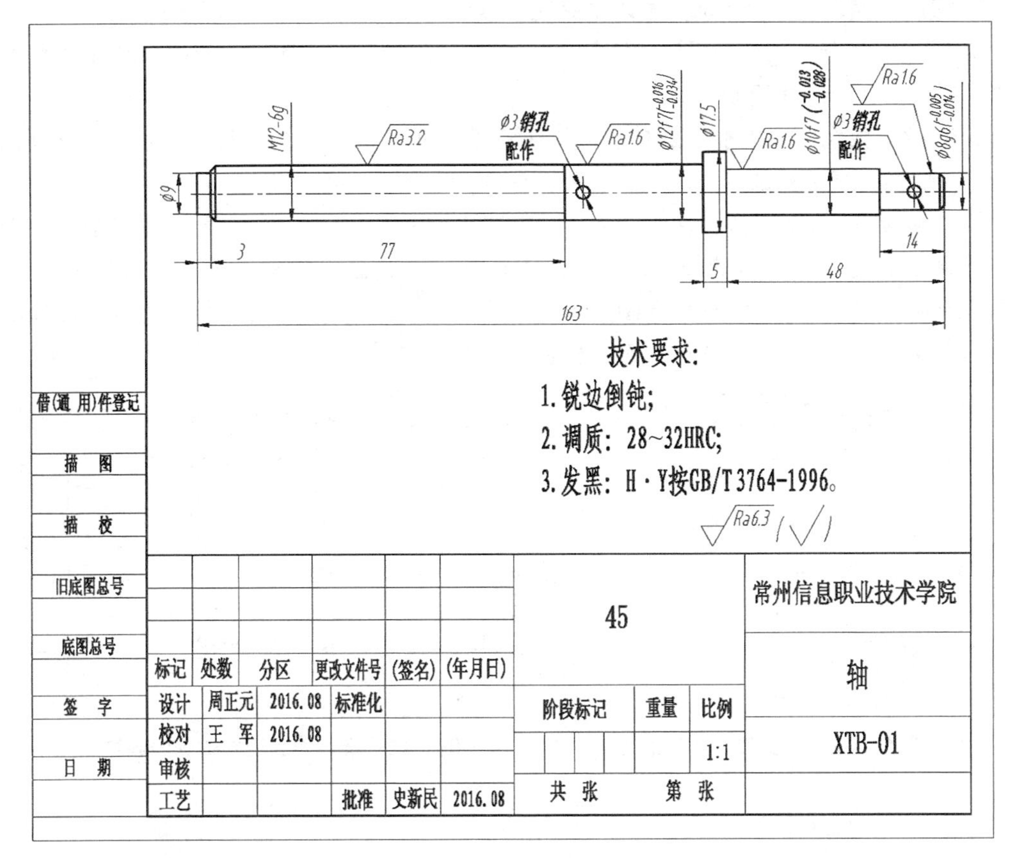

图 3.10　轴零件图

2) 压簧的零件图拆画

弹簧是用途很广的常用零件。它主要用于减震、夹紧、储存能量和测力等方面，其特点是去除外力后能立即恢复原状。小拖板部件上的压簧是一种普通圆柱螺旋压缩弹簧，其尺寸计算和画法如下。

(1) 圆柱螺旋压缩弹簧各部分的名称及尺寸计算。图 3.11 圆柱螺旋压缩弹簧尺寸中，d、t、D、D_1、D_2 是线径(弹簧钢丝直径)、节距、弹簧中径、弹簧内径和弹簧外径。弹簧的其他尺寸名称还有：

① 有效圈数 n、支承圈数 n_2 和总圈数 n_1。为了使螺旋压缩弹簧工作时受力均匀，增加弹簧的平稳性，将弹簧的两端并紧、磨平。并紧、磨平的圈数主要起支撑作用，称为支承圈。图 3.11 所示的弹簧，两端各有 1.25 圈为支承圈，即 $n_2=2.5$。具有相等节距的圈数，称为有效圈数。有效圈数与支承圈数之和称为总圈数，即 $n_1=n+n_2$。

② 自由高度 H_0。弹簧在不受外力作用时的高度。$H_0=nt+(n_2-0.5)d$。

③ 展开长度 L。制造弹簧时坯料的长度。由螺旋线的展开可知，$L\approx\pi Dn_1$。

(2) 圆柱螺旋压缩弹簧的画法。圆柱螺旋压缩弹簧可画成主视图、剖视图或示意图，如图 3.12 所示。

① 在平行于螺旋弹簧轴线的投影面的视图中，其各圈的轮廓线应画成直线。

② 螺旋弹簧均可画成右旋，对必须保证的旋向要求应在“技术要求”中注明。

③ 如要求两端并紧且磨平时，不论螺旋压缩弹簧支承圈的圈数多少和末端贴紧情况如何，均按图 3.12 的形式绘制。

④ 有效圈数在 4 圈以上的螺旋弹簧，中间部分可以省略不画，只画出通过簧丝剖面中心的细点画线。当中间部分省略后，允许适当缩短图形的长度，如图 3.12 所示。

⑤ 在装配图中，螺旋弹簧被剖切后，不论中间各圈是否省略，被弹簧挡住的结构一般不画出，其可见部分应从弹簧的外轮廓线或弹簧钢丝剖面的中心线画起，如图 3.13 所示。

⑥ 在装配图中，当簧丝直径在图上小于或等于 2 mm 时，断面可以涂黑表示，如图 3.13(b)所示，也可采用图 3.13(c)所示的示意画法。

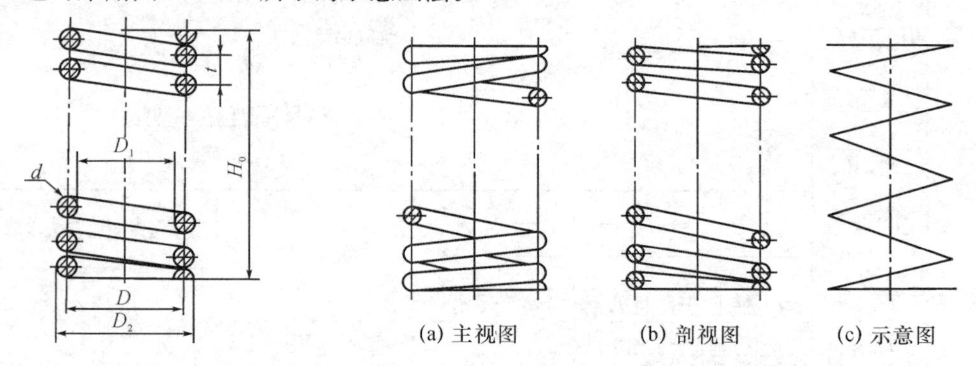

3.11 圆柱螺旋压缩弹簧尺寸示意图

图 3.12 圆柱螺旋压缩弹簧的画法

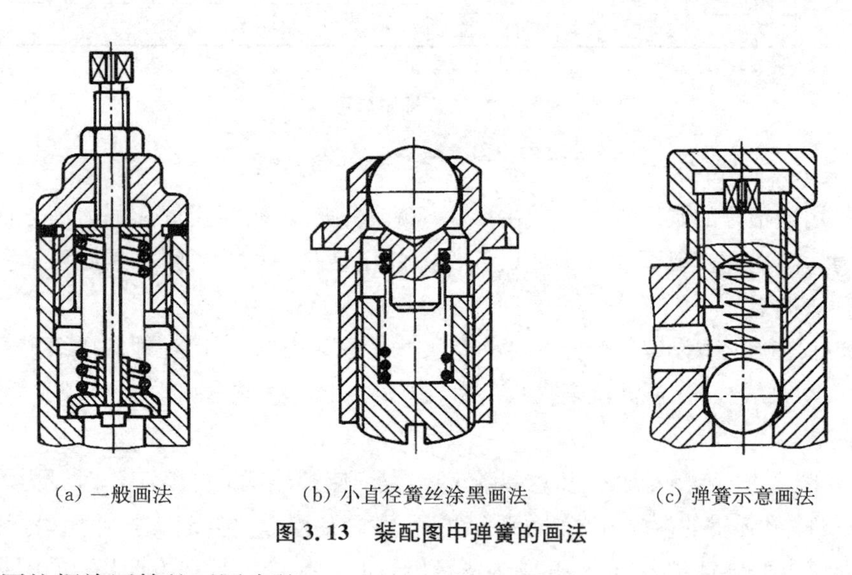

(a) 一般画法　(b) 小直径簧丝涂黑画法　(c) 弹簧示意画法

图 3.13 装配图中弹簧的画法

(3) 圆柱螺旋压簧的画图步骤。

对于两端并紧、磨平的圆柱螺旋压缩弹簧，其作图步骤如图 3.14 所示。

① 根据弹簧的自由高度 H_0 和弹簧中径 D 作矩形 ABCD，如图 3.14(a)所示。

② 画出支承圈部分簧丝的断面，如图 3.14(b)所示。

③ 根据节距 t 画出有效圈部分簧丝的断面，如图 3.14(c)所示。

④ 按右旋方向作簧丝断面的切线，校核、加深，画剖面线，如图 3.14(d)所示。

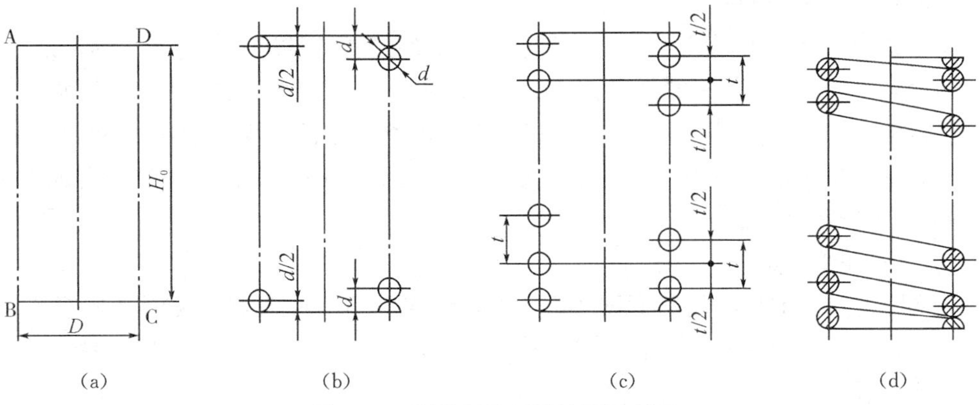

图 3.14　圆柱螺旋压簧的画图步骤

(4) 小拖板压簧参数的确定。用游标卡尺可以测量出弹簧线径为 ϕ0.7，测量多个节距取平均，得到的节距 $t=1.5$，大径为 ϕ3.9，总圈数是 12.5，则该弹簧其他参数：

① 中径：$D=D_2-d=3.9-0.7=3.2$

② 自由高度：$H_0=nt+(n_2-0.5)d=10\times1.5+(2.5-0.5)\times0.7=16.4$

③ 展开长度：$L\approx\pi Dn_1=3.14\times3.2\times12.5=125.6$

小拖板压簧零件图如图 3.15 所示。

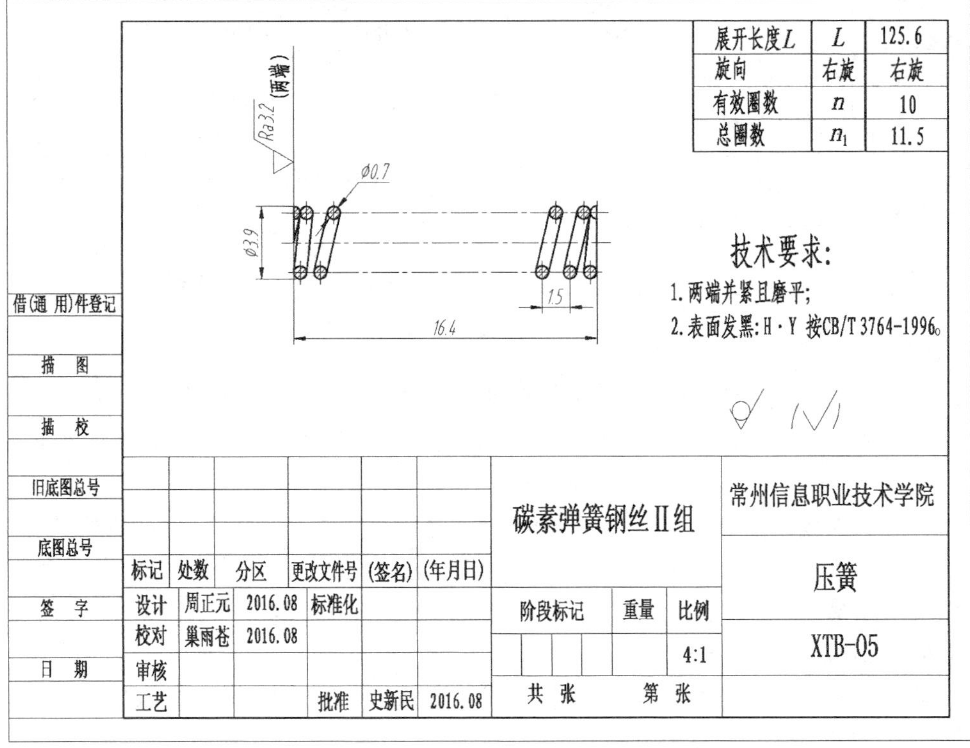

图 3.15　小拖板压簧零件图

3）底座的零件图拆画

（1）对底座进行了解和分析。底座是小拖板部件最底部零件。通过 ϕ20 圆柱及底面与中拖板连接，并可绕 ϕ20 圆柱转动，以车锥角大而不太长的锥面。ϕ95 圆柱上的两个 ϕ7 孔是中拖板两个 M6 螺钉穿孔，用于将小拖板固定在需要的位置。螺孔 M12 与轴的外螺纹连接，用于传递小拖板体与底座间的相对运动。55°燕尾常用于机床导轨，其结构有推荐标准，底座应该与小拖板体内燕尾统筹考虑。

（2）底座测绘要点。

① 视图选择。主视图从装配图中复制、粘帖、编辑后，再补画左视图和俯视图，见图 3.16。主视图加局部剖视图，更能反映其外形特征；左视图加连接孔的局部剖视图，更加明确了 ϕ7 孔的位置。

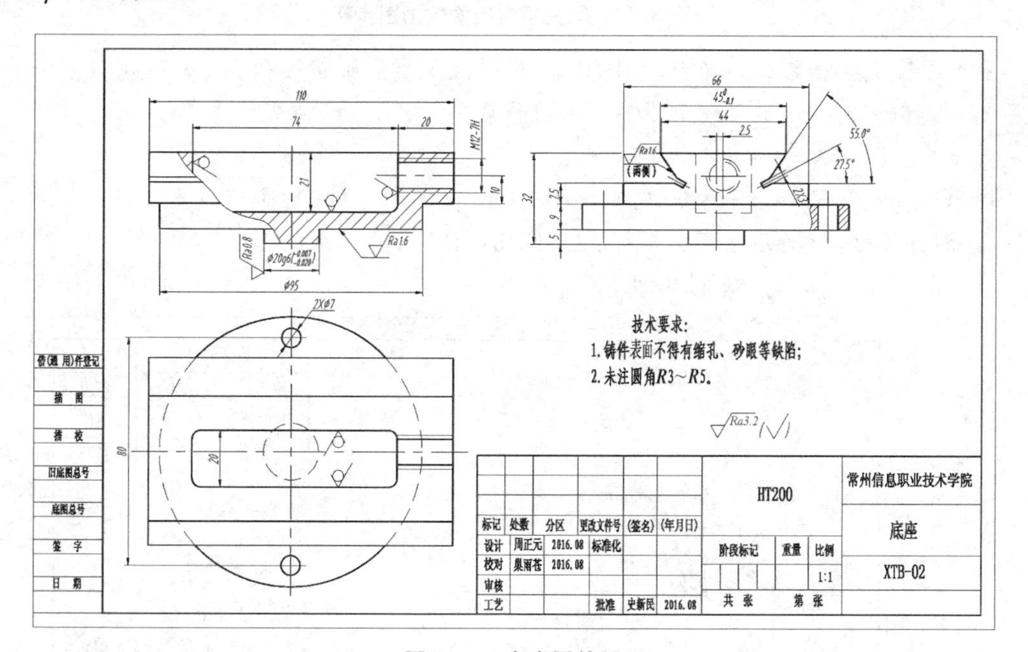

图 3.16　底座零件图

② 尺寸。55°燕尾的规格尺寸是其宽度 B，B 大于 40 后是 5 进制的，B=40、45、50…测量时由于有倒角，肯定比理论尺寸 45 要小。考虑到尾座体的燕尾结构是对称的，确定尾座体燕尾 B=50，底座 B=45，有 2.5 的偏心距。

③ 公差。连接处孔与 ϕ20 圆柱间隙配合，选公差带代号为 H7/g6。燕尾宽度尺寸 B 按 IT10 精度标注负公差−0.1，尾座体按 IT10 精度标注正公差+0.1，间隙可以用塞片调整。

④ 表面粗糙度。ϕ20 圆柱外圆为 IT7 级精度，Ra0.8。其他工作表面为 Ra1.6，非工作表面为 Ra3.2。凹槽标注不加工符号。

⑤ 其他技术要求。铸件技术要求仍然注明“铸件表面不得有缩孔、砂眼等缺陷”，及“未注圆角 $R3$～$R5$”。

4）小拖板体的零件图拆画

（1）对小拖板体进行了解和分析。小拖板体是小拖板部件的基础结构件，是其他零件的安装基础件。其下面通过燕尾及底面与底座相连，M12 螺纹传动；上面安装刀架及用于定位的单向舌装置。因外形较为复杂，毛坯采用铸件，也有减震的功效。

(2) 小拖板体测绘要点。

① 视图选择。主视图从装配图中取得后，再补画左视图，见图 3.17。

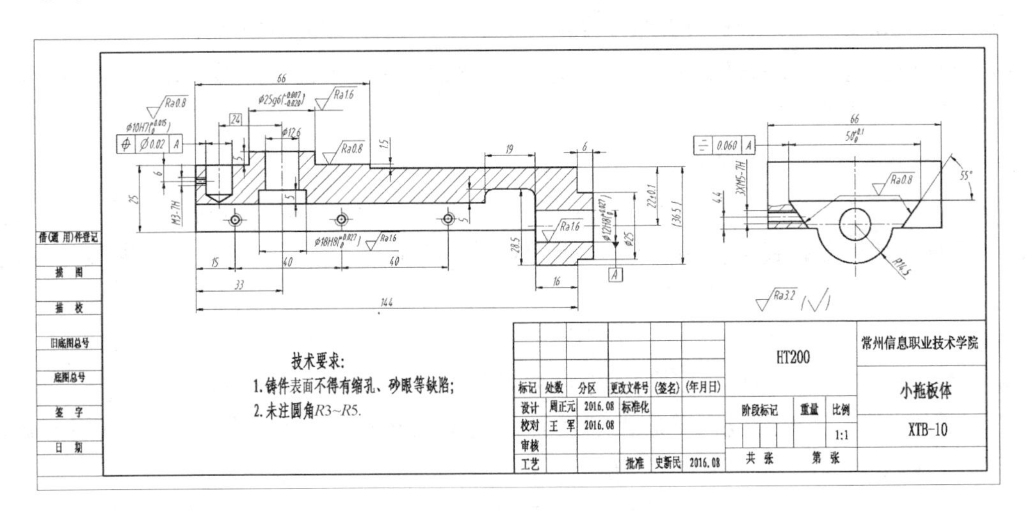

图 3.17　小拖板体零件图

② 尺寸。55°燕尾的规格尺寸是其宽度 B，B 大于 40 后是 5 进制的，取 $B=50$。刀架定位凸台与刀架定位孔基本尺寸 $\phi25$ 相同，高度小于 0.5 以免干涉。轴安装孔基本尺寸 $\phi12$ 与轴安装段基本尺寸 $\phi12$ 相同。单向舌安装孔基本尺寸与单向舌外圆基本尺寸 $\phi10$ 相同。

③ 公差与表面粗糙度。单向舌孔 $\phi10$ 与单向舌公差带代号选取间隙配合 H7/g6，大螺栓底孔 $\phi18$、轴孔 $\phi12$ 与对应轴配合公差带代号均取 H8/f7，对应表面粗糙度取 $Ra1.6$。刀架定位孔与凸台 $\phi25$ 公差带代号取 H7/g6，对应表面粗糙度取 $Ra1.6$。燕尾工作面、与刀架接触的工作面取 $Ra0.8$。燕尾 50 的中心平面相对于轴的中心线对称度公差取 10 级，查《附录 26　同轴度、对称度、圆跳动、全跳动公差值》可得，公差值为 0.060。

④ 其他技术要求。铸件技术要求仍然注明“铸件表面不得有缩孔、砂眼等缺陷”，及“未注圆角 $R3\sim R5$”。

5) 刀架的零件图拆画

(1) 对刀架进行了解和分析。刀架的作用是安装车刀。底面与小拖板上表面结合，并可以转动，$\phi25$ 孔用于刀架中心定位，以保证刀架与小拖板的位置，其精度直接影响刀转动后的定位精度，底部 4 个 $\phi10$ 孔用于刀架周向定位。

(2) 刀架测绘要点。

① 视图选择。主视图从装配图中复制、粘贴、编辑后，再补画俯视图。

② 尺寸。刀架安装到小拖板上的定位孔 $\phi25$ 的基本尺寸应与小拖板安装凸台基本尺寸相同，深度大于 0.5。长、宽尺寸应与小拖板安装平面尺寸相同。单向舌安装孔基本尺寸应与单向舌外圆基本尺寸相同。大螺栓穿孔尺寸比大螺栓大 0.6。单向舌孔到零件基准中心的距离应与小拖板单向舌孔到定位小凸台的距离相等。

③ 尺寸公差及形位公差。刀架定位孔 $\phi25$、单向舌定位孔 $4\times\phi10$ 应标注公差带代号 H7 及公差值。$4\times\phi10$ 相对于 $\phi25$ 基准轴线应保证位置度公差 $\phi0.02$，用数控铣或加工中心

保证。

④ 表面粗糙度。两个有 IT7 级精度要求的孔及刀架安装底面,表面粗糙度标注 *Ra*0.8。其余标注 *Ra*3.2。

⑤ 其他技术要求。刀架材料选综合性能比较好的 45 钢,整体调质处理:28～32HRC,安装刀具的中间和四周凹槽底面的表面淬火:40～45HRC。表面发黑处理:H·Y 按 CB/T 3764-1996。

刀架零件图请同学们自行完成。

6) 单向舌的零件图拆画

(1) 对单向舌进行了解和分析。单向舌的作用是刀架转动 90°后精确定位,保证刀具换刀后重复精度。与刀架底面有相对滑动,为保证使用寿命,应淬硬。下孔用于安装弹簧,左键槽用于单向舌上下移动导向、限位。

(2) 单向舌测绘要点。

① 视图选择。主视图从装配图中复制、粘贴、编辑后,再补画左视图。

② 尺寸。单向舌外圆应与单向舌安装孔的基本尺寸相同。舌面圆弧半径应用圆弧规测量,最高、最低点尺寸用游标卡尺测量。

③ 公差及表面粗糙度。单向舌孔 ϕ10 与单向舌公差带代号选取间隙配合 H7/g6,单向舌外圆 ϕ10 为 g6,查《附录 21 优选及常用配合轴的极限偏差表》,标注具体上、下偏差值。单向舌外圆及舌面表面粗糙度标注 *Ra*0.8。其余标注 *Ra*3.2。

④ 其他技术要求。单向舌材料选淬硬性好的 T7 钢,热处理淬火:50～55HRC。表面发黑处理:H·Y 按 CB/T 3764-1996,不影响零件尺寸。

单向舌零件图请同学们自行完成。

3.3.3 AutoCAD 零件图打印成纸质图纸和 PDF 文件

AutoCAD 零件图和装配图在零件制造时一般要用纸质稿打出,小图纸如 A4、A3 可直接用打印机打印,但对于更大的图纸只能用更大的打印机或绘图仪绘图。但很多小型企业不具备大型图纸打印能力,这时可将图纸转换成 PDF 文件到商业打印公司打印比较方便。PDF 文件在没有安装 AutoCAD 软件的环境下就可以打印,操作方便。AutoCAD 零件出图步骤如下:

(1) 打开要打印的 AutoCAD 零件图或装配图,使之在屏幕上完整显示。

(2) 选择"文件"菜单下的"打印"选项,跳出如图 3.18 所示对话框。

(3) 单击对话框右上角"打印样式表"的下拉选项"▼",选"acad.ctb"选项,单击右侧编辑按钮"",打开"打印样式表编辑器"对话框,将颜色 1～6 的颜色由"使用对象颜色"改为"黑","线宽"选项由"使用对象线宽"改为"0.25",颜色 7 的线宽改为"0.5",选择"保存并关闭"按钮,回到"打印"对话框。见图 3.18。

(4) 在"打印机/绘图仪"下的"名称"选项中选择与电脑连接的打印机,图 3.18 中选择的是"Canon iP1100 series",如果需打印 PDF 文件,则此处选"DWG to PDF.pc3"。

(5) 在"图纸尺寸"选项下,选择跟零件图幅一致的图纸尺寸,A4、A3 或其他,这里注意,210×297 是"宽×长",对于横向的有 297×210 的图纸尺寸。

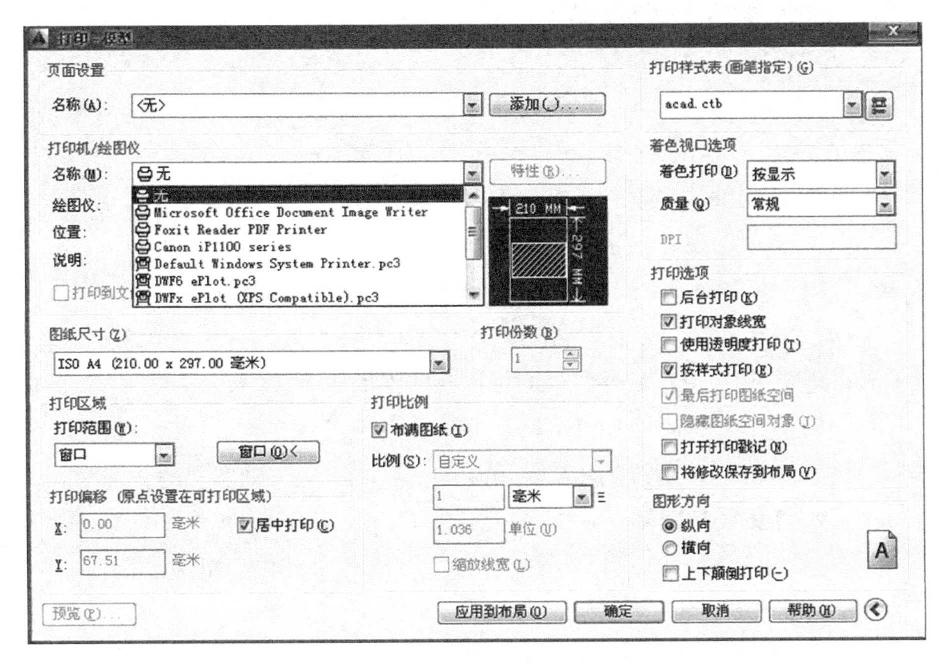

图 3.18　打印对话框示意图

(6)“图形方向”,对于 A4 图幅,选纵向,其他一般选横向。

(7) 勾选“居中打印”和“布满图纸”选项。

(8) 单击“预览” 按钮,可以预览即将打印的图形情况。所见即所得,如果正确就单击右键,选择“打印”选项,则打印机打印,或跳出“保存在”对话框,打印成 PDF 文件。

习题三

一、选择题

(　　)1. 转动小拖板车锥面类型是________。

A. 锥角小而长度长　　B. 锥角大而长度短

C. 锥角大而长度大　　D. 锥角小而长度大

(　　)2. 刀架可以在________个位置精确定位。

A. 1　　B. 2　　C. 3　　D. 4

(　　)3. 标注角度时,数字只能向上,用________样式。

A. Standard　　B. ISO-25　　C. 角度　　D. fai

(　　)4. 绘制部件装配图时,可以从________开始画。

A. 第一个拆下的零件　　B. 基准件

C. 最上面的零件　　D. 最下面的零件

(　　)5. ________类型的零件,其零件图拆画比较简单,只要直接从装配图中复制即可。

A. 回转体　　B. 箱体　　C. 支架　　D. 端盖

(　　)6. 机床导轨的燕尾角度是________。

A. 45°　　B. 50°　　C. 55°　　D. 60°

(　　)7. 尺寸线应该在________图层中绘制。

A. 0　　B. cen　　C. thin　　D. dash

(　　)8. 回转中心线应该在________图层中绘制。

A. 0　　B. cen　　C. thin　　D. dash

(　　)9. 指引线序号的标注，一般从________开始，顺时针标注。

A. 左下角　　B. 左上角　　C. 右下角　　D. 右上角

(　　)10. 装配图中，识别零件的最终依据是零件的________。

A. 名称　　B. 序号　　C. 代号　　D. 材料

(　　)11. 打印出图时，图线的粗细最方便的是靠________来实现的。

A. TRACE 画图　　B. PLINE 画图

C. 图层中的线宽　　D. 设定颜色的粗细

(　　)12. 以下都是位置公差的是________。

A. 平行度、垂直度、圆柱度、圆跳动

B. 圆跳动、圆度、垂直度、平行度

C. 同轴度、全跳动、圆跳动、位置度

D. 倾斜度、直线度、对称度、圆跳动

(　　)13. 图 3.19 标注的 4 种公差分别是________。

A. 圆柱度、线轮廓度、直线度、圆度

B. 圆柱度、平面度、直线度、倾斜度

C. 平行度、平面度、直线度、圆度

D. 圆柱度、平面度、直线度、圆度

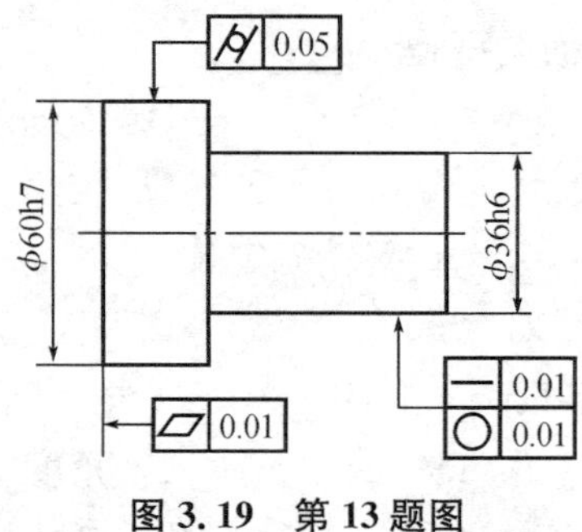

图 3.19　第 13 题图

(　　)14. 图 3.20 中两个位置公差标注含义正确的是________。

A. 长度 400 中心平面相对于基准 A 右侧面平行度公差为 0.02

B. 左侧面相对于基准右侧面平行度公差为 0.02，允许上小下大

C. 槽 190 左侧面对 400 左侧面对称度公差为 0.01，最大实体原则要求

D. 190 右面侧面对 400 中心平面对称度公差为 0.01，最大实体原则要求

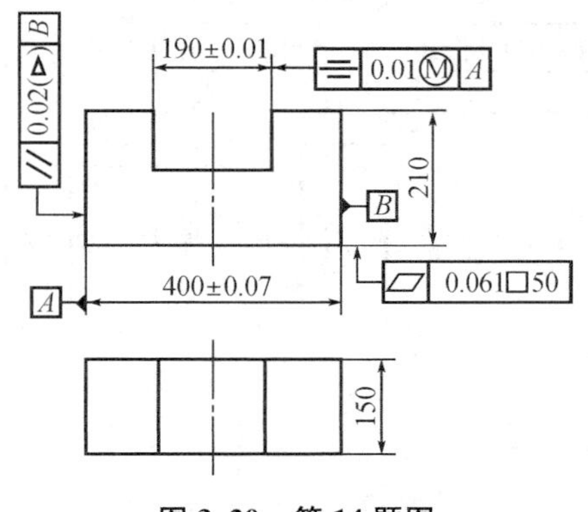

图3.20　第14题图

(　　)15. 图3.21中平行度公差标注含义正确的是________。

A. 当孔处于最大实体状态时，孔的轴线对基准平面A的平行度公差为0.15

B. 当孔处于最大实体状态时，孔的轴线对基准平面A的平行度公差为0.05

C. 当孔处于最小实体状态时，孔的轴线对基准平面A的平行度公差为0.10

D. 当孔处于最小实体状态时，孔的轴线对基准平面A的平行度公差为0.05

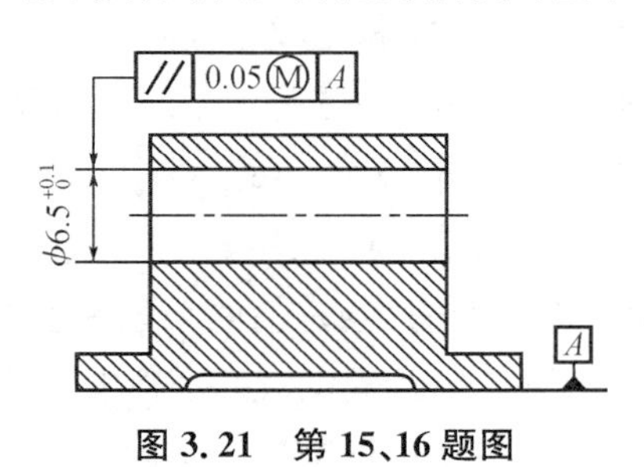

图3.21　第15、16题图

(　　)16. 图3.21中(上图)，孔的局部实际尺寸必须在________范围内。

A. ϕ6.0～ϕ6.55　　B. ϕ6.45～ϕ6.6

C. ϕ6.5～ϕ6.65　　D. ϕ6.5～ϕ6.6

(　　)17. 尾座套筒孔中心线要求对底平面有平行要求，应该标注________。

A. 平行度　　B. 垂直度　　C. 不倾斜度　　D. 对称度

(　　)18. 尾座套筒孔ϕ30中心线要求对底平面有平行要求，7级，则公差数值是________。

A. 0.015　　B. 0.020　　C. 0.025　　D. 0.050

(　　)19. 图3.22中，标注错误的是________。

A. 跳动公差　　B. 对称度公差　　C. 直线度公差　　D. 垂直度公差

(　　)20. 下列对图3.22的描述，说法错误的是________。

A. 直径为ϕ20的圆柱轴线对ϕ25的同轴度公差为ϕ0.01

B. 尺寸为10的槽中心平面对ϕ25圆柱轴线的对称度公差为0.01

C. ϕ15圆柱轴线的直线度公差为ϕ0.01

D. ϕ25圆柱轴线对ϕ15圆柱轴线的跳动公差为0.05

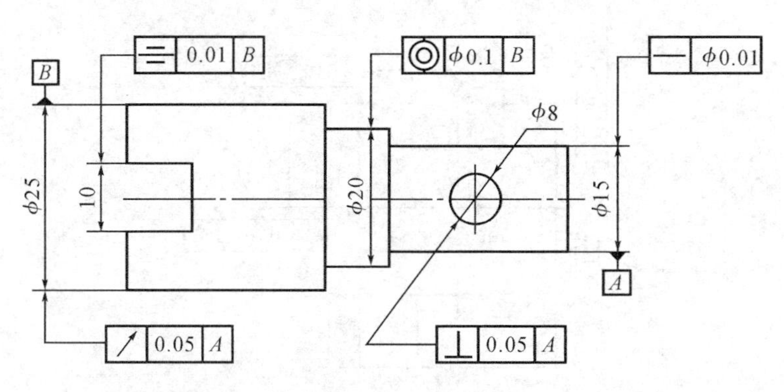

图 3.22 第 19、20 题图

( )21. 方端盖螺钉穿孔尺寸为 ϕ6.5，尾座右端面为 6×M6-7H 孔，应标注的位置度公差为________。

A. ϕ0.025　　B. ϕ0.5　　C. ϕ0.1　　D. ϕ0.25

( )22. 常用表面粗糙度评定参数有两个，它们是________。

A. 轮廓算术平均偏差 Ra 和微观不平度十点高度 Rz

B. 轮廓算术平均偏差 Ra 和轮廓最大高度 Ry

C. 轮廓算术平均偏差 Ra 和微观不平度十点高度 Ry

D. 轮廓算术平均偏差 Ra 和轮廓最大高度 Rz

( )23. 16%规则是________。

A. 表面粗糙度实测值超过规定值的个数等于总数的 16%

B. 表面粗糙度实测值超过规定值的个数大于总数的 16%

C. 表面粗糙度实测值超过规定值的个数少于总数的 16%

D. 表面粗糙度实测值超过规定值的个数约为总数的 16%

( )24. 同一零件上，工作表面的粗糙度参数值________非工作表面的粗糙度参数值。

A. 大于　　B. 等于　　C. 小于　　D. 不一定

( )25. 表面粗糙度的选用，应在满足表面功能要求的情况下，尽量选用________的表面粗糙度数值。

A. 大　　B. 小　　C. 看情况　　D. 都可以

二、判断题

1. 部件测绘也可以先画装配图，再测绘零件图。 ( )
2. 较多零件的部件测绘适合于先画部件图，再画零件图。 ( )
3. 标注装配图指引线时，同一个零件多处出现时，序号不同。 ( )
4. 填写装配图明细表时，同一个零件多处出现时，填写一次。 ( )
5. 图框必须用画表格命令绘制。 ( )
6. 拆画零件图时，装配图中已经有的视图，只要复制、粘帖、编辑就可完成，不必重画。 ( )

7. 圆柱螺旋压缩弹簧左旋和右旋画法是不可以一样的。（　　）
8. 当簧丝直径在图上小于或等于 2 mm 时，断面可以涂黑表示。（　　）
9. 表面发黑处理，几乎不影响零件尺寸。（　　）
10. 对于零件相对少，空隙多，可直接在装配图上画指引线，标注标准件规格及国标。（　　）
11. 为了减小磨损，表面粗糙度数值越小越好。（　　）

三、填空题

1. AutoCAD 绘图初始环境设计一般要进行图层设置、文字样式设置和________设置。
2. 装配图中尺寸标注，主要包括配合尺寸、外形尺寸和________。
3. 打印图纸时，不同颜色一般都要设置为________色，保证用黑白打印机打印时均匀、清晰。
4. 文字样式中的数字，主要用于标注________。
5. 画指引线起始端黑点，可以用________命令。
6. 技术要求主要包括装配要求、________和使用要求。
7. 常用紧固件螺纹牙型是________，常用传动用螺纹牙型是________。
8. 代号为 M12×1LH-6g 的螺纹，12 表示________，1 表示________，LH 表示________，6g 表示________________________，M 表示________________________。
9. 代号为 Tr14×3LH-7e 的螺纹，14 表示________，3 表示________，LH 表示________，7e 表示________________________，Tr 表示________________________。

项目四

LT625B 仪表车床主轴速度变换及带传动设计计算

学习目标

(1) 了解带传动的原理、特点、分类，及 LT625B 仪表车床主轴速度变换方法；

(2) 理解带传动主要参数的含义、计算方法；

(3) 掌握 V 带传动的测绘方法、零件工作图的绘制方法。

机器通常都有传动装置，它是将原动机的运动和动力传递给工作机的中间装置，常起到减速或增速、改变运动形式、增大扭矩、动力和运动形式的传递和分配等作用。常用机械传动包括带传动、齿轮传动、蜗杆传动、螺旋传动等。机械传动装置的测绘往往要把机械零件作为传动系统的一个元件，经过计算和验证后，才能最终确定其尺寸、参数。

4.1 LT625B 仪表车床主轴速度变换

4.1.1 带传动的特点与分类

带传动是由带和带轮组成的传递运动和动力的传动装置。在机械传动中，带传动是常见形式之一。带传动主要由主动轮、从动轮和紧套在两轮上的带所组成(图 4.1)。带紧套在两轮上，带中存在初拉力 F_0，带与轮之间的接触面上便产生了正压力(图 4.1(a))。当主动轮转动时，带与带轮之间产生摩擦力(图 4.1(b))，带传动就是靠摩擦力进行工作的。

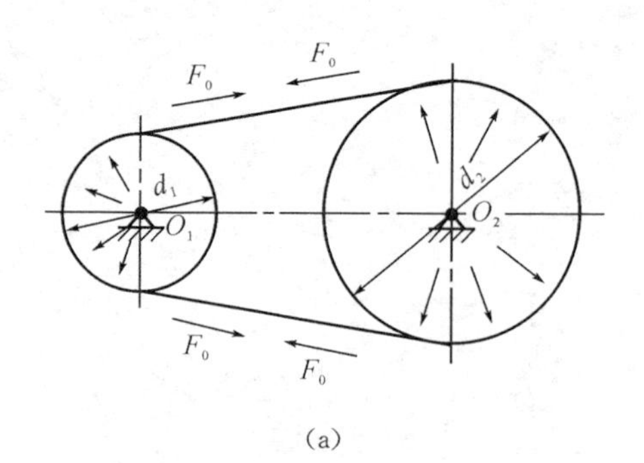

(a)

(b)

图 4.1 带传动原理

1）带传动的特点

（1）带传动的优点是：

① 有良好的弹性，能吸振缓冲，工作平稳，噪声小。

② 过载时，带在轮上打滑，能借以保护其他零件免遭损坏。

③ 能适应两轴中心距较大的场合。

④ 结构简单，制造容易，维护方便，成本低。

（2）带传动的主要缺点是：

① 工作时有弹性滑动，传动比不准确，不能用于要求传动比精确的场合。

② 外廓尺寸较大，不紧凑。

③ 转动效率低，V 带传动的效率 η 一般为 0.94～0.96。

④ 带的寿命较低，作用在轴上的力较大。

⑤ 由于带与带轮间的摩擦生电作用，可能产生火花，不宜用于易燃易爆的地方。

上述优缺点决定了带传动常用于要求传动比不十分准确的中小功率传动。通常 V 带常用于功率在 100 kW 以下，带速 $v=5\sim25$ m/s，传动比 $i\leqslant7$（少数可达 10）的传动中。

2）带传动的分类

根据带的横剖面形状，带传动可分为平带、V 带、圆带传动和同步带传动，见图 4.2。

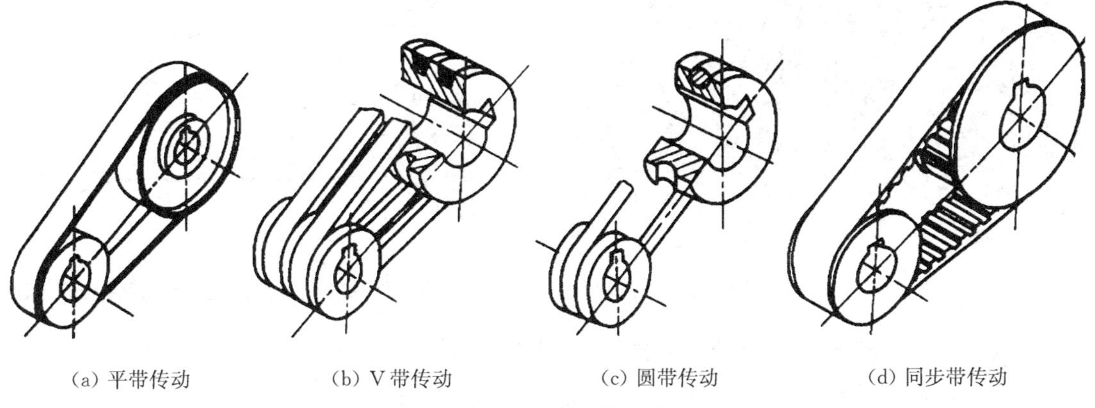

(a) 平带传动　　(b) V 带传动　　(c) 圆带传动　　(d) 同步带传动

图 4.2　带传动的分类

（1）平带。平带的横截面为扁平矩形，其工作面为内表面，见图 4.2(a)。常用的平带为橡胶帆布带。

（2）V 带。V 带的横截面为梯形，其工作面为两侧面，形成楔面摩擦，见图 4.2(b)。与平带传动相比，V 带的当量摩擦系数为平带的两倍多。因此在同样的轴上压力 Q 的作用下，V 带传递功率的能力比平带大得多。此外，V 带传动允许较大的传动比，结构紧凑，传动平稳（无接头），而且 V 带已标准化并由专业工厂批量生产，价格低，故机械中多采用 V 带传动。

（3）圆带。圆带的横截面为圆形，一般用皮带或棉绳制成，见图 4.2(c)。圆带传动只能传递较小功率，如缝纫机、真空吸尘器、磁带盘的机械传动等。

(4) 同步带传动。工作时，带上的齿与轮上的齿相互啮合，以传递运动和动力，见图 4.2(d)。同步带传动可避免带与轮之间产生滑动，以保证两轮圆周速度同步，常用于数控机床、纺织机械、打印机等需要同步的场合。

4.1.2 LT625B 仪表车床主轴速度变换

LT625B 仪表车床主轴速度变换，采用塔形带轮变速方式，如图 4.3 所示。与电机主轴相连的是主动轮 A 轮，有 3 个 V 带槽；与 A 轮相连的是其上方惰轴上的 B 轮，有 4 个 V 带槽；与 B 轮相连的是主轴上的 C 轮，有 3 个 V 带槽。图 4.4 为 LT625B 仪表车床主轴速度变换传动系统图。

图 4.3　塔形带轮变速

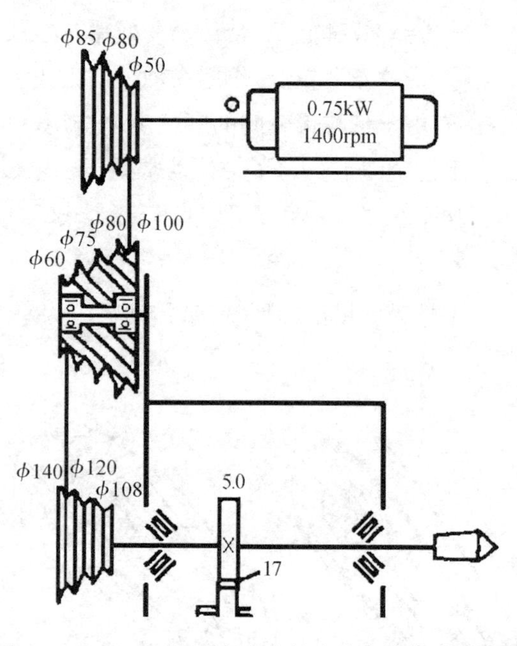

图 4.4　LT625B 仪表车床主轴速度变换传动系统图

主轴上可获得的速度有 6 种，见表 4.1。图中 A 轮从左向右，依次编号为 A_1、A_2、A_3，B 轮从左向右，依次编号为 B_1、B_2、B_3、B_4，C 轮从左向右，依次编号为 C_1、C_2、C_3。

表 4.1　主轴速度　（单位：r・min⁻¹）

	传动组合	速度	传动组合	速度
A	$A_3B_4B_1C_1$	250	$A_2B_3B_1C_1$	540
B	$A_3B_4B_2C_2$	360	$A_2B_3B_2C_2$	765
C	$A_3B_4B_3C_3$	490	$A_1B_2B_3C_3$	1 500

4.2　带传动设计计算

4.2.1　带传动参数测量

带传动参数测绘包括:测量两级传动两组带轮的最大直径、两两带轮间的中心距、最大直径处带槽宽。

LT625B 仪表车床主轴速度变换系统包括 10 个带轮最大直径,两个中心距(A-B 和 B-C),由于带型号相同,只要测量一个最大直径处带槽宽即可。

4.2.2　带传动设计计算

1) 根据最大直径处带槽宽,查表确定带型

表 4.2 为 V 带截面型号和基本尺寸。

表 4.2　V 带截面型号和基本尺寸

截型	型号	节宽 b_p/mm	顶宽 b/mm	高度 h/mm	质量 g/(kg·m^{-1})	楔角 φ/°
	Y	5.3	6.0	4.0	0.02	40
	Z	8.5	10.0	6.0	0.06	
	A	11.0	13.0	8.0	0.10	
	B	14.0	17.0	11.0	0.17	
	C	19.0	22.0	14.0	0.30	
	D	27.0	32.0	19.0	0.62	
	E	32.0	38.0	25.0	0.90	

这里所说的最大直径处带槽宽,就是顶宽 b,b_p 是节宽。

2) 计算各带轮基准直径 d_d

如图 4.5 所示,V 带轮由工作部分——轮缘 1、连接部分——轮辐 2 和支撑部分——轮毂 3 组成,轮缘形状尺寸见图 4.6。

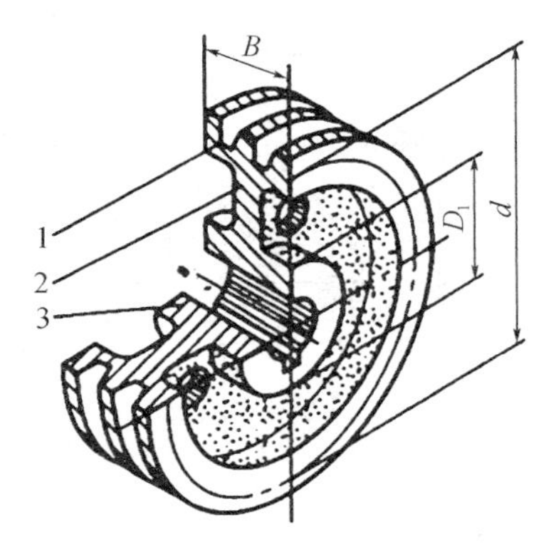

图 4.5　V 带轮组成示意图

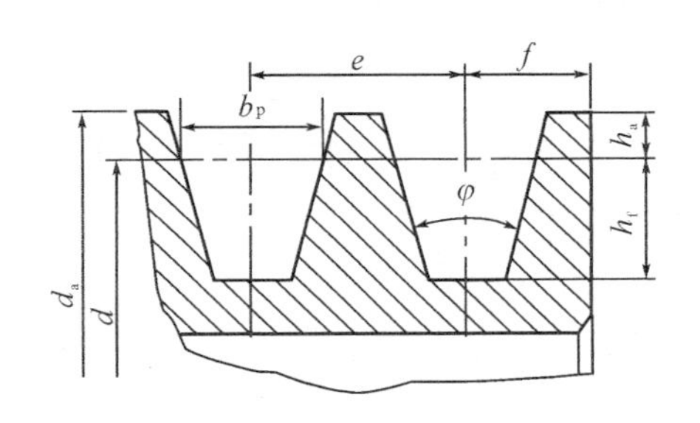

图 4.6　V 带截面示意图

轮缘是带轮外圈环形部分。V 带轮轮缘部分制有轮槽，其尺寸可根据表 4.3 查得。

表 4.3　普通 V 带轮槽尺寸

槽型	h_a	h_{fmin}	e	f	d_d			
					$\varphi=32°$	$\varphi=34°$	$\varphi=36°$	$\varphi=38°$
Y	1.6	4.7	8±0.3	7	≤60	—	>60	
Z	2.0	7.0	12±0.3	8	—	≤80		>80
A	2.75	8.7	15±0.3	10	—	≤118		>118
B	3.5	10.8	19±0.3	12.5	—	≤190		>190
C	4.8	14.3	25.5±0.3	17	—	≤315		>315
D	8.1	19.9	37±0.6	23	—	—	≤475	>475
E	9.6	23.4	44.5±0.7	29	—	—	≤600	>600

不同型号 V 带两侧面夹角均为 40°，而轮槽楔角却有 34°、36°或 38°。其原因是 V 带在带轮上弯曲时截面形状发生了变化，外边（宽边）受拉而变窄，内边（窄边）受压而变宽，因而使带的楔角变小。图中粗线为弯曲后的断面，细线为原始断面。带轮直径越小，这种作用越显著。为使带侧面和带轮槽有较好的接触，应使轮槽角小于 40°，且随直径减小而减小。

由测量所得的大径 d_a，减去 $2h_a$，即为各带轮槽基准直径。

$$d_d=d_a-2h_a \tag{4.1}$$

3）计算带基准长度 L_{d_0}

$$L_{d_0}=2a_0+\frac{\pi}{2}(d_{d_1}+d_{d_2})+\frac{(d_{d_2}-d_{d_1})^2}{4a_0} \tag{4.2}$$

式中 a_0 是一组带传动的测量中心距。

4）按计算得到的基准长度，查表确定带基准长度 L_d

V 带已经标准化，按截面尺寸由小到大的排列，规定 V 带分为 Y、Z、A、B、C、D、E 七种型号。带基准长度 L_d 见表 4.4，常用长度有 21 种。表中"+"表明有此种 V 型带，可以买到。

表 4.4　带基准长度　　（单位：mm）

L_d	型号			L_d	型号				L_d	型号			
	Y	Z	A		Z	A	B	C		A	B	C	D
400	+	+		900	+	+	+		2 000	+	+	+	
450	+	+		1 000	+	+	+		2 240	+	+	+	
500	+	+		1 120	+	+	+		2 500	+	+	+	
560		+		1 250	+	+	+		2 800	+	+	+	+
630		+	+	1 400	+	+	+		3 150		+	+	+
710		+	+	1 600	+	+	+	+	3 550		+	+	+
800		+	+	1 800			+	+	4 000		+	+	+

5）计算实际中心距

按测量所得中心距和带轮直径算得的带基准长度，一般市面上没有。需按照表 4.4 中已有的长度，挑选最接近的一种，这样实际中心距需按此带的基准长度重新计算：

$$a=a_0+\frac{L_d-L_{d_0}}{2} \tag{4.3}$$

6）验算主轴转速和带速

（1）主轴转速。主轴转速是经过两级传动后得到的转速，大小为电机输出速度 1 400 rpm 乘以 A 轮主动带轮基准直径，再除以 B 轮从动带轮基准直径，再乘以 B 带轮同轴带轮基准直径，除以 C 轮基准直径。将计算结果与表 4.1 比对，分析差异原因可能是什么。

如：$n_1=1\,400\times\frac{d_{d_{A_3}}}{d_{d_{B_4}}}\times\frac{d_{d_{B_1}}}{d_{d_{C_1}}}$，理论转速应该是 250 rpm，实际计算后是多少呢？

（2）验算带速。带传动速度必须在 5～30 m/s 之间，尤其是不得超过上限。一般是验算主动小带轮的转动线速度：

$$v=\frac{\pi d_1 n_1}{60\times 1\,000} \tag{4.4}$$

式中：d_1——小带轮直径(mm)；n_1——小带轮转速(r/ min)。应满足 5 m/s$\leqslant v\leqslant$25～30 m/s，否则应重选小带轮直径。

4.2.3　带轮工作图的绘制

按表 4.3 普通 V 带轮槽尺寸和各带轮基准直径，绘制塔形带轮零件工作图。

1）带轮结构

典型的带轮形式如图 4.7 所示：

（1）实心式：用于尺寸较小的带轮，$d_d\leqslant(2.5\sim3)d$（d 为轴的直径）；

（2）腹板式：用于中小尺寸的带轮，$(2.5\sim3)d\leqslant d_d\leqslant300$ mm；

（3）孔板式：用于尺寸较大的带轮，$d_d-d>100$ mm；

（4）椭圆轮辐式：用于尺寸大的带轮，$d_d>500$ mm。

普通 V 带轮的结构设计主要根据直径大小选择结构形式（图 4.7 中的 4 种），根据带型确定轮槽尺寸（见表 4.3）。测绘带轮形式，一般与被测实物相同即可，必要时按此推荐形式调整。

2）技术要求

V 带轮的技术要求主要有：

（1）带轮材料。带轮常采用铸造毛坯制造，带轮材料一般选用 HT150 或 HT200 等灰铸铁材料。对于单件生产，尺寸较小的带轮，也常选用 Q235A 或适宜的合金。

（2）铸造和结构要求。轮槽工作面不应有砂眼、气孔；辐板、轮辐和轮毂不应有缩孔和较大的缺陷；带轮外棱角要倒圆或倒钝。

（3）轮毂孔及长精度要求。轮毂孔公差为 H7 或 H8，毂长下偏差为 IT14，上偏差为零。

（4）带轮表面粗糙度和形位公差要求。带轮表面粗糙度和形位公差要求可以查阅表 4.5。

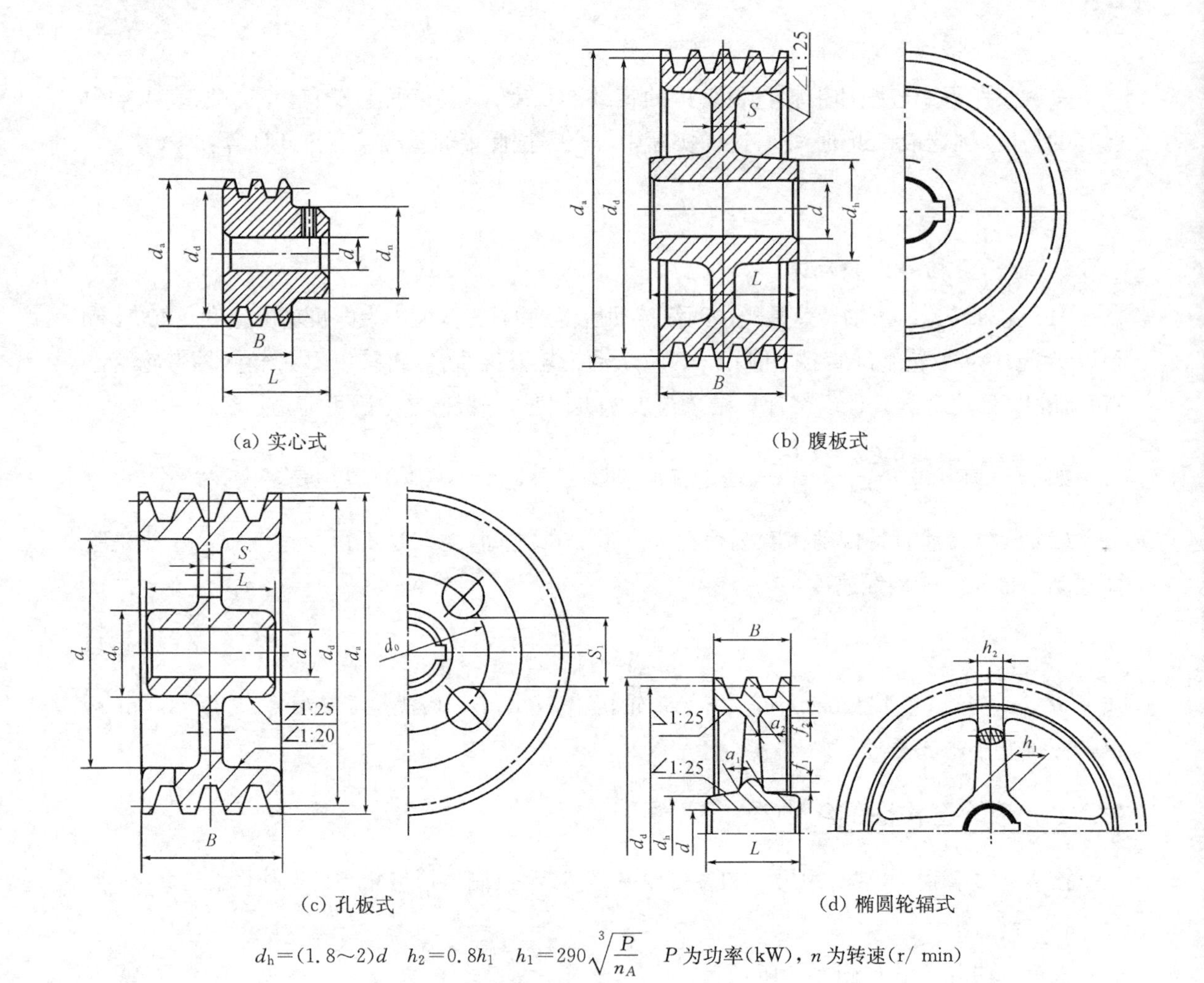

(a) 实心式　(b) 腹板式

(c) 孔板式　(d) 椭圆轮辐式

$d_h=(1.8\sim2)d \quad h_2=0.8h_1 \quad h_1=290\sqrt[3]{\dfrac{P}{n_A}}$　P 为功率(kW)，n 为转速(r/ min)

A 轮辐数 $d_0=\dfrac{d_h+d_r}{2} \quad a_1=0.4h_1 \quad a_2=0.8a_1 \quad S=(0.2\sim0.3)B \quad S_1\geqslant1.5S \quad f_1=f_2=0.2h$

图 4.7　带轮的结构图

表 4.5　带轮表面粗糙度和形位公差要求

标志位置

基准直径 d_d/mm	圆跳动 t/mm	$Ra/\mu m$ a	b	c
>20～30	0.15			
>30～50	0.20			
>50～120	0.25			
>120～250	0.30			
>250～500	0.40	3.2	6.3	12.5
>500～800	0.50			
>800～1 250	0.60			
>1 250～2 000	0.80			
>2 000～2 500	1.00			

3) LT625B 仪表车床主轴带轮测绘举例

(1) 测量 $A_3B_4B_1C_1$ 四带轮两级传动参数。用游标卡尺和钢直尺可以测出：$d_{a_{A_3}}=60$，$d_{a_{B_4}}=120$，$d_{a_{B_1}}=60$，$d_{a_{C_1}}=140$(已经圆整)。

测得中心距：$a_{AB}'=175$，$a_{BC}'=170$，最大直径处带槽宽约为 12.5 mm。

(2) 根据最大直径处带槽宽为 12.5，查表 4.2 可知，最接近的顶宽 b 是 13，可以确定带型为 A 型。

(3) 计算各带轮基准直径 d_d。由式(4.1)计算四带轮基准直径。

$$d_{d_{A_3}}=d_{a_{A_3}}-2h_a=60-2.75\times2=54.5$$

$$d_{d_{B_4}}=d_{a_{B_3}}-2h_a=120-2.75\times2=114.5$$

$$d_{d_{B_1}}=d_{a_{B_1}}-2h_a=60-2.75\times2=54.5$$

$$d_{d_{C_1}}=d_{a_{C_1}}-2h_a=140-2.75\times2=134.5$$

(4) 计算带基准长度 L_{d_0}。由式(4.2)，计算两组传动带基准长度。

$$A_3B_3\text{ 传动}:L_{d_0}=2a_0+\frac{\pi}{2}(d_{d_1}+d_{d_2})+\frac{(d_{d_2}-d_{d_1})^2}{4a_0}$$

$$=2\times175+3.14\times(54.5+114.5)/2+(114.5-54.5)^2/(4\times175)$$

$$=620.47$$

$$B_1C_1\text{ 传动}:L_{d_0}=2a_0+\frac{\pi}{2}(d_{d_1}+d_{d_2})+\frac{(d_{d_2}-d_{d_1})^2}{4a_0}$$

$$=2\times170+3.14\times\frac{(54.5+134.5)}{2}+\frac{(134.5-54.5)^2}{4\times170}=646.14$$

查表 4.4 可得，最接近的带基准长度 L_d 均为 630。

(5) 计算两组传动的实际中心距 a。由式(4.3)，计算两组传动实际中心距。

$$A_3B_3\text{ 传动}:a=a_0+\frac{L_d-L_{d_0}}{2}=175+\frac{(630-620.47)}{2}=179.77\text{ mm}$$

$$B_1C_1\text{ 传动}:a=a_0+\frac{L_d-L_{d_0}}{2}=170+\frac{(630-646.14)}{2}=161.93\text{ mm}$$

(6) 验算主轴转速。

$$V_1=1\,400\times\frac{d_{d_{A_3}}}{d_{d_{B_4}}}\times\frac{d_{d_{B_1}}}{d_{d_{C_1}}}=1\,400\times\frac{54.5}{114.5}\times\frac{54.5}{134.5}=270.01$$

由上式可知，计算值与理论值 250 还是比较接近的。如果还需进一步接近，则可通过减小主动轮直径或加大从动轮直径的方法进行调整。

(7) 确定 V 带轮的结构和尺寸，画出 A 带轮零件图。

① 参照图 4.6，查表 4.3 可得，$e=15$，$f=10$，则总长 $B=2e+2f=50$。去掉一个 f 不标。$h_a=2.75$，$h_f=8.7$，$h=h_a+h_f=11.45$。

② 补充测得 $d_{a_{A_2}}=80$，$d_{a_{A_1}}=90$。补充计算这两个槽的基准直径。

$$d_{dA_2}=d_{a_{A_2}}-2h_a=80-2.75\times2=74.5$$

$$d_{d_{A_1}} = d_{a_{A_1}} - 2h_a = 95 - 2.75 \times 2 = 89.5$$

③ 查表 3.5，可得表面粗糙度要求和跳动要求均为 0.25。材料选 HT200，工作表面不得有缩孔、砂眼等缺陷。

④ 绘制带轮 A 简化左视图。查《附录 13 普通型平键及键槽尺寸》，补全键槽尺寸及公差。按 9 级精度，查《附录 26 同轴度、对称度、圆跳动、全跳动公差值》，标注对称度公差 0.025及孔基准符号。

则带轮 A 的工作图如图 4.8 所示。

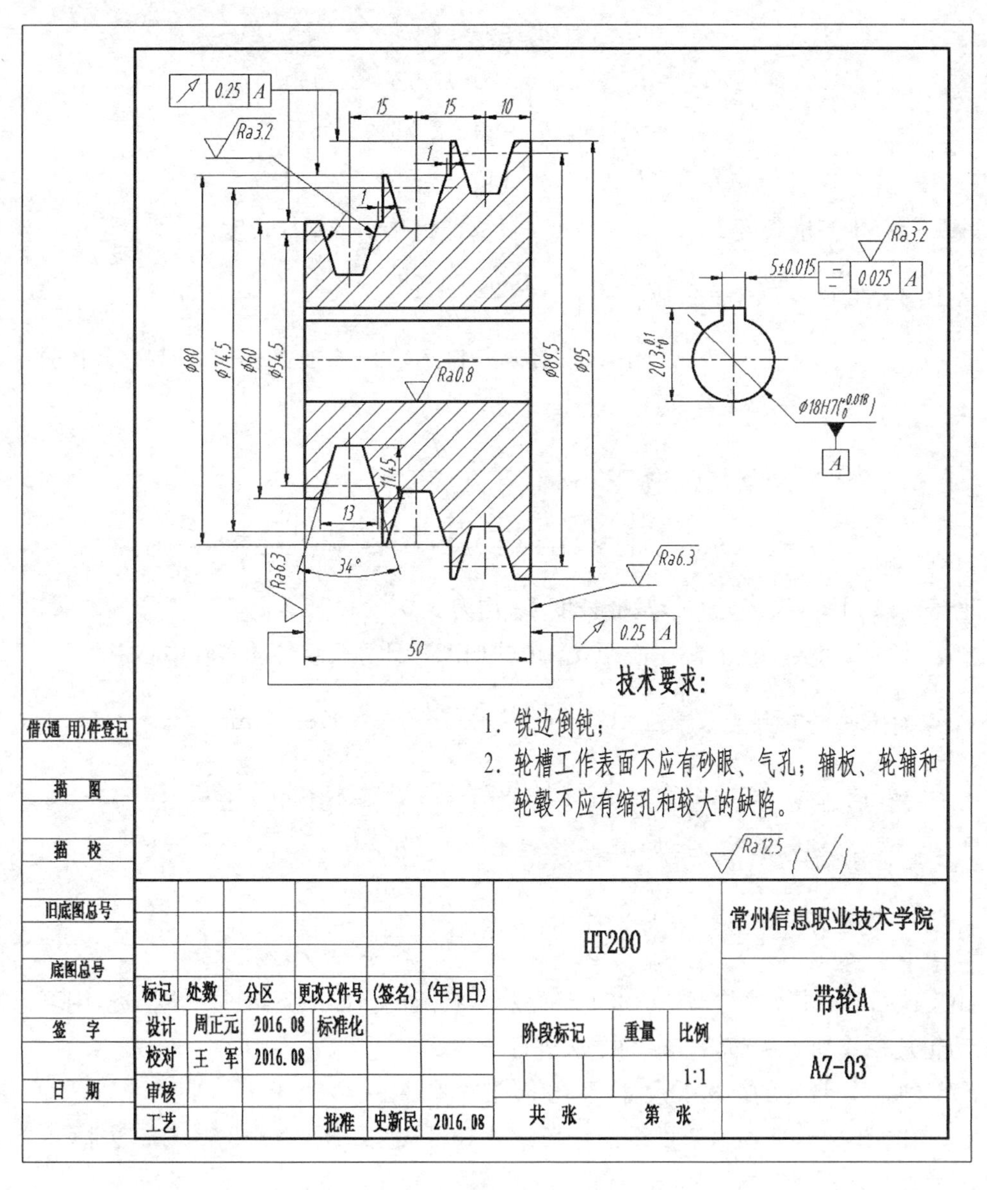

图 4.8 带轮 A 零件图

习题四

一、选择题

(　　)1. LT625B仪表车床主轴速度变换,采用________变速方式。

A. 同步带传动　　B. 蜗杆　　C. 齿轮滑移　　D. 塔形带轮

(　　)2. V带轮结构形式有________种。

A. 2　　B. 3　　C. 4　　D. 5

(　　)3. 轮毂孔公差为________。

A. H6　　B. H7　　C. H8　　D. H9

(　　)4. ________传动可避免带与轮之间产生滑动,以保证两轮圆周速度同步。

A. V带　　B. 圆带　　C. 同步带　　D. 平带

二、判断题

1. 机械传动装置的测绘无需计算也能达到传动要求。(　　)
2. 带传动可以用于要求传动比精确的场合。(　　)
3. 有良好的弹性,能吸振缓冲,工作平稳,噪声小。(　　)
4. V带轮最大直径处带槽宽就是节宽。(　　)
5. V带两侧面夹角均为40°,对应带轮槽两侧面夹角相等。(　　)
6. 带基准长度可以任意定制。(　　)
7. 带轮材料一般采用HT200,也可选用钢或适宜的合金。(　　)
8. 测绘时,带轮中心距的测量必须很准确。(　　)

三、填空题

1. 常用的机械传动包括________、齿轮传动、蜗杆传动、螺旋传动等。
2. 带传动是由带和________组成的传递运动和动力的传动。
3. 带传动可分为平带、V带、圆带传动和________传动。
4. V带截面型号可以量取________尺寸查表获得。
5. 带轮材料一般采用________。

四、计算题

1. 测绘一对V带轮,轮槽最大宽度为13.1,两个带轮的最大外圆直径分别为 $d'_{a_1}=130.5$ mm,$d'_{a_2}=255.4$ mm,测得中心距 a_0 约为450 mm,可调。试确定带型号,选择带的基准长度,确定实际中心距离,计算两带轮基准直径 d_{d_1} 和 d_{d_2},轮槽楔角 α_1 和 α_2。
2. 测绘一对V带轮,轮槽最大宽度为17.2,两个带轮的最大外圆直径分别为 $d'_{a_1}=146.94$ mm,$d'_{a_2}=406.98$ mm,中心距 a_0 约为1 000 mm,可调。试确定带型号,选择带的基准长度,确定实际中心距离,计算两带轮基准直径 d_{d_1} 和 d_{d_2},轮槽楔角 α_1 和 α_2。

项目五

LT625B 仪表车床交换齿轮的配换及齿轮的测绘

学习目标

(1) 了解LT625B仪表车床交换齿轮的作用及工作原理，了解车螺纹时交换齿轮的配合方法；

(2) 理解圆柱齿轮主要参数的含义、计算方法；

(3) 掌握渐开线圆柱齿轮的测绘方法、零件工作图的绘制方法。

齿轮传动是机械传动中应用最广泛的一种传动方式，其功用是按规定的速比传递运动和动力，改变旋转速度与旋转方向。齿轮测绘就是根据齿轮实物能够测量的参数，推算出原设计参数，并确定制造时所需要的尺寸。

本项目介绍了LT625B仪表车床交换齿轮的作用、工作原理及配换方法，齿轮传动特点、主要参数；重点介绍了圆柱齿轮测绘的方法以及齿轮零件图的绘制。

5.1 LT625B 仪表车床交换齿轮的配换

5.1.1 LT625B 仪表车床交换齿轮的作用及工作原理

用LT625B仪表车床车螺纹时，要求主轴转一圈，刀移动一个螺距(单线螺纹)。不同规格螺纹的螺距主要靠交换齿轮的配换和进给箱的手柄切换来获得合适的传动比，见表5.1。其传动系统图见图5.1。

表5.1 不同螺距交换齿轮齿数与进给箱手柄位置

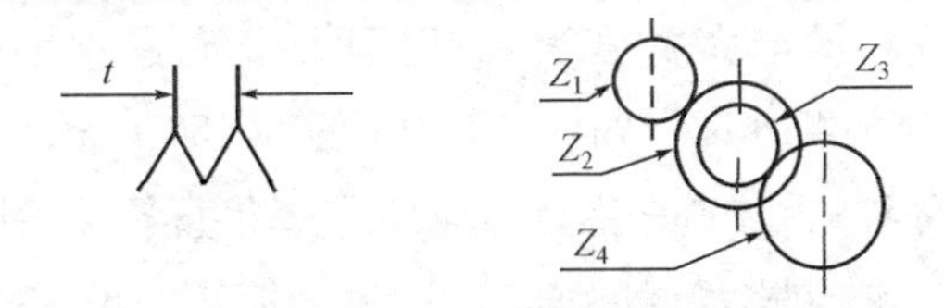

<table>
<tr><td>t</td><td>0.06</td><td>0.12</td><td>0.25</td><td>0.5</td><td>0.45</td><td>0.4</td><td>0.8</td><td>0.7</td><td>0.75</td><td>1.5</td><td>1.25</td><td>1.75</td><td>1</td><td>2</td></tr>
<tr><td>Z_1</td><td colspan="4">25</td><td>30</td><td colspan="2">30</td><td>35</td><td colspan="2">25</td><td>30</td><td>35</td><td colspan="2">30</td></tr>
<tr><td>Z_2</td><td colspan="4">90</td><td>90</td><td colspan="2">90</td><td>100</td><td colspan="2" rowspan="2">60</td><td rowspan="2">75</td><td rowspan="2">90</td><td colspan="2" rowspan="2">70</td></tr>
<tr><td>Z_3</td><td colspan="4">30</td><td>45</td><td colspan="2">40</td><td>60</td></tr>
</table>

续表

Z_4	100				100	100		90	100		72	60	90	
A	A_1	A_1	A_2	A_2	A_2	A_2	A_2	A_2	A_2	A_2	A_2	A_2	A_2	A_2
B	B_1	B_2	B_1	B_2	B_1	B_1	B_2	B_1	B_1	B_2	B_1	B_1	B_1	B_2

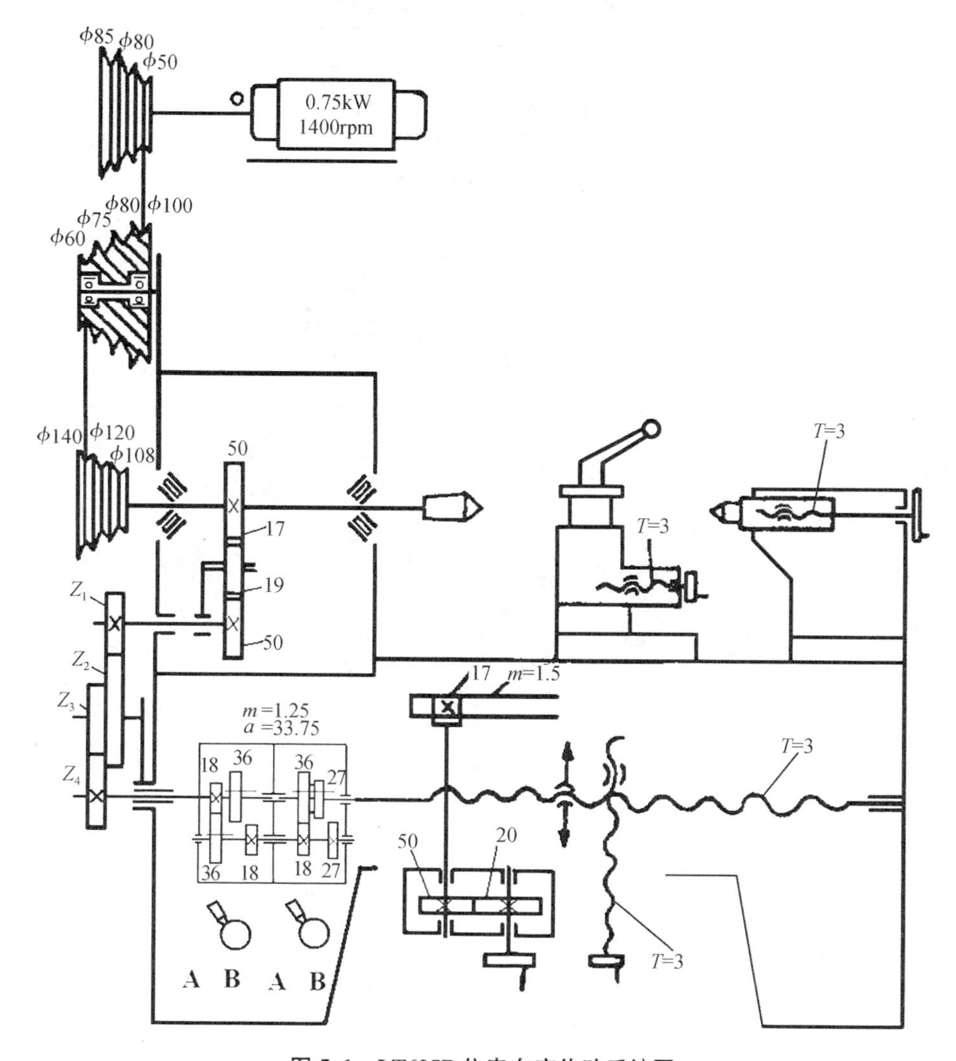

图 5.1　LT625B 仪表车床传动系统图

5.1.2　LT625B 仪表车床交换齿轮的配换

LT625B 仪表车床交换齿轮配换时，可以让不同的组，按不同的螺距，配换挂轮，原则上每组不同，也可相邻组互换，这样便于找到要配换的齿轮，参见图 5.2。

具体交换齿轮配合步骤如下，参见图 5.3 交换齿轮的组成。

(1) 用规格为 13 的开口扳手(开口距离为 13 mm)，旋松并拆下螺栓 2，取下平垫圈 4。

(2) 用规格为 16 的开口扳手，旋松并拆下螺母 2，取下平垫圈 2。

(3) 用规格为 18 的开口扳手，旋松并拆下螺母 1，取下平垫圈 1。

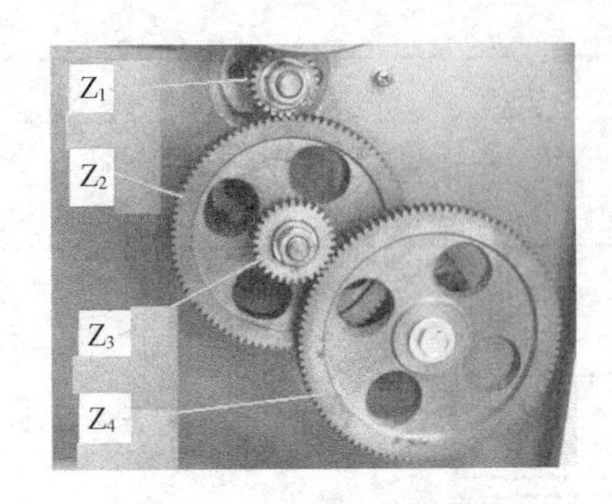

图 5.2 交换齿轮安装图

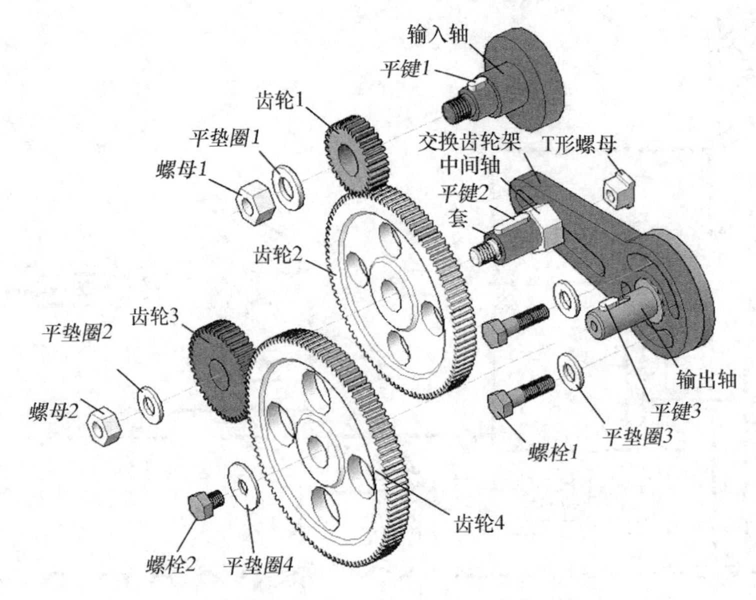

图 5.3 交换齿轮的组成

(4) 用规格为 13 的开口扳手旋松两只螺栓 1,则交换齿轮架连同齿轮 2、齿轮 3 就可以逆时针转动,齿轮 2 与齿轮 1 脱离。

(5) 用规格为 22 的开口扳手旋松中间轴,用木榔头向左轻击中间轴,同轴安装的齿轮 2、齿轮 3 左移,齿轮 3 与齿轮 4 脱离。

(6) 用手或拉拔器将齿轮 1、齿轮 4 分别从输入轴、输出轴上拆下,齿轮 2、齿轮 3 连同套、平键 2 一起从中间轴上取下,用专用冲子将套冲下,齿轮 2、齿轮 3 分离。

至此,交换齿轮架部件齿轮已经完全拆下,找到准备安装的两级齿轮组,齿轮 1、齿轮 2、齿轮 3、齿轮 4,准备安装,安装顺序如下。

(1) 安装齿轮 4 到输出轴上,与轴端平齐。

(2) 将齿轮 2 与齿轮 3 孔对齐重叠放置,将套压入齿轮 2 与齿轮 3 孔中至与端面平齐,安装到中间轴上。

(3) 调整中间轴左右位置,使齿轮 3 与齿轮 4 刚好啮合,用规格为 22 的开口扳手紧固中间轴,试转动齿轮 3 与齿轮 4,保证两齿轮正常啮合。

(4) 将齿轮1安装到输入轴上，放上平垫圈1，旋入螺母1并用规格为18的开口扳手紧固。

(5) 转动交换齿轮架，使齿轮2与齿轮1正常啮合，用规格为13的开口扳手紧固两只螺栓1。

(6) 将平垫圈2放到中间轴端，旋入螺母2并用规格为16的开口扳手紧固。

(7) 将平垫圈4放到输出轴端，旋入螺栓2并用规格为13的开口扳手紧固。

(8) 将换向机构放空挡，用手转动大齿轮，观察齿轮啮合情况，注意防夹。

5.2　齿轮的测绘

5.2.1　齿轮传动特点及主要参数

齿轮传动能实现任意位置的两轴传动，具有工作可靠、使用寿命长等特点。圆柱齿轮因使用要求不同而具有不同的形状，可以将它们看成是由轮齿和轮体两部分构成。根据轮齿的形式不同，齿轮可分为直齿、斜齿和人字齿轮等；根据轮体的结构，齿轮大致可分为盘形齿轮、套类齿轮、轴类齿轮、内齿轮、扇形齿轮和齿条等。常见圆柱齿轮的结构形式见图5.4。

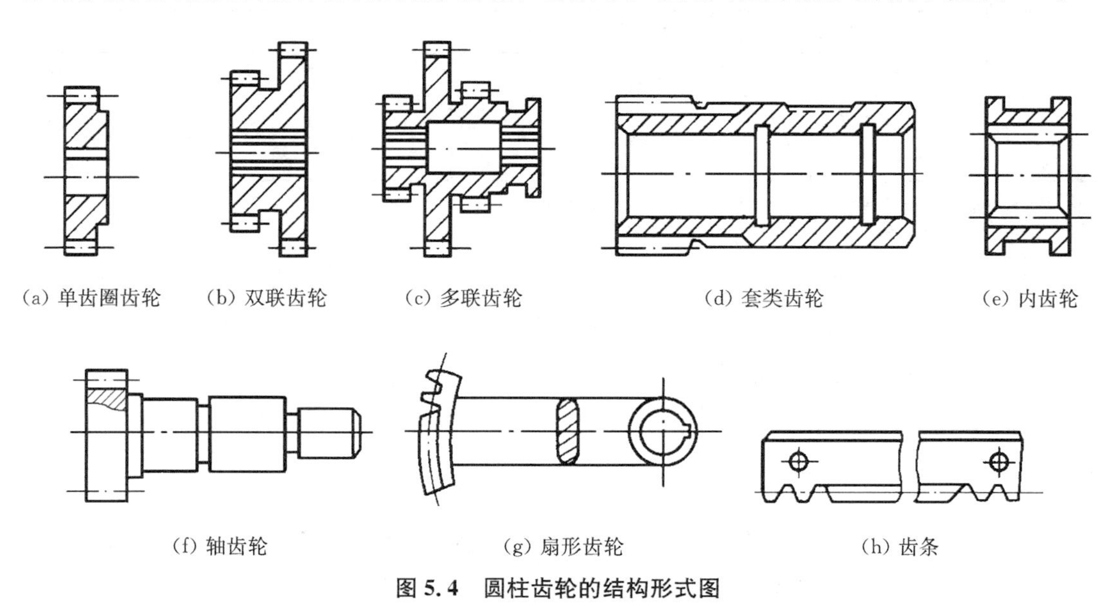

图5.4　圆柱齿轮的结构形式图

1) 齿轮传动的特点

(1) 优点：

① 传动准确，有恒定的传动比。

② 传动效率高。

③ 适用的速度和功率范围广。

④ 工作可靠，寿命长。

⑤ 结构紧凑，适合于近距离。

⑥ 能在任意两轴间传递运动和动力。

(2) 缺点：

① 制造、安装精度要求高，成本较高。

② 不适合远距离传动。

2) 齿轮的主要参数

直齿圆柱齿轮的齿向与齿轮轴线平行，在齿轮传动中应用最广，称直齿轮。直齿圆柱齿轮按实物测绘的参数有：齿数、齿顶圆直径、全齿高、公法线长度、中心距、齿宽等。推算出齿轮原设计的基本参数有：模数、压力角、变位系数等。

(1) 分度圆模数 m（简称模数 m）。分度圆直径 d 与齿数 z 及齿距 p 有如下关系：

$$\pi d = zp \quad d = \frac{p}{\pi} z \quad \text{定义模数：} m = \frac{p}{\pi}$$

则分度圆直径：

$$d = mz \tag{5.1}$$

m 已标准化，单位为 mm，见表 5.2。

表 5.2　标准模数系列　（单位：mm）

第一系列	0.2	0.25	0.3	0.4	0.5	0.6	0.8	1	1.25	1.5	2
	2.5	3	4	5	6	8	10	12	16	20	25
第二系列	0.35	0.7	0.9	1.75	2.25	2.75	(3.25)	3.5	(3.75)	4.5	5.5
	(6.5)	7	9	(11)	14	18	22	28	36	45	

注：① 本表适用于渐开线圆柱齿轮，对斜齿轮是指法面模数；
② 优先采用第一系列，括号内的模数尽可能不用。

(2) 分度圆压力角 α（简称压力角 α）。国标规定标准值 $\alpha=20°$，某些场合：$\alpha=14.5°$、$15°$、$22.5°$、$25°$。一对标准齿轮在标准安装时，其分度圆与节圆重合，啮合角等于压力角。

(3) 齿数 z。形状相同、沿圆周方向均布的轮齿的个数称为齿数，可直接数出。由分度圆直径公式：$d=mz$，及基圆半径公式：

$$r_b = r\cos\alpha = \frac{mz}{2}\cos\alpha \tag{5.2}$$

可知，齿轮的大小和渐开线齿轮形状都与齿数有关。齿轮的齿数一般不小于 17，否则用展成法加工时会根切。齿数的选择一般先定小齿轮齿数，再按照传动比确定大齿轮齿数。

对于扇形齿轮，圆周上只有一部分轮齿，要求其总齿数，通常要量出跨 n 个齿的弦长 A，见图 5.5，并求出 n 个齿所跨的角度 φ，从而求出一周的齿数 z，即：

$$\varphi = 2\sin\frac{A}{d_a} \tag{5.3}$$

$$z = \frac{360° n}{\varphi} \tag{5.4}$$

(4) 齿顶高系数 h_a^* 和顶隙系数 c^*。参见图 5.6，齿轮各部分名称。由于齿距与模数成

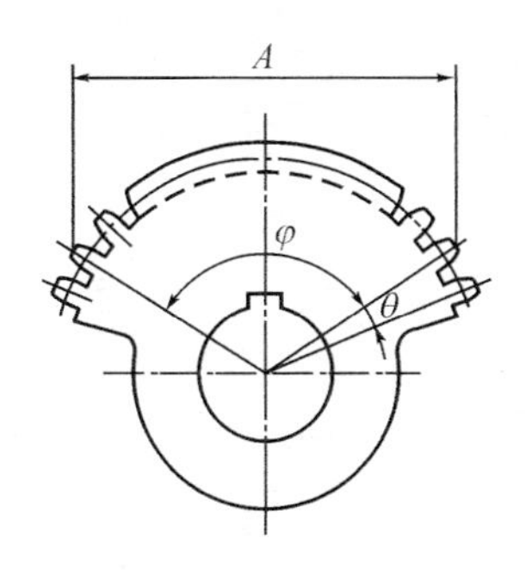

图5.5　齿数的测量

正比，为了使齿形匀称，取齿高的尺寸也与模数成正比，即：

齿顶高：

$$h_a = h_a^* m \tag{5.5}$$

齿根高：

$$h_f = (h_a^* + c^*)m \tag{5.6}$$

全齿高：

$$h = h_a + h_f = (2h_a^* + c^*)m \tag{5.7}$$

齿顶圆直径：

$$d_a = m(z + 2h_a^*) \tag{5.8}$$

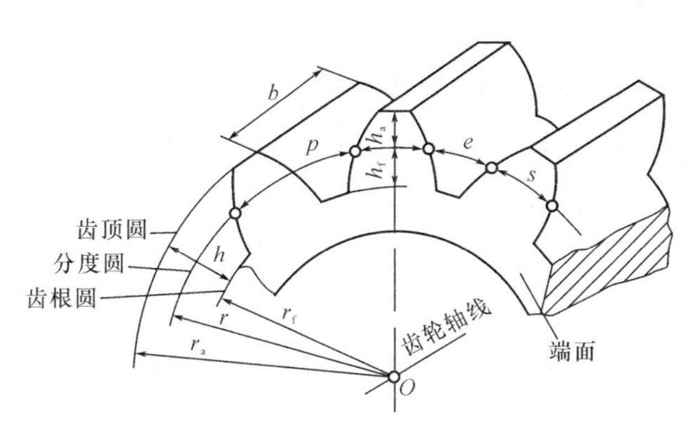

图5.6　齿轮各部分名称

对于标准圆柱齿轮，齿顶高系数 h_a^* 取1，顶隙系数 c^* 取0.25；对于短齿圆柱齿轮，齿顶高系数 h_a^* 取0.8，顶隙系数 c^* 取0.3。一对齿轮啮合时，一个齿轮的齿顶圆到另一个齿轮的齿根圆的径向距离叫顶隙。顶隙有利于齿形误差的补偿和润滑油的流动。

(5) 中心距 a。中心距即为两齿轮孔距或轴距。

$$a = \frac{d_1 + d_2}{2} = \frac{m(z_1 + z_2)}{2} \tag{5.9}$$

(6) 公法线长度 W 与跨齿数 k。基圆切线与齿轮某两条反向齿廓交点间的距离称为公法线长度，用 W 表示(见图5.7)，计算公式为：

$$W = m[2.9521(k - 0.5) + 0.014z] \tag{5.10}$$

k 为跨齿数，由下式计算：

$$k=\frac{z}{9}+0.5 \tag{5.11}$$

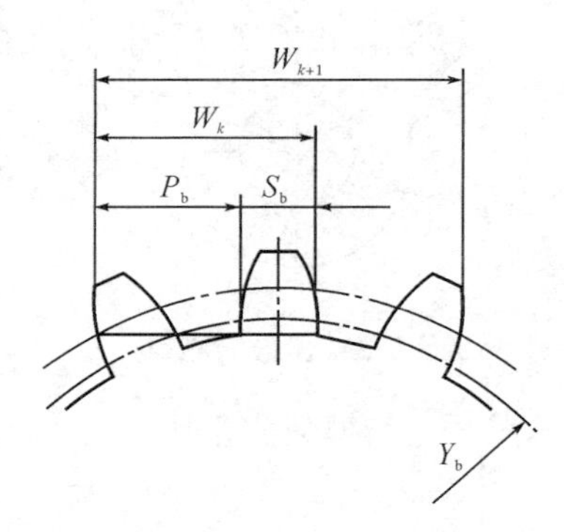

图 5.7　公法线长度的测量

计算出的跨齿数 k 应四舍五入取整数，再代入式(5.10)计算。按此跨齿数测得的公法线长度精度较高(测头接触点在分度圆附近)。

(7) 基圆齿距 P_b。公法线长度每增加一个跨齿数，就增加一个基圆齿距 P_b，见图 5.7。所以，基圆齿距 P_b 为：

$$P_b=W_{k+1}-W_k=\pi m\cos\alpha \tag{5.12}$$

(8) 齿轮变位形式及变位系数的确定

① 变位齿轮概述。标准齿轮加工时，齿轮刀具的中线与轮坯分度圆相切。若齿轮刀具从相切位置沿轮坯径向移动一个距离，称为变位系数。加工得到的齿轮称为变位齿轮。刀具由中心向外移动，取正值；反之，刀具由外向中心移动，取负值，见图 5.8。

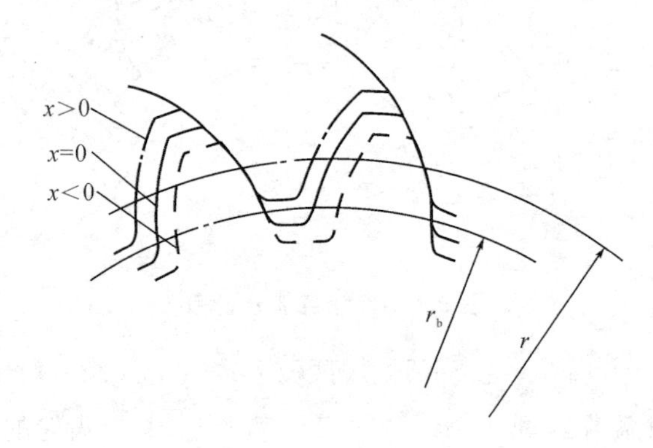

图 5.8　齿轮的变位

齿轮的变位形式分高度变位和角度变位两种。前者中心距 a 不变，啮合角 α' 不变，啮合角 α' 等于齿形角 α，只是齿顶高 h_a 和齿根高 h_f 变化；后者中心距 a 改变，啮合角 α' 变化。

变位齿轮在实践中的应用，可以解决以下几方面的问题：

a. 用标准刀具切制齿数较少的齿轮可避免根切；

b. 在中心距变动的情况下，仍能实现正确的啮合；

c. 可提高齿轮传动的承载能力，减少或均衡齿面的磨损，以提高传动使用寿命；

d. 可满足某些特殊要求，如增大重合度等。

变位系数的选择是变位齿轮设计的关键。选择不当，就可能产生齿顶变尖，齿廓干涉等一系列问题，破坏正常啮合。因此测绘时，变位形式及变位系数 x 的确定也就显得非常重要。

② 变位齿轮的识别及变位形式的确定。

a. 一对标准齿轮正确啮合时，中心距 a 可由式(5.9)计算：$a=m(z_1+z_2)/2$。

将测定的中心距 a' 与计算值 a 比较，若 $a'\neq a$，则为变位齿轮，且为角变位。若 $a'>a$，则为正角度变位；若 $a'<a$，则为负角度变位。若 $a'=a$，则有两种可能，是标准齿轮还是变位齿轮，需进一步分析齿顶圆直径 d_a。依据确定的模数 m，齿顶高系数 h_a^* 和齿数 z，按式(5.8)计算：$d_a=m(z+2h_a^*)$。

将测定的齿顶圆直径 d'_a 与计算值 d_a 比较，若 $d'_a=d_a$，则为标准齿轮；若 $d'_a\neq d_a$，则为变位齿轮，且为高度变位。

b. 当中心距 a 不能精确测定时，也可用比较公法线长度 W_k 的方法来判定。依据确定的模数 m，齿形角 α 及齿数 z，按式(5.10)计算：

$$W_k=m\left[2.9521(k-0.5)+0.014z\right]$$

将测定的公法线长度 W'_k 与计算值 W_k 比较，若 $W'_k\neq W_k$，则为变位齿轮。必须注意的是，考虑齿厚的减薄因素，在实测的基础上，W'_k 应加上 0.1～0.25 mm 的减薄量。

③ 变位系数 x 的确定。

a. 当齿轮确定为高度变位时，其变位系数 x 可由下式计算：

$$d_{a_1}=m(z_1+2h_a^*+2x_1) \tag{5.13}$$

$$x_1=\frac{d'_{a_1}}{2m}-\frac{z_1}{2}-h_a^* \tag{5.14}$$

或

$$x_1=\frac{1}{4}\left(\frac{d'_{a_1}-d'_{a_2}}{m}-z_1+z_2\right) \tag{5.15}$$

$$x_2=-x_1 \tag{5.16}$$

式中，d'_{a_1}、d'_{a_2} 为实测的齿轮齿顶圆直径。

b. 当齿轮确定为角度变位时，其变位系数 x 的确定可按下列步骤进行：

(a) 计算啮合角 α'

$$\alpha'=\arccos\left(\frac{a}{a'}\cos\alpha\right) \tag{5.17}$$

式中，a' 为实测啮合中心距，a 为未变位时的中心距，$\alpha=20°$。

(b) 计算中心距变动系数 y

$$y=\frac{a'-a}{m} \tag{5.18}$$

(c) 计算总变位系数 x_Σ

$$x_\Sigma=\frac{z_1+z_2}{2\tan\alpha}(\mathrm{inv}\alpha'-\mathrm{inv}\alpha) \tag{5.19}$$

式中，$\mathrm{inv}\alpha'=\tan\alpha'-\alpha'$，$\mathrm{inv}\alpha=\tan\alpha-\alpha$，$\alpha=20°$。

(d) 计算齿顶高变动系数 Δy

$$\Delta y = x_{\Sigma} - y \tag{5.20}$$

(e) 计算变位系数 x_1

$$x_1 = \frac{d'_{a_1}}{2m} - \frac{z_1}{2} - h_a^* + \Delta y \tag{5.21}$$

$$x_2 = x_{\Sigma} - x_1$$

c. 当齿面磨损不严重时，也可按下式直接算出

$$x = \frac{W'_k - W_k}{2m\sin\alpha} \tag{5.22}$$

式中，W'_k 为实测公法线长度(应在实测的基础上，加上 0.1～0.25 mm 的减薄量)，W_k 为未变位时理论公法线长度。

对于变位齿轮：

$$k = \frac{\alpha}{180}z + 0.5 + \frac{2x\cot\alpha}{\pi}$$

$\alpha = 20°$时，

$$k = \frac{z}{9} + 0.5 + 1.75x \tag{5.23}$$

$$W_k = m[2.9521(k - 0.5) + 0.014z + 0.684x] \tag{5.24}$$

④ 变位齿轮几何参数计算。

a. 分度圆直径 d：

$$d_1 = z_1 m \qquad d_2 = z_2 m \tag{5.25}$$

b. 齿顶高 h_a：

$$h_a = (h_a^* + x - \Delta y)m \tag{5.26}$$

c. 齿顶高 h_f：

$$h_f = (h_a^* + c^* - x)m \tag{5.27}$$

d. 全齿高 h：

$$h = (2h_a^* + c^* - \Delta y)m \tag{5.28}$$

e. 齿顶圆直径 d_a：

$$d_a = d + 2(h_a^* + x - \Delta y)m \tag{5.29}$$

f. 齿根圆直径 d_f：

$$d_f = d - 2(h_a^* + c^* - x)m \tag{5.30}$$

5.2.2 齿轮的测绘

测绘时，只要以一对齿轮为例，测绘其参数，并绘制齿轮零件图。

1) 测绘相关参数

(1) 测量齿数 z 与齿宽 b。齿轮齿数可直接数出，齿宽 b 可以用游标卡尺测量。对于扇形齿轮，齿数 z 可以用式(5.4)计算而得。

(2) 测量齿顶圆直径 d_a 及齿根圆直径 d_f。最常用的方法是用游标卡尺直接测得。为了得到可靠的结果,应该在三或四个不同的位置上进行测量,然后取其平均值。当齿轮齿数为奇数时,不能直接测量齿顶圆直径,可先测图 5.9 中所示的 D 值,通过计算求得齿顶圆直径 d_a。

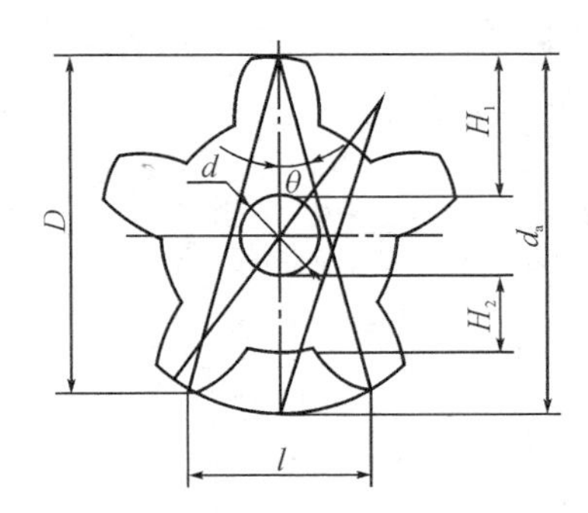

图 5.9　齿数为奇数时齿顶圆、齿根圆直径的测量

$$d_a=\frac{D}{\cos^2\theta} \tag{5.31}$$

式中:$\theta=\arctan\dfrac{l}{2D}$

也可用游标卡尺测量内孔 d 和高度 H_1、H_2,则

$$d_a=2\left(H_1+\frac{d}{2}\right) \tag{5.32}$$

齿根圆直径:

$$d_f=2\left(H_2+\frac{d}{2}\right) \tag{5.33}$$

(3) 测量全齿高。全齿高可以直接用游标卡尺的测深度尾针量出,见图 5.10。但这种方法测得的结果不够准确,只能粗略计算。

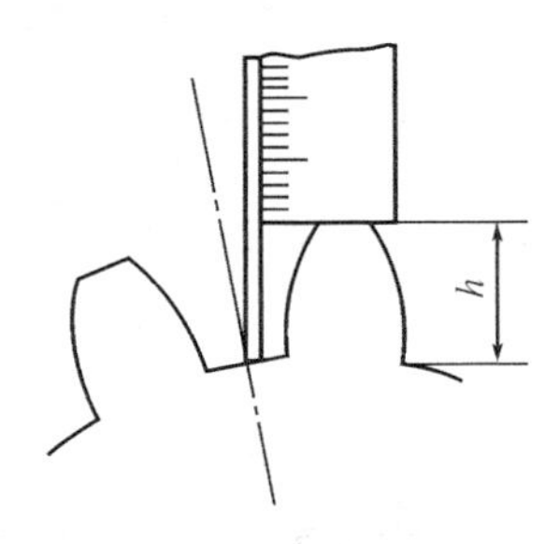

图 5.10　用游标卡尺直接测量全齿高

如果齿轮是带孔的,如图 5.9 所示,全齿高 h 可通过测量孔壁到齿顶的距离 H_1 及孔壁到齿根的距离 H_2 间接求得:

$$h=H_1-H_2 \tag{5.34}$$

也可以通过测量出的齿顶圆直径和齿根圆直径间接求得:

$$h=\frac{d_a-d_f}{2}$$

(4) 测量公法线长度 W_k。测量公法线长度可以用普通游标卡尺,但为防止歪斜,一般用专用公法线千分尺,见图 5.11。测量公法线长度时要注意:

① 公法线千分尺两脚要与齿面相切,不要接触齿根圆角或齿尖。

② 由于公法线长度有变动量误差,当每次测量 k 个齿和 $k+1$ 个齿或 $k-1$ 个齿的公法线长度时,应在同一位置上的几个齿内进行。

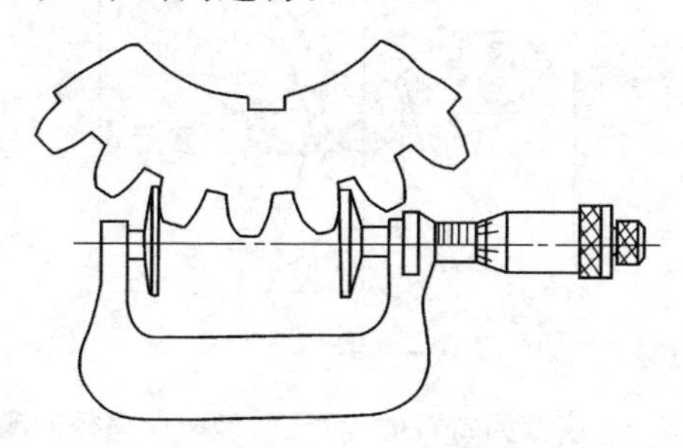

图 5.11　用公法线千分尺测量齿轮公法线长度

(5) 测量中心距 a。测量齿轮副的中心距是齿轮测绘中的重要项目之一。通过它可以检查、确定齿轮啮合参数的准确性。测量时可以直接测量两轴孔的距离或测量两齿轮轴的距离。如图 5.12 所示。

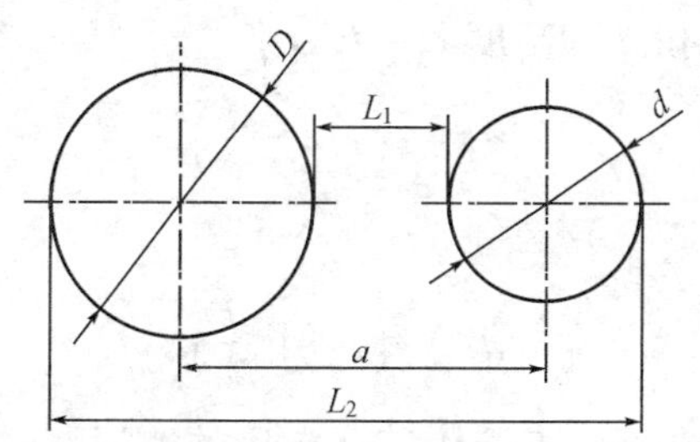

图 5.12　中心距的测量

当测量两轴距离时,用游标卡尺测量两轴外挡尺寸 L_2,此时中心距 a 为:

$$a=L_2-\frac{D+d}{2} \tag{5.35}$$

当测量两齿轮安装孔时,用游标卡尺测量内挡尺寸 L_1,此时中心距 a 为:

$$a=L_1+\frac{D+d}{2} \tag{5.36}$$

(6) 测量孔及键槽尺寸。用游标卡尺测量孔尺寸,圆整作为基本尺寸,再按齿轮等级确定孔等级。如齿轮为 8 级,则孔取 IT7 级公差。齿坯基准面的尺寸精度和形位精度直接影响齿轮的加工精度,对于不同精度的齿轮,齿坯基准面应达到相应的公差要求。常用精度等级齿轮,齿坯基准面公差等级见表 5.3,齿轮基准面径向和端面圆跳动公差见表 5.4。当以顶圆作基准面时,齿轮基准面径向圆跳动就是指顶圆的径向跳动。

键槽一般按孔大小,查《附录 13　普通型平键及键槽尺寸》,确定键槽宽度及公差等级,键槽深度及公差等级。

(7) 确定表面粗糙度。常用精度等级的轮齿表面粗糙度与基准面的粗糙度值 Ra 的推荐值见表 5.5。

表 5.3　齿坯基准面公差等级

齿轮精度等级[①]	5	6	7	8	9	10	11	12
尺寸公差 形状公差	IT5	IT6	IT7		IT8		IT8	
顶圆直径[②]	IT7	IT8			IT9		IT11	

注：① 当三个公差组的等级不同时，按最高的精度等级确定。
　　② 当顶圆不作测量齿厚的基准时，尺寸公差按 IT11 给定，但不大于 $0.1m_n$。

表 5.4　齿轮基准面径向和端面圆跳动公差　　（单位：μm）

分度圆直径		精度等级		
大于	到	5 和 6	7 和 8	9 到 12
——	125	11	18	28
125	400	14	22	36

表 5.5　齿轮各表面的粗糙度 *Ra* 的推荐值　　（单位：μm）

齿轮精度等级	5	6	7	8	9
轮齿齿面	0.4	0.8	0.8～1.6	1.6～3.2	3.2～6.3
齿轮基准孔	0.32～0.63	0.8	0.8～1.6		3.2
齿轮轴基准轴颈	0.2～0.4	0.4	0.8	1.6	
基准端面	0.8～1.6	1.6～3.2		3.2	
齿顶圆	1.6～3.2	3.2			

注：当三个公差组的等级不同时，按最高的精度等级确定。

2）确定基本参数

（1）确定模数 m（径节 D_P）及压力角 α。要确定被测齿轮的模数（径节）及压力角，首先应判定齿轮是属于模数制还是径节制，即查清这个齿轮是在哪个机器上使用的，这台机器是哪个国家生产的，以便估计出这个齿轮所采用的标准制。例如，中国、俄罗斯、德国、捷克、法国、日本、瑞士等国生产的齿轮，一般都是模数制的，标准压力角为 20°。英国、美国、加拿大等国采用径节制，标准压力角是 14.5°或 20°。

在判定被测齿轮属于模数制或径节制之后，还要进一步分辨它的齿形，区分是标准齿形还是短齿齿形。标准齿形较细长，齿顶高系数 h_a^* 等于 1，齿顶高 h_a 为一个模数。短齿齿形较短粗，h_a^* 等于 0.8，h_a 为 0.8 个模数，见图 5.13。

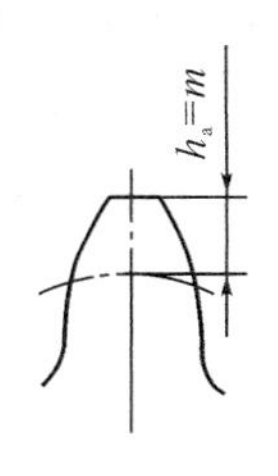

（a）标准齿形

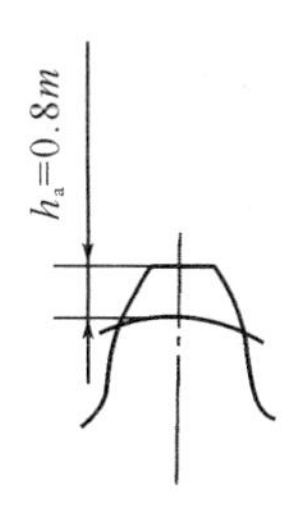

（b）短齿齿形

图 5.13　齿形区分

具体确定模数或径节及压力角的方法有下列几种：

① 用齿顶圆直径 d_a 及中心距 a 确定。如果初步判定了被测齿轮为模数制，且为标准齿轮，由式(5.8)可得，它的模数为：

$$m=\frac{d_a}{z+2h_a^*}$$

或由式(5.9)可得，它的模数为：

$$m=\frac{2a}{z_1+z_2}$$

计算所得 m 与表 5.2 标准模数系列中的数值接近，则为标准齿轮，否则为变位齿轮。

如果判定为径节制，它的径节为：

$$D_P=\frac{25.4(z+2h_a^*)}{d_a}\qquad(1/\text{英寸})$$

或

$$D_P=\frac{25.4(z_1+z_2)}{2a}\qquad(1/\text{英寸})$$

常见径节制数值为 10、12、14、16、18。同样，如果计算数值与之接近，则为标准径节制齿轮，否则为变位齿轮。

② 用测量的公法线长度确定。不能确定是否为标准齿轮时，可先按式(5.11)计算跨齿数，再用公法线千分尺测跨 k 个和 $k+1$ 个齿的公法线长度，再按公式(5.12)计算模数 m。

(2) 确定齿顶高系数 h_a^* 和顶隙系数 c^*。根据测出的齿轮顶圆直径 d_a' 和全齿高 h'，按式(5.8)和(5.7)可得：

$$h_a^*=\frac{\frac{d_a'}{m}-z}{2}$$

$$c^*=\frac{h'}{m-2h_a^*}$$

如果计算后，$h_a^*=1$，$c^*=0.25$，则为标准齿轮；若 $h_a^*=0.8$，$c^*=0.3$，则为短齿；若 $c^*=0.44$ 或 $c^*=0.157$，则为径节制。

3) 齿轮测绘过程举例

现以表 5.1 中车制 $t=0.8$ 为例，介绍齿轮测绘和参数计算过程。查表可知，$t=0.8$ 时：$z_1=30$，$z_2=90$，$z_3=40$，$z_4=100$。

(1) 齿数与齿宽。因为齿轮是完整齿数齿轮，齿数可直接数出验证。齿宽用游标卡尺可以测量出，为 $b=12$。

(2) 模数 m。用游标卡尺可以测量出 $z_1=30$ 的齿顶圆直径为 39.8，代入公式(5.8)中：

$d_a=m(z+2)$，$39.8=m(30+2)$，可得 $m=1.24$，查表 5.2 可得，第一系列中模数应该是 1.25。

(3) 中心距 a。如图 5.3 所示，本项目中测量齿轮 3 和齿轮 4 的中心距。先将齿轮 3 的螺母 2 和平垫圈 2 拆除，再将齿轮 4 的螺栓 2 和平垫圈 4 拆除，用游标卡尺测量两轴的外挡尺寸为105.54，两轴径均为17.98，按式(5.35)可得，轴中心距：$a=105.54-(17.98+17.98)/2=87.56$。

根据式(5.9)，中心距 $a_2=m(z_3+z_4)/2=1.25\times(40+100)/2=87.50$，这就进一步验证了该齿轮为标准齿轮。齿轮1与齿轮2的中心距 $a_1=m(z_1+z_2)/2=1.25\times(30+90)/2=75$.

(4) 孔及键槽。所有齿轮孔直径均为$\phi18$，机床齿轮，精度取IT7级。查《附录19 标准公差数值》可得，$\phi18H7(^{+0.018}_{0})$。查表5.4可得，其端面圆跳动公差为0.018。表面粗糙度查表5.5，可确定齿轮的齿面、基准孔 Ra 均选为0.8，端面选为 $Ra1.6$。

(5) 键槽尺寸。键槽宽用游标卡尺可以测出为5。则齿轮键槽深可查《附录13 普通型平键及键槽尺寸》，得到 $t_1=2.3$，公差值为+0.1。

(6) 分度圆直径。按式(5.1)计算。

$$d_1=mz_1=37.5,\quad d_2=mz_2=112.5,\quad d_3=mz_3=50,\quad d_4=mz_4=125$$

(7) 齿顶圆直径。按式(5.8)计算。

$$d_{a_1}=m(z+2)=1.25\times(30+2)=40,\quad d_{a_2}=m(z+2)=1.25\times(90+2)=115$$

$$d_{a_3}=m(z+2)=1.25\times(40+2)=52.5,\quad d_{a_4}=m(z+2)=1.25\times(100+2)=127.5$$

(8) 跨齿数及公法线长度。按式(5.11)及(5.10)计算。

跨齿数：$k_1=z/9+0.5=30/9+0.5=3.83$，取4；$k_2=90/9+0.5=10.5$，取11；

$k_3=z/9+0.5=40/9+0.5=4.94$，取5；$k_4=100/9+0.5=11.61$，取12。

则公法线长度：

$$W_1=m[2.9521(k-0.5)+0.014\times z]=1.25\times[2.9521\times(4-0.5)+0.014\times30]\approx13.44$$

$$W_2=m[2.9521(k-0.5)+0.014\times z]=1.25\times[2.9521\times(11-0.5)+0.014\times90]\approx40.32$$

$$W_3=m[2.9521(k-0.5)+0.014\times z]=1.25\times[2.9521\times(5-0.5)+0.014\times40]\approx17.31$$

$$W_4=m[2.9521(k-0.5)+0.014\times z]=1.25\times[2.9521\times(12-0.5)+0.014\times100]\approx44.19$$

由于制造时为保证有一定的侧隙，并考虑到使用后齿轮的磨损，实际测量的公法线长度要比理论计算值小0.1～0.25。公法线长度是制造齿轮时必不可少的参数。

(9) 绘制齿轮零件图。机床齿轮材料一般选45钢，热处理采用调质处理：28～32HRC。

齿轮表面处理采用发黑处理：H・Y按CB/T 3764-1996。键槽宽度尺寸公差按照正常连接，查《附录13 普通型平键及键槽尺寸》可知为5±0.015，键槽侧面对齿轮轴线对称度公差按9级精度，查《附录26 同轴度、对称度、圆跳动、全跳动公差值》可得，公差值为0.025。

绘制齿轮(一)零件图如图5.14所示，其他零件图由同学自行画出。

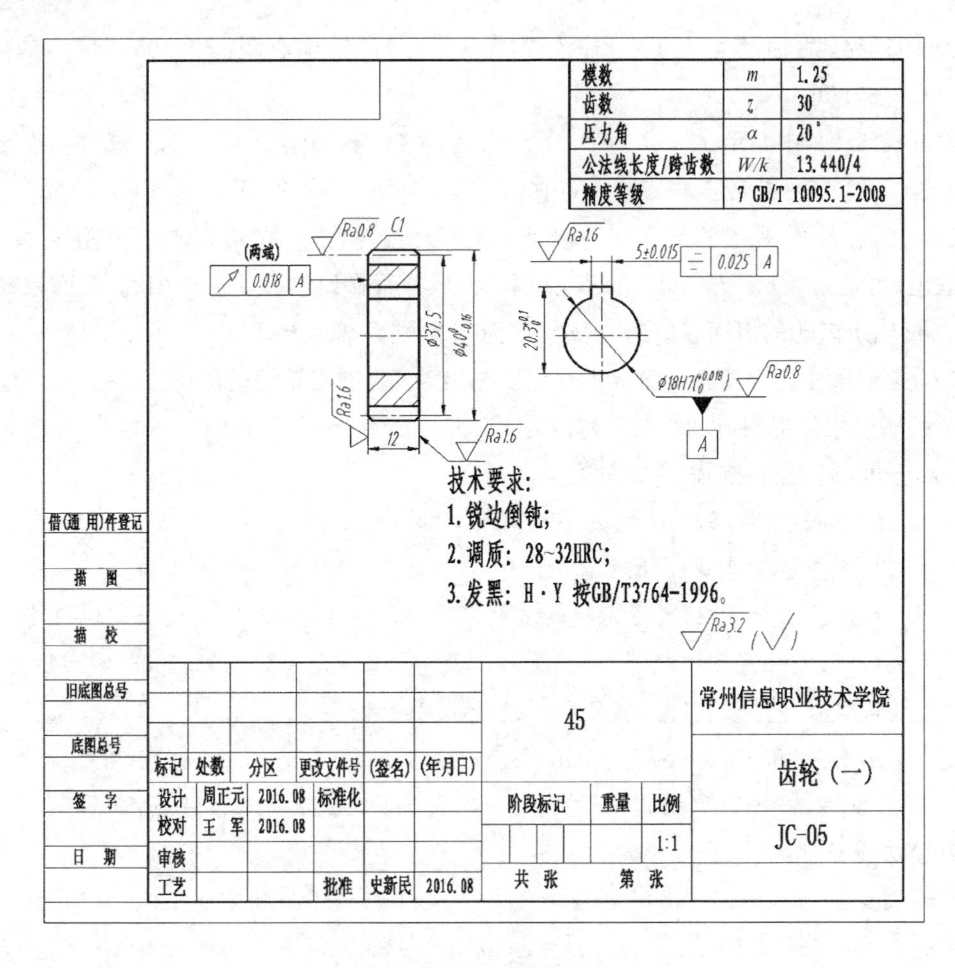

图 5.14 齿轮零件图

习题五

一、选择题

(　　)1. 用LT625B仪表车床车螺纹时不同规格螺纹的螺距主要靠________来获得合适的传动比。

A. 交换齿轮的配换　　B. 进给箱的手柄切换

C. 选项 A 和 B　　D. 都不是

(　　)2. 不同交换齿轮中心距是不一样的,主要靠________零件实现。

A. 输入轴　　B. 输出轴

C. 中间轴　　D. 交换齿轮架

(　　)3. ________不是齿轮传动的优点。

A. 有恒定的传动比　　B. 适合远距离传动

C. 传动效率高　　D. 寿命长

(　　)4. 由于空间的限制，旋松或拧紧中间轴的扳手只能是________。

A. 内六角扳手　B. 活扳手　C. 开口扳手　D. 力矩扳手

(　　)5. 将齿轮从轴上拆卸下来的最佳工具是________。

A. 铜锤　B. 铁锤　C. 手虎钳　D. 拉拔器

二、判断题

1. 用LT625B仪表车床车螺纹，可以车任意螺距的螺纹。(　　)
2. 齿轮传动能在任意两轴间传递运动和动力。(　　)
3. 直齿圆柱齿轮按实物测绘的参数有：齿数、模数、压力角。(　　)
4. 测量公法线长度可以用普通游标卡尺，只是不可歪斜。(　　)
5. 若齿轮的齿数不全，则无法测绘。(　　)
6. 齿轮孔的精度，可以依据齿轮的精度查表确定。(　　)
7. 公法线长度是制造齿轮时必不可少的参数。(　　)
8. 齿轮的顶圆直径精度必须要足够高，否则公法线长度测量不准。(　　)

三、填空题

1. 从齿顶圆公式可知，齿轮的大小与齿数和________有关。
2. 测量齿轮公法线长度的专用工具叫________。
3. 标准圆柱齿轮顶隙系数 c^* 数值为________。
4. 当顶圆不作测量齿厚的基准时，尺寸公差按________级给定。
5. 齿轮中心距测量时可以直接测量两轴孔的距离或间接测量________的距离。

四、计算题

1. 一直齿圆柱齿轮，其齿数 $z=48$，模数 $m=2$，公法线长度 $W'_6=33.75$，$W'_7=39.66$，试确定其齿形角。
2. 一直齿圆柱齿轮，其齿数 $z=24$，测得齿顶圆直径 $d'_a=64.82$ mm，齿根圆直径 $d'_f=53.90$ mm，试确定该齿轮模数 m、齿顶圆直径 d_a、分度圆直径 d、公法线长度 W_k 及跨齿数 k。
3. 测得一对国产直齿圆柱齿轮的参数齿数 $z_1=31$，$z_2=57$，齿顶圆直径 $d'_{a_1}=68.80$ mm，$d'_{a_2}=114.80$ mm，中心距 $a'=88$ mm，公法线长度小齿轮 $W'_{41}=22.56$ mm，$W'_{31}=16.66$ mm，大齿轮 $W_{72}=38.84$ mm，$W'_{62}=32.94$ mm，试确定这对齿轮的各参数：齿轮模数 m、齿顶圆直径 d_a、分度圆直径 d、公法线长度 W_k 及跨齿数 k。
4. 有一对国产直齿圆柱齿轮，测得齿数 $z_1=31$，$z_2=50$，齿顶圆直径 $d'_{a_1}=102.42$ mm，$d'_{a_2}=158.94$ mm，中心距 $a'=125$ mm，公法线小齿轮 $W'_{41}=33.70$ mm，$W'_{51}=42.55$ mm，大齿轮 $W'_{62}=52.04$ mm，$W_{72}'=60.90$ mm，试求齿轮的主要参数：齿轮模数 m、变位系数 x、齿顶圆直径 d_a、分度圆直径 d、公法线长度 W_k 及跨齿数 k。

项目六

蜗杆蜗轮减速器的测绘

学习目标

(1) 了解蜗杆蜗轮减速器的作用,及蜗杆蜗轮减速器的工作原理;

(2) 学会蜗杆蜗轮减速器的拆卸和安装顺序、方法;

(3) 掌握蜗杆传动的测绘、计算方法,及蜗杆蜗轮零件图的绘制方法。

蜗杆传动以其传动比大、结构紧凑而广泛应用于需大减速比、自锁的设备中。本项目以WD53型蜗杆蜗轮减速器为载体,介绍了蜗杆蜗轮减速器的作用及特点,蜗杆蜗轮减速器的组成与拆装,重点介绍了蜗杆蜗轮正确啮合的条件、主要参数和测绘方法。

6.1 蜗杆蜗轮减速器的拆装

6.1.1 蜗杆蜗轮减速器的作用及特点

1) 蜗杆蜗轮减速器的作用

蜗杆传动如图6.1所示,由蜗杆与蜗轮组成,常用来传递空间两垂直交错轴的运动。一般蜗杆为主动件,蜗轮为从动件,用于降速传动。蜗杆的形状像螺杆,有左、右之分,还有单头、双头和多头的区别。蜗轮类同于斜齿圆柱齿轮,只是齿面内凹成弧形,以便与蜗杆更好地啮合。

图6.1 蜗杆传动实物图

与齿轮传动相比，蜗杆传动有如下优点：

(1) 传动比大，结构紧凑。在动力传动中，一般传动比为 8～10，在分度机构中可达 1 000以上。与其他传动形式相比，传动比相同时，机构尺寸小，因而结构紧凑。

(2) 传动平稳，噪音小。蜗杆齿是连续的螺旋齿，与蜗轮的啮合是连续的，因此传动平稳，噪音低。

(3) 具有自锁性。当蜗杆的导程角小于轮齿间的当量摩擦角时，只能蜗杆带动蜗轮，而蜗轮不能带动蜗杆。这对于某些起重设备是很有意义的。

其主要缺点：

(1) 效率低，制造成本高。蜗杆传动时，齿面上具有较大的滑动速度，摩擦损耗大，故效率约为 0.7～0.8，具有自锁性的蜗杆传动效率仅为 0.4 左右。为了提高减磨性和耐磨性，蜗轮通常用价格较高的非金属材料或铸铁制造。

(2) 发热量大，要有良好的冷却和润滑条件。

(3) 有轴向力。

蜗杆传动的种类很多，本项目只测绘常用的普通圆柱蜗杆(阿基米德蜗杆)传动。

6.1.2　蜗杆蜗轮减速器的组成与拆装

1) 蜗杆蜗轮减速器的组成

蜗杆蜗轮减速器由 13 种零件和 8 种标准件(斜体)组成，如图 6.2 所示。蜗杆轴是输入轴，通过两个轴承 2 支撑在变速箱座的左右轴承孔中，靠小闷盖和小透盖轴向定位并密封，两端各有 3 个螺栓 1 紧固。蜗轮通过平键与轴连接，两个轴套轴向定位。蜗轮也通过两个轴承 1 支撑在蜗杆蜗轮减速器的前后大轴孔中，靠大闷盖和大透盖轴向定位并密封，两端各有 3 个螺栓 2 紧固。蜗杆与蜗轮啮合，将输入的高速旋转运动转换为低速大扭矩输出。螺栓与橡胶垫圈旋合在变速箱座前底部的螺孔中，起放油孔的作用。变速箱盖通过 4 个螺栓 3 和变速箱座相连。通气螺用于蜗杆蜗轮内部与大气相通。由于蜗轮蜗杆啮合时，箱内油温会急剧上升，通气螺通过其小孔使变速箱内部与外部相连，避免油温升高而导致内部压强增大，影响密封。

2) 蜗杆蜗轮减速器的拆装

蜗杆蜗轮减速器的拆卸步骤如下：

(1) 用规格为 10 的开口扳手旋下螺塞及橡胶垫圈，向盛机油的容器放掉变速器机油，暂时重新旋上螺栓及橡胶垫圈，以免现场机油滴漏。

(2) 用手直接旋下通气螺，放入零件盒。

(3) 用规格为 10 的开口扳手旋下 4 个变速箱盖紧固螺栓 3(M6×16)。

(4) 用规格为 10 的开口扳手旋下蜗轮轴两端的 6 个大透盖、大闷盖紧固螺栓 2(M6×16)，拆下大透盖(内含骨架油封 2)、大闷盖，拆下变速箱盖(拆前标记安装方向)。

(5) 整体拆下蜗轮部件，用拉拔器拆下轴两端的两个轴承 1(轴承 7204)，取下蜗轮两端的两个轴套，用压力机将蜗轮从蜗轮轴上压下，取出平键(蜗轮不压下也可测绘)。

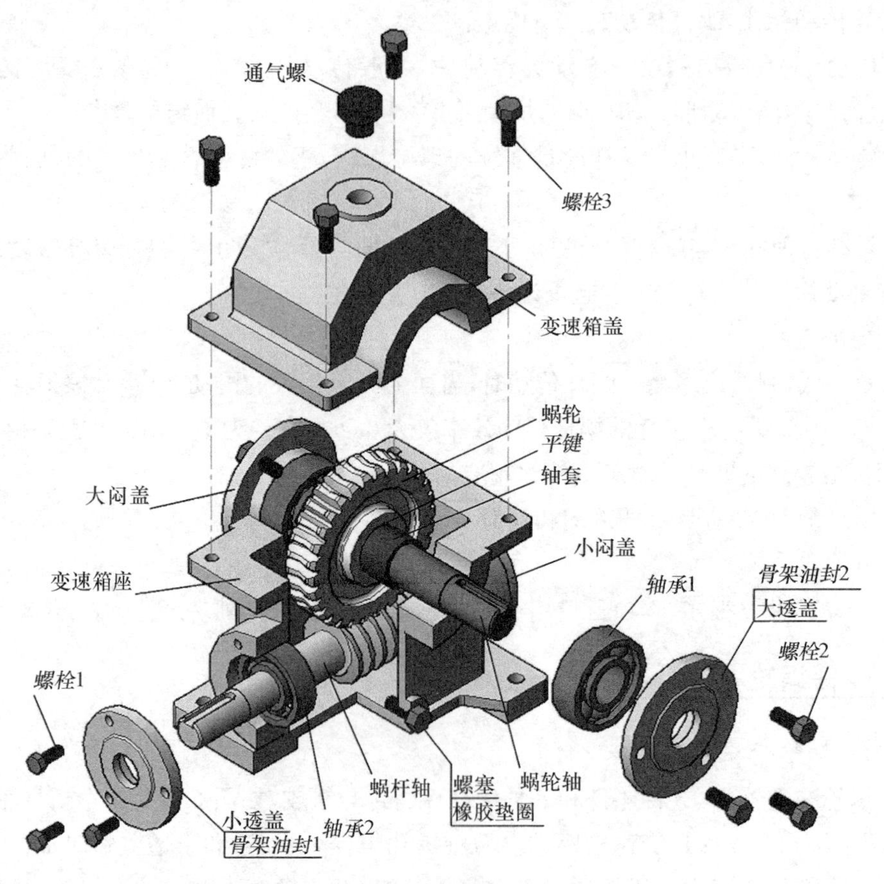

图 6.2　蜗杆蜗轮减速器的组成

(6) 用规格为 8 的开口扳手旋下蜗杆轴两端的 6 个小透盖、小闷盖紧固螺栓 1(M5×14),拆下小透盖(内含骨架油封 1)、小闷盖。

(7) 用橡胶锤子轻击蜗杆轴左端,直至右轴承 2 脱出轴承孔(或压力机压),用拉拔器拉出轴承 2。再拆下另外一只轴承 2,取出蜗杆轴。

蜗杆蜗轮减速器的装配步骤如下:

(1) 用汽油清洗各机械零件,并及时吹干,在滚动轴承内填入适量润滑脂。

(2) 将轴承 2 压入蜗杆轴右端,从变速箱座右端孔向左装入蜗杆轴,轴承装入右轴承孔,安装小闷盖,旋上 3 只小闷盖紧固螺栓 1,待紧固。

(3) 从变速箱座左端孔向右装入另外一只轴承 2,安装带骨架油封 1 的小透盖,旋上 3 只紧固螺栓 1,用规格为 8 的开口扳手紧固,再紧固右端 3 只螺栓 1。

(4) 将安装好平键、蜗轮、轴套及两只轴承 1 的蜗轮轴,一起安装到变速箱座中的蜗轮轴轴孔中,注意蜗轮中心平面与蜗杆基本重合。

(5) 装配变速箱盖,方向与原来安装方向一致。用 6 只螺栓 2 分别旋上后侧的大闷盖和前侧带骨架油封 2 的大透盖。

(6) 用 4 只螺栓 3 紧固变速箱盖,旋上通气螺。

(7) 用手试着旋转蜗杆轴，应轻松、平稳地带着蜗轮旋转。

(8) 确定安装位置正确后，拆下小透盖、小闷盖，涂抹平面密封胶后重新安装；拆下大透盖、大闷盖，涂抹平面密封胶后重新安装；拆下变速箱盖，加注润滑机油，保证油位高度刚好浸没蜗杆齿高。变速箱盖结合平面涂抹平面密封胶后重新安装。

(9) 试运转蜗杆，待轻松、平稳后旋上通气螺。

机械零件拆卸后，一定要用合适的工位器具放置，防止相互磕碰损伤。

6.2　蜗杆蜗轮减速器的测绘

6.2.1　蜗杆蜗轮正确啮合的条件及主要参数

1) 正确啮合条件

蜗杆和蜗轮啮合时，在通过蜗杆轴线，并与蜗轮轴线垂直的主平面内，相当于齿条和渐开线齿轮的啮合，如图 6.3。因此，蜗杆和蜗轮的正确啮合条件是：

(1) 蜗杆轴向模数 m_x＝蜗轮端面模数 m_t＝m；

(2) 蜗杆轴向齿形角 α_x＝蜗轮端面齿形角 α_t＝α。

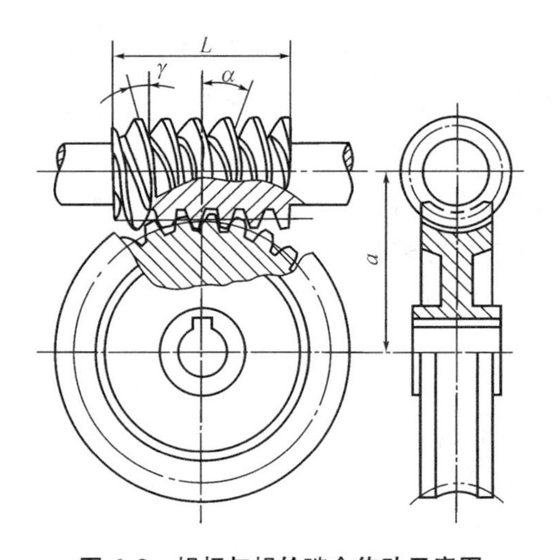

图 6.3　蜗杆与蜗轮啮合传动示意图

为了便于制造，在主平面内蜗杆轴向模数 m_x 和齿形角 α_x 均为标准值。$\alpha_x=\alpha=20°$，标准模数见表 6.1。齿顶高系数 $h_a^*=1.0$。径向间隙系数，模数制取 $c^*=0.2$，径节制取 0.157。

此外，对于两轴线垂直交错的蜗杆传动，蜗杆分度圆柱面上的导程角 γ 必须与蜗轮分度圆柱面上的螺旋角 β 大小相等，旋向相同。

2) 主要参数

(1) 蜗杆的导程角 γ 和蜗杆直径系数 q。设蜗杆的头数为 z_1，分度圆直径为 d_1，蜗杆的

轴向齿距为 p_x，如图 6.4 所示，则蜗杆导程角：

$$\tan\gamma=\frac{导程}{分度圆周长}=\frac{z_1 p_x}{\pi d_1}=\frac{z_1 \pi m}{\pi d_1}=\frac{z_1 m}{d_1}$$

即

$$d_1=\frac{z_1 m}{\tan\gamma} \tag{6.1}$$

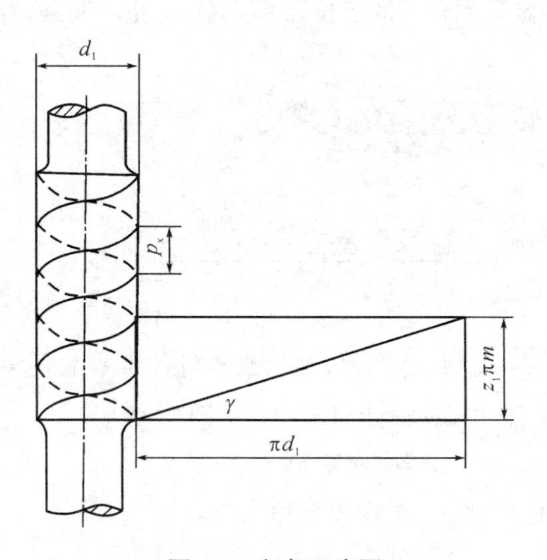

图 6.4 蜗杆示意图

蜗轮通常是用类似蜗杆的滚刀(为保证径向间隙，仅外径略大于蜗杆外径)来加工的。由(6.1)式可知，对于每一标准模数 m，当蜗杆头数 z_1 和导程角 γ 不同时，可能有很多不同的蜗杆直径，这就意味着滚切蜗轮时，要有很多不同直径的滚刀。为了减少刀具数目，便于标准化，对于蜗杆传动，除规定标准模数外，还对每一标准模数都相应地规定了一定的蜗杆分度圆直径，即规定了分度圆直径与模数之比。令

$$q=\frac{d_1}{m} \tag{6.2}$$

式中：q——蜗杆直径系数，我国规定的标准模数和蜗杆直径系数见表 6.1，当不用蜗杆滚刀加工蜗轮时，可不受表中 q 的限制。

由表 6.1 可见，当 m 较小时，q 较大；反之则 q 较小；这是为了保证蜗杆有足够的刚度。

又当 $m=5\sim12$ 时，各有两个 q 值，较大的用于蜗杆需套装在轴上或对蜗杆的刚度要求较高的场合。

表 6.1 m 和 q 值

m/mm	2	2.5	3	(3.5)	4	(4.5)	5	6
q	13	12	12	12	11	11	10(12)	9(11)
m/mm	(7)	8	(9)	10	12	14	16	18
q	9(11)	8(11)	8(11)	8(11)	8(11)	9	9	8

将式(6.1)代入式(6.2)得：

$$q=\frac{z_1}{\tan\gamma}$$

γ 与 z_1 及 q 的数值关系列于表 6.2 中。

表 6.2　γ 与 z_1 及 q 的数值关系表

z_1	q					
	13	12	11	10	9	8
1	4°23′55″	4°45′49″	5°11′40″	5°42′38″	6°20′25″	7°07′32″
2	8°44′46″	9°27′44″	10°18′17″	11°18′36″	12°31′44″	14°02′10″
3	12°59′41″	14°02′10″	15°15′18″	16°41′57″	18°26′06″	20°33′22″
4	17°06′10″	18°26′06″	19°58′59″	21°48′05″	23°57′45″	26°33′54″

(2) 传动比。当蜗杆的头数(齿数)为 z_1，蜗轮的齿数为 z_2 时，传动比 $i=\frac{n_1}{n_2}=\frac{z_2}{z_1}$，因为 $d_2=mz_2$，$d_1=\frac{z_1 m}{\tan\gamma}$，所以：

$$i=\frac{d_2}{d_1}\tan\gamma \tag{6.3}$$

由上式可知，蜗杆传动的传动比 i，不仅取决于两分度圆直径，还与导程角 γ 有关。

(3) 蜗杆头数和蜗轮齿数。蜗杆头数 z_1 可根据传动比参考表 6.3 选取。

表 6.3　推荐的蜗杆头数 z_1

传动比 i	30 以上	15～29	11～14	6.5～10
蜗杆头数 z_1	1	2	3	4

单头蜗杆 $z_1=1$，导程角 γ 小，传动效率低，但传动比大，自锁性也好。如果要提高效率，可采用多头蜗杆，不过头数不宜过多，一般不超过 4，否则加工困难。

蜗轮齿数 $z_2=iz_1$，为了避免发生根切，保证传动的平稳性，当 $z_1=1$ 时，$z_2\geqslant18$。

当 $z_1>1$ 时，$z_2\geqslant28$。蜗轮越大，蜗杆越长，蜗杆刚度就越小，从而会影响蜗杆与蜗轮的正常啮合，所以蜗轮齿数 z_2 一般不应大于 80。

(4) 变位的识别及变位系数 x_2。普通圆柱蜗杆传动变位的主要目的是配凑中心距和改变传动比。此外，还可以提高传动的承载能力和效率，消除蜗轮根切现象。蜗杆传动的变位方法与齿轮传动的变位方法相同，也是利用改变切齿时刀具与轮坯的径向位置来实现的。变位后的蜗杆传动，由于蜗杆相当于滚刀，所以变位对蜗杆尺寸无影响，但节圆有所变化；变位使蜗轮齿顶圆，齿根圆，齿厚皆发生变化，但节圆不变，仍与分度圆重合。

蜗轮变位系数 x_2 可按下式计算：

$$x_2=\frac{a'-a}{m} \tag{6.4}$$

或者

$$x_2=\frac{a'}{m}-\frac{q+z_2}{2} \tag{6.5}$$

式中：a——未变位的理论中心距；a'——实测中心距。

变位系数 x_2 取得过大会使蜗轮齿顶变尖，过小又会使蜗轮根切。一般取 $x_2=-1\sim+1$，常用 $x_2=-0.7\sim+0.7$。

3）蜗杆传动的尺寸计算

蜗杆传动各部分尺寸见图 6.5，它的计算公式列于表 6.4 中。

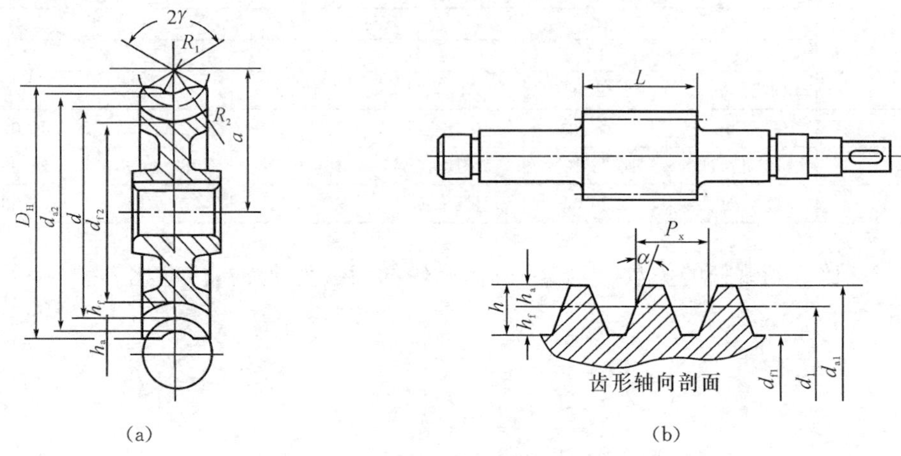

图 6.5　蜗杆传动各部分尺寸图

表 6.4　蜗杆传动的尺寸计算表

名称	代号	计 算 公 式
齿顶高	h_a	$h_a=m$
齿根高	h_f	$h_f=1.2m$
齿高	h	$h=2.2m$
蜗杆分度圆直径	d_1	$d_1=qm$
蜗杆顶圆直径	d_{a_1}	$d_{a_1}=d_1+2m$
蜗杆根圆直径	d_{f_1}	$d_{f_1}=d_1-2.4m$
蜗杆螺纹部分长	L	当 $z_1=1\sim2$ 时，$L\geqslant(11+0.06z_2)m$；当 $z_1=3\sim4$ 时，$L\geqslant(12.5+0.09z_2)m$
蜗杆轴向齿距	p_x	$p_x=\pi m$
齿形角	α	$\alpha=20°$
导程角	γ	$\tan\gamma=z_1/q$
蜗轮分度圆直径	d_2	$d_2=z_2m=2a-d_1-2x_2m$
蜗轮顶圆直径	d_{a_2}	$d_{a_2}=d_2+2m$
蜗轮齿顶高	h_{a_2}	$h_{a_2}=(d_{a_2}-d_2)/2=m(h_a^*+x_2)$
蜗轮齿根高	h_{f_2}	$h_{f_2}=(d_2-d_{f_2})/2=m(h_a^*-x_2+c^*)$
蜗轮齿高	h_2	$h_2=h_{a_2}+h_{f_2}=(d_{a_2}-d_{f_2})/2$
蜗轮根圆直径	d_{f_2}	$d_{f_2}=d_2-2.4m$
中心距	a	$a=(d_1+d_2+2x_2m)/2=\dfrac{m}{2}(q+z_2)$
齿顶圆弧面半径	R_1	$R_1=d_{f_1}/2+0.2m=d_1/2-m$
齿根圆弧面半径	R_2	$R_2=d_{a_1}/2+0.2m=d_1/2+1.2m$
蜗轮外径	D_H	当 $z_1=1$ 时，$D_H\leqslant d_{a_2}+2m$；当 $z_1=(2\sim3)$时，$D_H\leqslant d_{a_2}+1.5m$；当 $z_1=4$ 时，$D_H\leqslant d_{a_2}+m$
蜗轮宽度	b	当 $z_1\leqslant3$ 时，$b\leqslant0.75d_{a_1}$；当 $z_1=4$ 时，$b\leqslant0.67d_{a_1}$
包 角	$2\gamma'$	$2\gamma'=45\sim130°$，常用 $2\gamma'=90\sim110°$

表中，对于模数制蜗杆，$h_a^*=1$，$c^*=0.2$。

6.2.2　WD53 蜗杆蜗轮减速器的测绘

1）测量各参数

从该变速器铭牌上可以得到一些信息：型号为 WD53，速比为 1∶30，规格为 2.5。应该就是蜗杆蜗轮变速器，中心距离为 53 mm，传动比 $i=30$，模数为 2.5 mm。

（1）蜗杆头数与轴向模数 m。蜗杆头数可通过观察轴端获得，是单头蜗杆，$z_1=1$。

用游标卡尺测量蜗杆 4 个齿距为 31.4，即 $4p_x=31.4$，则 $p_x=7.85$。

根据 $p_x=\pi m$，即 $7.85=3.14m$，可得 $m=2.5$，与表 6.1 中模数值一致，与铭牌上的规格 2.5 一致。

（2）中心距 a。用游标卡尺测量轴下边缘到变速箱盖与变速箱底座结合面距离，减去轴直径一半，就是二者中心距，约为 53，与铭牌标示一致。

（3）蜗杆直径系数 q。根据公式 $a=\frac{m}{2}(q+z_2)$，得 $53=\frac{2.5}{2}\times(q+z_2)$，蜗轮齿轮数 $z_2=30$，得 $q=12.4$。

还可测量蜗杆其他参数：$L=40$，$d_{a_1}=33.4$，$d_{f_1}=23$。

（4）蜗轮齿数 z_2。蜗轮齿数可以直接在蜗轮上数出：$z_2=30$。还可以测量出 $D_H=83$，$d_{a_2}=80$，$b=18.5$，总长 $B=24$。

2）计算蜗杆蜗轮几何结构参数

（1）蜗杆分度圆直径 d_1。$d_1=qm=12.4\times2.5=31$

（2）蜗杆顶圆直径 d_{a_1}。$d_{a_1}=d_1+2m=31+5=36$

（3）蜗杆根圆直径 d_{f_1}。$d_{f_1}=d_1-2.4m=31-6=25$

（4）蜗杆螺纹部分长 L。当 $z_1=1\sim2$ 时，$L\geqslant(11+0.06z_2)m=32$，实际测量值为 $L=40$，合理。

（5）蜗杆轴向齿距 p_x。$p_x=\pi m=3.14\times2.5=7.85$

（6）导程角 $\tan\gamma=z_1/q$，$\gamma=4°36'38''$

（7）蜗轮分度圆直径 d_2。$d_2=z_2m=30\times2.5=75$

（8）蜗轮顶圆直径 d_{a_2}。$d_{a_2}=d_2+2m=75+5=80$，与实际测量值一致，说明不变位，正确。

（9）蜗轮根圆直径 d_{f_2}。$d_{f_2}=d_2-2.4m=75-6=69$

（10）齿顶圆弧面半径 R_1。$R_1=d_{f_1}/2+0.2m=d_1/2-m=15.5-2.5=13$

（11）齿根圆弧面半径 R_2。$R_2=d_{a_1}/2+0.2m=d_1/2+1.2m=15.5+3=18.5$

（12）蜗轮外径 D_H。当 $z_1=1$ 时，$D_H\leqslant d_{a_2}+2m$，则 D_H 的最大值为 $80+5=85$，实际测量值为 83，合理。

（13）蜗轮宽度 b。当 $z_1\leqslant3$ 时，$b\leqslant0.75d_{a_1}$，则 b 的最大值为 $0.75\times36=27$，实际测量值为 18.5，合理。

按此计算及测绘结果，绘制 WD53 型蜗杆蜗轮减速器装配图、蜗杆轴零件图、蜗轮零件图，分别见图 6.6、图 6.7 和图 6.8。其他零件测绘请同学自行完成。

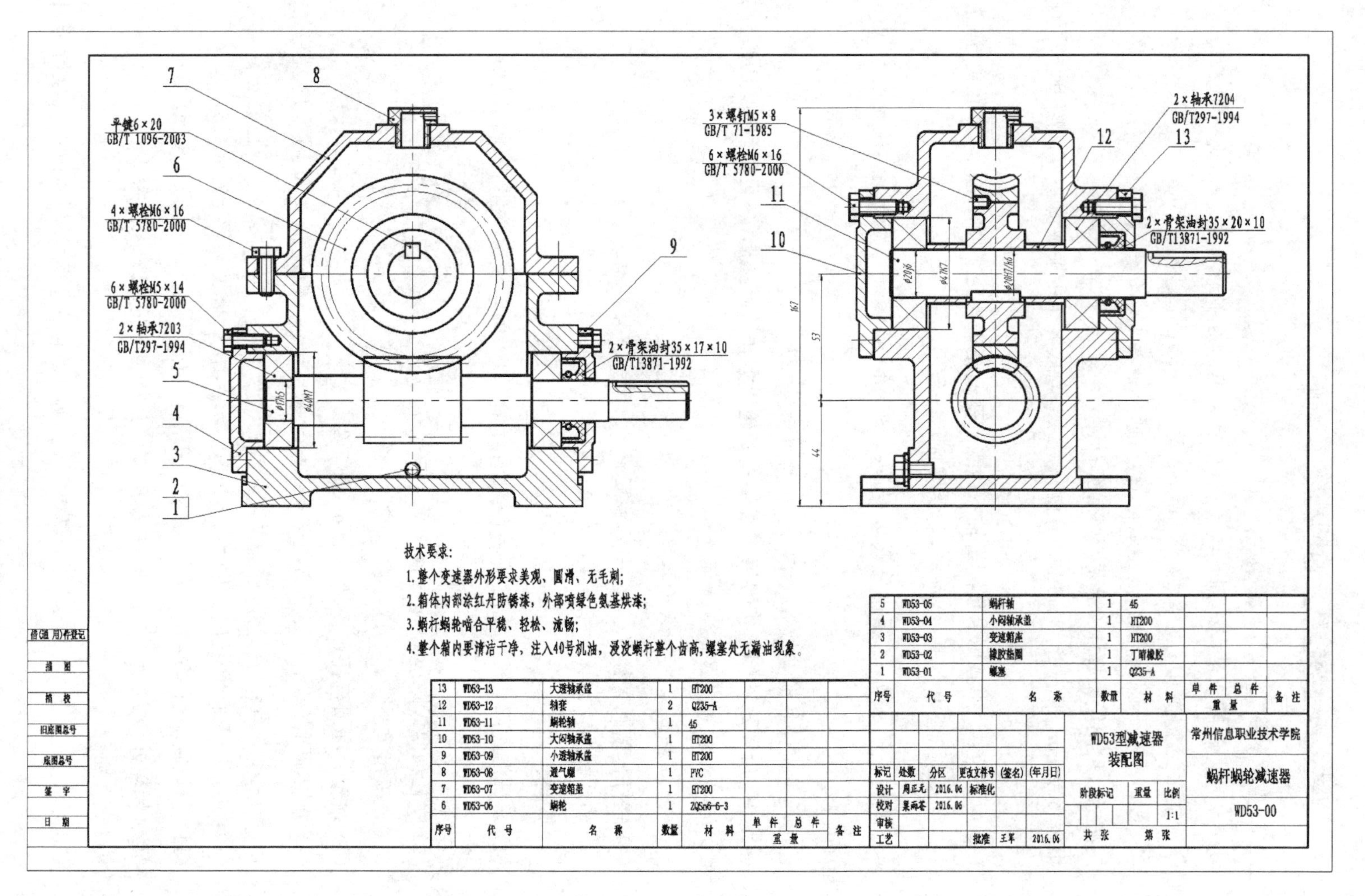

技术要求：

1.整个变速器外形要求美观、圆滑、无毛刺；

2.箱体内部涂红丹防锈漆，外部喷绿色氨基烘漆；

3.蜗杆蜗轮啮合平稳、轻松、流畅；

4.整个箱内要清洁干净，注入40号机油，浸没蜗杆整个齿高，螺塞处无漏油现象。

序号	代号	名称	数量	材料	单件重量	总件重量	备注
13	WD53-13	大透轴承盖	1	HT200			
12	WD53-12	轴套	2	Q235-A			
11	WD53-11	蜗轮轴	1	45			
10	WD53-10	大闷轴承盖	1	HT200			
9	WD53-09	小透轴承盖	1	HT200			
8	WD53-08	通气螺	1	PVC			
7	WD53-07	变速箱盖	1	HT200			
6	WD53-06	蜗轮	1	ZQSn6-6-3			

序号	代号	名称	数量	材料	单件重量	总件重量	备注
5	WD53-05	蜗杆轴	1	45			
4	WD53-04	小闷轴承盖	1	HT200			
3	WD53-03	变速箱座	1	HT200			
2	WD53-02	橡胶垫圈	1	丁晴橡胶			
1	WD53-01	螺塞	1	Q235-A			

标记	处数	分区	更改文件号	(签名)	(年月日)	WD53型减速器 装配图	常州信息职业技术学院
设计	周正元	2016.06	标准化			阶段标记 重量 比例 1:1	蜗杆蜗轮减速器
校对	葉雨蓉	2016.06					WD53-00
审核							
工艺			批准	王军	2016.06	共 张 第 张	

借(通)用件登记
描图
描校
旧底图总号
底图总号
签字
日期

图 6.6　WD53 型蜗杆蜗轮减速器装配图

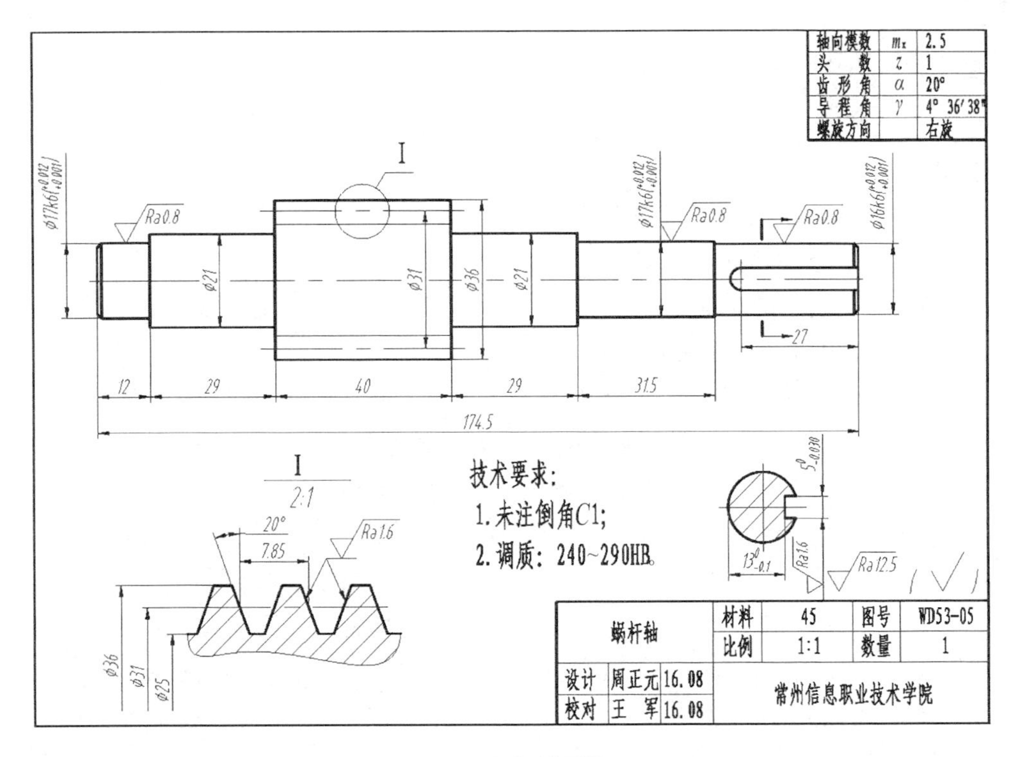

图 6.7　蜗杆轴零件图

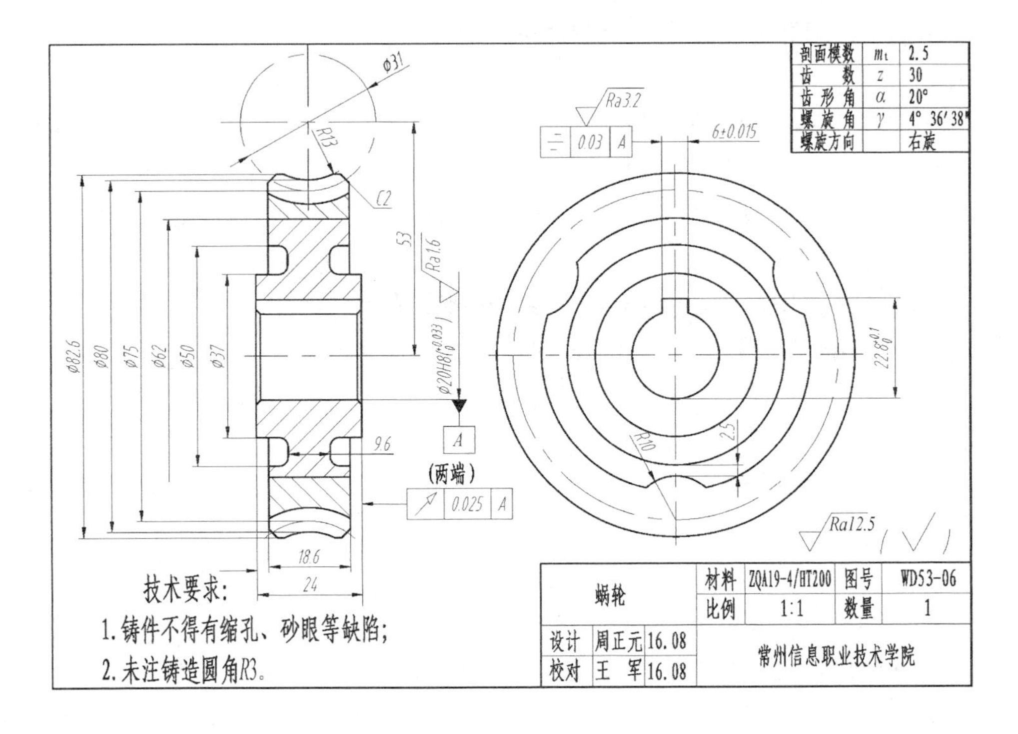

图 6.8　蜗轮零件图

习题六

一、选择题

(　　)1. 蜗杆蜗轮传动常用来传递________的运动。

A. 空间两垂直交错轴　　B. 两平行轴

C. 空间两任意交错轴　　D. 平面两任意角轴

(　　)2. 常用的普通圆柱蜗杆传动种类是________。

A. 双曲线蜗杆　B. 摆线蜗杆　C. 阿基米德蜗杆　D. 渐开线蜗杆

(　　)3. 蜗杆传动时，齿面上摩擦损耗大，传动效率约为________。

A. 0.6～0.7　B. 0.7～0.8　C. 0.8～0.9　D. 0.9 以上

(　　)4. 型号为 WD53 的蜗杆蜗轮减速器，53 的意思是________。

A. 蜗杆齿数是 53　　B. 蜗轮齿数是 53

C. 中心距是 53　　D. 蜗杆中心到底面距离是 53

二、判断题

1. 蜗杆传动比大，结构紧凑。(　　)
2. 蜗杆传动都具有自锁性。(　　)
3. 蜗杆传动价廉物美，应用非常广泛。(　　)
4. 蜗轮越大，蜗杆越长，蜗杆刚度就越小。(　　)

三、填空题

1. 蜗杆蜗轮正确啮合的条件是蜗杆轴向模数等于蜗轮________模数，蜗杆轴向齿形角等于蜗轮________齿形角。
2. 对于两轴线垂直交错的蜗杆传动，蜗杆分度圆柱面上的导程角 γ 必须与蜗轮分度圆柱面上的________β 大小相等，旋向________(填“相同”或“相反”)。
3. 对于单头蜗杆，为了避免发生根切，蜗轮齿数一般大于等于________。
4. 为了保证蜗杆与蜗轮的正常啮合，蜗轮齿数 z_2 一般不应大于________。
5. 蜗杆传动时，齿面上摩擦损耗大，蜗轮常用价格较高的非金属材料或________制造。

四、计算题

1. 有一对国产蜗杆、蜗轮，测得参数为：蜗杆头数 $z_1=2$，蜗轮齿数 $z_2=40$，蜗杆、蜗轮齿顶圆直径 $d'_{a_1}=108$ mm、$d'_{a_2}=378$ mm，蜗杆轴向齿距 $p'_x=28.26$ mm，全齿高 $h=19.80$ mm，中心距 $a'=225$ mm，试确定该蜗杆蜗轮传动齿形参数：m、q、γ、d_1、d_2、a。
2. 有一对国产驱动链传输的蜗杆、蜗轮，测得参数为：蜗杆头数 $z_1=2$，蜗轮齿数 $z_2=40$，蜗杆、蜗轮齿顶圆直径 $d'_{a_1}=116$ mm、$d'_{a_2}=336$ mm，蜗杆轴向齿距 $p'_x=25.13$ mm，全齿高 $h=17.60$ mm，中心距 $a'=210$ mm，试确定该蜗杆蜗轮传动齿形参数：m、q、γ、d_1、d_2、a。

附　录

1. 普通螺纹的公称直径与螺距系列(摘自 GB/T 196-2003)(单位: mm)

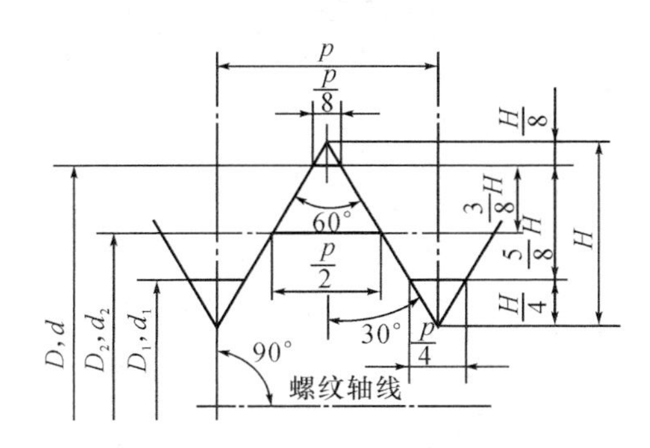

标记示例:

M10-6g(粗牙普通外螺纹、公称直径 $d=10$、右旋、中径及顶径公差带均为 6g、中等旋合长度)

M10×1-6H-LH(细牙普通内螺纹、公称直径 $D=10$、螺距 $P=1$、左旋、中径及顶径公差带均为 6H、中等旋合长度)

公称直径 D、d			螺距 P		公称直径 D、d			螺距 P	
第一系列	第二系列	第三系列	粗牙	细牙	第一系列	第二系列	第三系列	粗牙	细牙
2			0.4	0.25	16			2	1.5,1
	2.2		0.45				7		1.5,1
2.5				0.35		8		2.5	2,1.5,1
3			0.5		20				
	3.5		0.6			22			
4			0.7	0.5	24			3	
	4.5		0.75				25		
5			0.8				26		1.5
		5.5				27		3	2,1.5,1
6			1	0.75			28		
	7				30			3.5	
8			1.25	1,0.75			32		2,1.5
		9	1.25			33		3.5	(3),2,1.5
10			1.5	1.25,1,0.75			35		1.5
		11	1.5	1.5,1,0.75	36			4	3,2,1.5
12			1.75	1.5,1.125,1			38		1.5
	14		2			39		4	3,2,1.5
		15		1.5,1			40		

注:① 优先选用第一系列、其次是第二系列,第三系列尽可能不用。② 括号内的螺距尽可能不用。③ M14×1.25 仅用于火花塞。④ M35×1.5 仅用于滚动轴承锁紧螺母。

2. 普通螺纹退刀槽和倒角(摘自 GB/T 3-1997)(单位：mm)

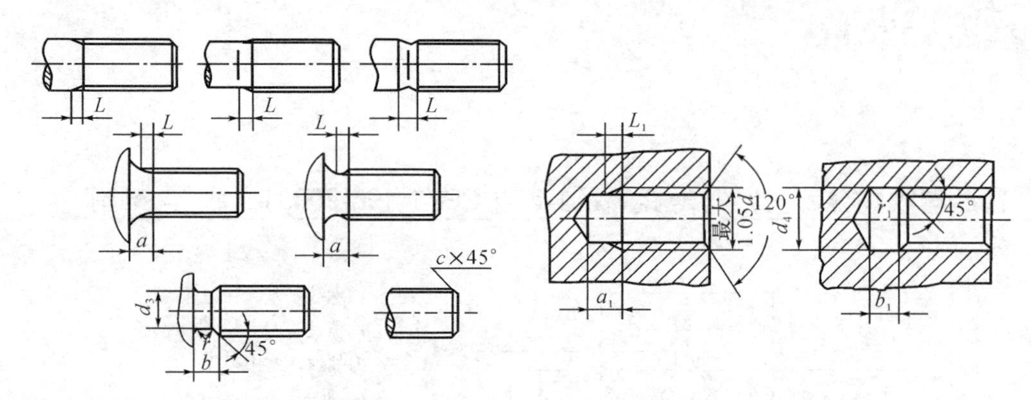

螺距 P	粗牙螺纹大径 d	外螺纹：螺纹收尾 L(不大于) 一般	螺纹收尾 L 短的	肩距 a(不大于) 一般	肩距 a 长的	肩距 a 短的	退刀槽 b 一般	退刀槽 b 窄的	退刀槽 r	退刀槽 d_3	倒角 c	内螺纹：螺纹收尾 L_1 一般	螺纹收尾 L_1 长的	肩距 a_1 一般	肩距 a_1 长的	退刀槽 b_1 一般	退刀槽 b_1 窄的	退刀槽 r_1	退刀槽 d_4
0.2	—	0.5	0.25	0.6	0.8	0.4					0.2	0.4	0.6	1.2	1.6				
0.25	1;1.2	0.6	0.3	0.75	1	0.5	0.75					0.5	0.8	1.5	2				
0.3	1.4	0.75	0.4	0.9	1.2	0.6	0.9				0.3	0.6	0.9	1.8	2.4				
0.35	1.6;1.8	0.9	0.45	1.05	1.4	0.7	1.05			$d-0.6$		0.7	1.1	2.2	2.8				
0.4	2	1	0.5	1.2	1.6	0.8	1.2			$d-0.7$	0.4	0.8	1.2	2.5	3.2				
0.45	2.2;2.5	1.1	0.6	1.35	1.8	0.9	1.35			$d-0.7$		0.9	1.4	2.8	3.6				
0.5	3	1.25	0.7	1.5	2	1	1.5			$d-0.8$	0.5	1	1.5	3	4	2			
0.6	3.5	1.5	0.75	1.8	2.4	1.2	1.8			$d-1$		1.2	1.8	3.2	4.8		1.5		
0.7	4	1.75	0.9	2.1	2.8	1.4	2.1	1	0.5P	$d-1.1$	0.6	1.4	2.1	3.5	5.6	3		0.5P	$d+0.3$
0.75	4.5	1.9	1	2.25	3	1.5	2.25			$d-1.2$		1.5	2.3	3.8	6		2		
0.8	5	2	1	2.4	3.2	1.6	2.4			$d-1.3$	0.8	1.6	2.4	4	6.4				
1	6;7	2.5	1.25	3	4	2	3	1.5		$d-1.6$	1	2	3	5	8	4	2.5		
1.25	8	3.2	1.6	4	5	2.5	3.75			$d-2$	1.2	2.5	3.8	6	10	5	3		
1.5	10	3.8	1.9	4.5	6	3	4.5	2.5		$d-2.3$	1.5	3	4.5	7	12	6	4		
1.75	12	4.3	2.2	5.3	7	3.5	5.25			$d-2.6$	2	3.5	5.2	9	14	7			$d+0.5$
2	14;16	5	2.5	6	8	4	6	3.5		$d-3$		4	6	10	16	8	5		
2.5	18;20;22	6.3	3.2	7.5	10	5	7.5			$d-3.6$	2.5	5	7.5	12	18	10	6		

注：① 外螺纹倒角和退刀槽过渡角一般按45°，也可按60°或30°。当按60°或30°倒角时，倒角深度约等于螺纹深度。内螺纹倒角一般是120°锥角，也可以按90°锥角；② 肩距 $a(a_1)$ 是螺纹收尾 $L(L_1)$ 加螺纹空白总长。设计时应优先考虑一般肩距尺寸，短的肩距只在结构需要时采用；③ 细牙螺纹按本表螺纹 p 选用；④ 窄的退刀槽只在结构需要时采用。

3. 联结零件沉头座及沉孔尺寸(GB/T 152-1988)(单位：mm)

螺钉或螺栓直径 d	螺钉与螺栓																	铆钉	
	通孔直径		用于六角头螺栓		用于带垫圈的六角螺母	用于沉头螺钉（90°$^{-2°}_{-4°}$）	用于圆柱头螺钉					用于圆柱头内六角螺钉					铆钉直径 d	通孔直径
	精装配	中等装配	D		D	D	D	H		H_1		D	H		H_1			
			小六角头	六角头				公称尺寸	极限偏差	公称尺寸	极限偏差		公称尺寸	极限偏差	公称尺寸	极限偏差		
1	1.1	1.2	—	—	—	2.4	2.5	0.7	+0.16	1		—	—		—		0.6	0.7
1.2	1.3	1.4	—	—	—	2.8	2.8	0.8		1.1		—	—		—		0.8	0.9
1.4	1.5	1.6	—	—	—	3.2	3.2	1		1.4		—	—		—		1	1.1
1.6	1.7	1.8	—	—	5	3.7	3.6	1.2		1.6	+0.25	—	—	—	—	—	1.2	1.3
2	2.2	2.4	—	—	6	4.5	4.5	1.4		1.8		—	—		—		1.4	1.5
2.5	2.7	2.9	—	—	7.5	5.5	5.2	1.7	+0.25	2.2		—	—		—		1.6	1.7
3	3.2	3.4	—	9	8	7	6	1.9		2.4		—	—		—		2	2.1
4	4.3	4.5	—	11	11	9	8.5	2.5		3		8.5	4		5	+0.30	2.5	2.6
5	5.3	5.5	—	12	12	11	10	3		3.5		10	5	+0.30	6		3	3.1
6	6.4	6.6	—	15	15	13	12	3.5		4.5	+0.30	12	6		7	+0.36	3.5	3.6
8	8.4	9	17	20	20	17	15	5	+0.30	6		15	8		9		4	4.1
10	10.5	11	20	24	24	21	18	6		7		18	10	+0.36	11		5	5.2
12	13	13.5	24	26	28	25	22	7		8	+0.36	22	12		13	+0.43	6	6.2
14	15	15.5	26	30	32	28	25	8		9		25	14		15		8	8.2
16	17	17.5	30	32	34	32	28	9	+0.36	10		28	16	+0.43	17		10	10.3
18	19	20	32	36	38	36	32	10		11	+0.43	32	18		19	+0.52		
20	21	22	36	40	42	40	35	11	+0.43	12		35	20	+0.52	21			

注：h 以锪平为止，在图上不标尺寸。

4. 开槽螺钉(摘自 GB/T 65-2000、GB/T 67-2000、GB/T 68-2000)(单位:mm)

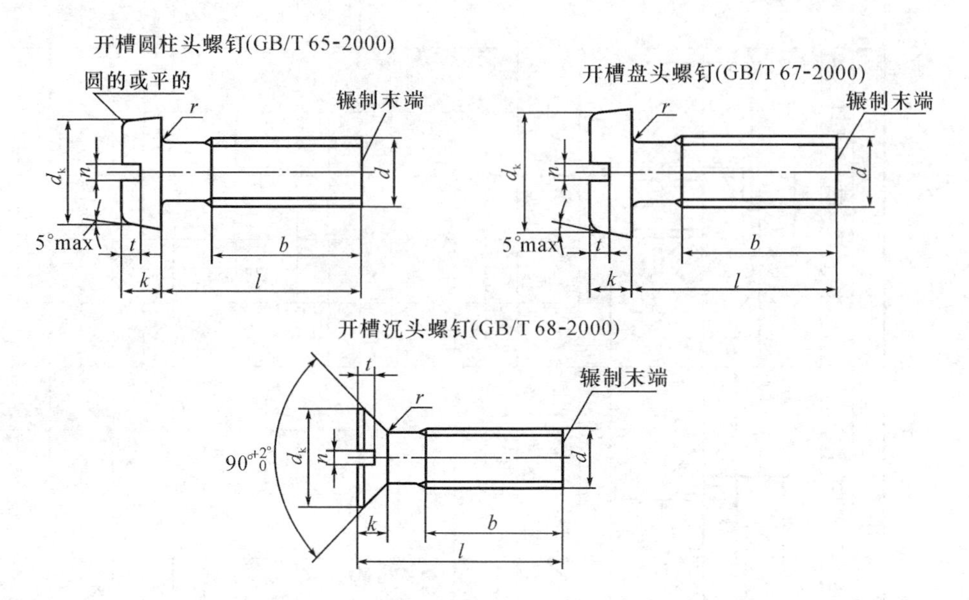

标记示例:

螺纹规格 d=M5,公称长度 l=20,性能等级为 4.8 级,不经表面处理的 A 级开槽圆柱头螺钉,标记为:

螺钉 GB/T 65 M5×20

螺纹规格 d		M1.6	M2	M2.5	M3	M4	M5	M6	M8	M10
GB/T 65-2000	d_k	3	3.8	4.5	5.5	7	8.5	10	13	16
	k	1.1	1.4	1.8	2	2.6	3.3	3.9	5	6
	t_{min}	0.45	0.6	0.7	0.85	1.1	1.3	1.6	2	2.4
	r_{min}	0.1	0.1	0.1	0.1	0.2	0.2	0.25	0.4	0.4
	l	2~6	3~20	3~25	4~30	5~40	6~50	8~60	10~80	12~80
	全螺纹时最大长度	30				40				
GB/T 67-2008	d_k	3.2	4	5	5.6	8	9.5	12	16	20
	k	1	1.3	1.5	1.8	2.4	3	3.6	4.8	6
	t_{min}	0.35	0.5	0.6	0.7	1	1.2	1.4	1.9	2.4
	r_{min}	0.1	0.1	0.1	0.1	0.2	0.2	0.25	0.4	0.4
	l	2~16	2.5~20	3~25	4~30	5~40	6~50	8~60	10~80	12~80
	全螺纹时最大长度	30				40				
GB/T 68-2000	d_k	3	3.8	4.7	5.5	8.4	9.3	11.3	15.8	18.3
	k	1	1.2	1.5	1.65	2.7	2.7	3.3	4.65	5
	t_{min}	0.32	0.4	0.5	0.6	1	1.1	1.2	1.8	2
	r_{min}	0.4	0.5	0.6	0.8	1	1.3	1.5	2	2.5
	l	2.5~16	3~20	4~25	5~30	6~40	8~50	8~60	10~80	12~80
	全螺纹时最大长度	30				45				
n		0.4	0.5	0.6	0.8	1.2	1.2	1.6	2	2.5
b_{min}		25				38				
l 系列		2、2.5、3、4、5、6、8、10、12、(14)、16、20、25、30、35、40、45、50、(55)、60、(65)、70、(75)、80								

5. 十字槽螺钉(摘自 GB/T 818-2000、GB/T 819.1-2000、GB/T 820-2000)(单位:mm)

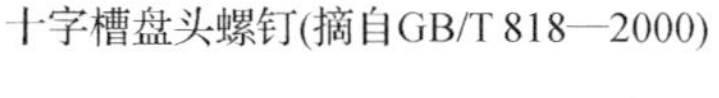

十字槽沉头螺钉(摘自GB/T 819.1—2000)

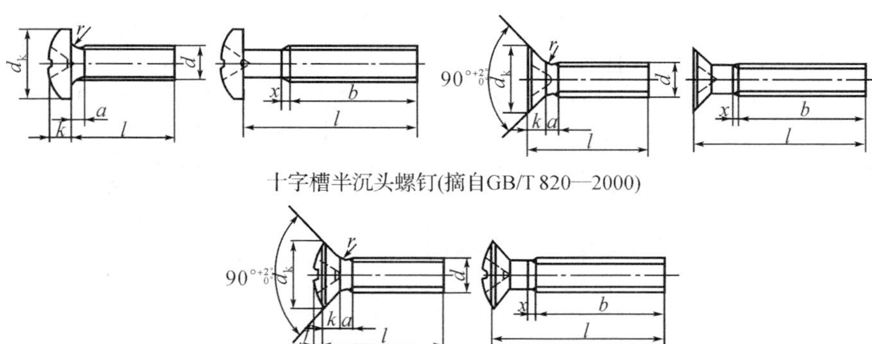

标记示例:

螺纹规格 d=M5,公称长度 l=20,性能等级为 4.8 级,不经表面处理的 H 型十字槽盘头螺钉,标记为:

螺钉 GB/T 818 M5×20

螺纹规格 d		M1.6	M2	M2.5	M3	(M3.5)	M4	M5	M6	M8	M10
a_{max}		0.7	0.8	0.9	1	1.2	1.4	1.6	2	2.5	3
b_{min}		25	25	25	25	38	38	38	38	38	38
x_{max}		0.9	1	1.1	1.25	1.5	1.75	2	2.5	3.2	3.8
l		3~16	3~20	3~25	4~30	5~30	5~40	6~45	8~60	10~60	12~60
GB/T 818	d_{kmax}	3.2	4	5	5.6	7	8	9.5	12	16	20
	k_{max}	1.3	1.6	2.1	2.4	2.6	3.1	3.7	4.6	6	7.5
	r_{min}	0.1	0.1	0.1	0.1	0.1	0.2	0.2	0.25	0.4	0.4
	b	3~25	3~25	3~25	4~25	5~40	5~40	6~40	8~40	10~40	12~40
GB/T 819.1 GB/T 820	d_{kmax}	3	3.8	4.7	5.5	7.3	8.4	9.3	11.3	15.8	18.3
	f	0.4	0.5	0.6	0.7	0.8	1	1.2	1.4	2	2.3
	k_{max}	1	1.2	1.5	1.65	2.35	2.7	2.7	3.3	4.65	5
	r_{max}	0.4	0.5	0.6	0.8	0.9	1	1.3	1.5	2	2.5
	b	3~30	3~30	3~30	4~30	5~45	5~45	6~45	8~45	10~45	12~45
l 系列		3,4,5,6,8,10,12,(14),16,20,25,30,35,40,45,50,(55),60									

技术条件	材料	钢	不锈钢	有色金属	螺纹公差:6g	产品等级:A
	性能等级	4.8	A2-50、A2-70	CU2、CU3、AL4		
	表面处理	不经处理	简单处理	简单处理		

6. 内六角圆柱头螺钉(摘自 GB/T 70.1-2008)(单位：mm)

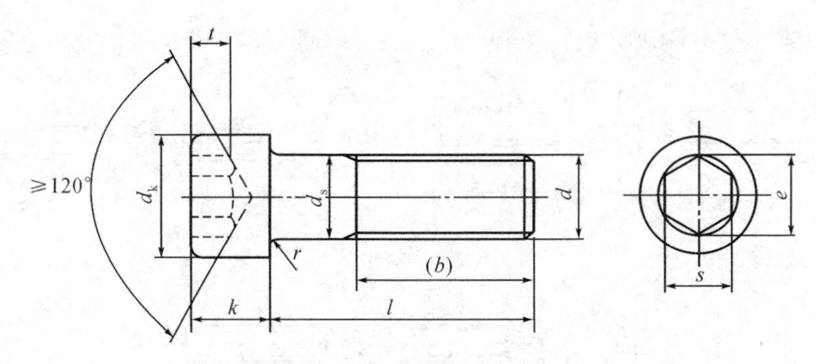

标记示例：

螺纹规格 d=M5，公称长度 l=20，性能等级为 8.8 级，表面氧化处理的 A 级内六角螺钉，标记为：

螺钉 GB/T 70.1 M5×20

螺纹规格 d		M4	M5	M6	M8	M10	M12	M(14)	M16	M20	M24	M30	M36
螺距 P		0.7	0.8	1	1.25	1.5	1.75	2	2	2.5	3	3.5	4
b 参考		20	22	24	28	32	36	40	44	52	60	72	84
$d_{k\max}$	光滑头部	7	8.5	10	13	16	18	21	24	30	36	45	54
	滚花头部	7.22	8.72	10.22	13.27	16.27	18.27	21.33	24.33	30.33	36.39	45.39	54.46
$k_{\max}$		4	5	6	8	10	12	14	16	20	24	30	36
$t_{\min}$		2	2.5	3	4	5	6	7	8	10	12	15.5	19
s 公称		3	4	5	6	8	10	12	14	17	19	22	27
$e_{\min}$		3.443	4.583	5.723	6.863	9.149	11.429	13.716	15.996	19.437	21.734	25.154	30.854
$r_{\min}$		0.2	0.2	0.25	0.4	0.4	0.6	0.6	0.6	0.8	0.8	1	1
$d_{s\min}$		4	5	6	8	10	12	14	16	20	24	30	36
l 范围		6～40	8～50	10～60	12～80	16～100	20～120	25～140	25～160	30～200	40～200	45～200	55～200
全螺纹时最大长度		25	25	30	35	40	45	55	55	65	80	90	100
l 系列		6、8、10、12、16、20～70(5 进位)、80～160(10 进位)、180、200											

注：① 尽可能不采用括号里的规格。② 末端倒角，d≤M4 的为辗制末端，见 GB/T 2 规定。③ 螺纹公差：机械性能等级 12.9 级时为 5g6g，其他等级时为 6g。④ 产品等级：A。

7. 开槽紧定螺钉(摘自 GB/T 71-1985、GB/T 73-1985、GB/T 75-1985)(单位：mm)

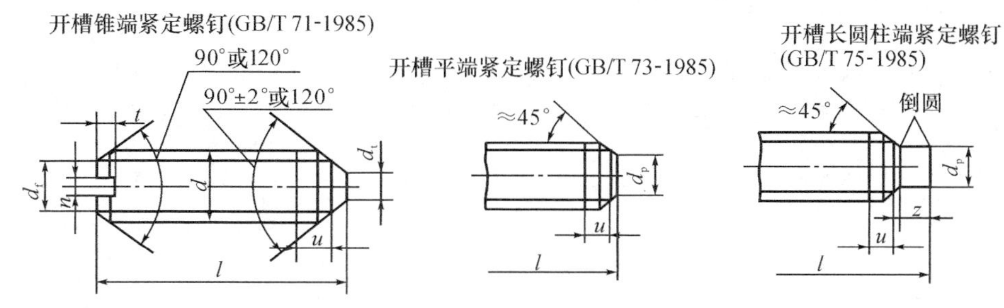

标记示例：

螺纹规格 d=M5，公称长度 l=20，性能等级为 14HV 级，表面氧化处理的开槽平端紧定螺钉，标记为：

螺钉 GB/T 73 M5×20

螺纹规格 d		M1.2	M1.6	M2	M2.5	M3	M4	M5	M6	M8	M10	M12
P		0.25	0.35	0.4	0.45	0.5	0.7	0.8	1	1.25	1.5	1.75
d_f		螺纹小径										
d_t	min	—	—	—	—	—	—	—	—	—	—	—
	max	0.12	0.16	0.2	0.25	0.3	0.4	0.5	1.5	2	2.5	3
d_p	min	0.35	0.55	0.75	1.25	1.75	2.25	3.2	3.7	5.2	6.64	8.14
	max	0.6	0.8	1	1.5	2	2.5	3.5	4	5.5	7	8.5
n	公称	0.2	0.25	0.25	0.4	0.4	0.6	0.8	1	1.2	1.6	2
	min	0.26	0.31	0.31	0.46	0.46	0.66	0.86	1.06	1.26	1.66	2.06
	max	0.4	0.45	0.45	0.6	0.6	0.8	1	1.2	1.51	1.91	2.31
t	min	0.4	0.56	0.64	0.72	0.8	1.12	1.28	1.6	2	2.4	2.8
	max	0.52	0.74	0.84	0.95	1.05	1.42	1.63	2	2.5	3	3.6
z	min	—	0.8	1	1.25	1.5	2	2.5	3	4	5	6
	max	—	1.05	1.25	1.5	1.75	2.25	2.75	3.25	4.3	5.3	6.3
l 范围	GB71	2～6	2～8	3～10	3～12	4～6	6～20	8～25	8～30	10～40	12～15	14～60
	GB73	2～6	2～8	2～10	2.5～12	3～16	4～20	5～25	6～30	8～40	10～50	12～60
	GB75	—	2.5～8	3～10	4～12	5～16	6～20	8～25	8～30	10～40	12～50	14～60
l 系列		2,2.5,3,4,5,6,8,10,12,(14),16,20,25,30,35,40,45,50,(55),60										

注：① 公称长度为短螺钉时，应制成 120°。② u 为不完全螺钉的长度≤$2P$。

8. 方头紧定螺钉(摘自 GB/T 83-1988、GB/T 84-1988、GB/T 85-1988、GB/T 86-1988、GB/T 821-1988)(单位:mm)

方头长圆柱球面端紧定螺钉(摘自GB/T 83-1988)

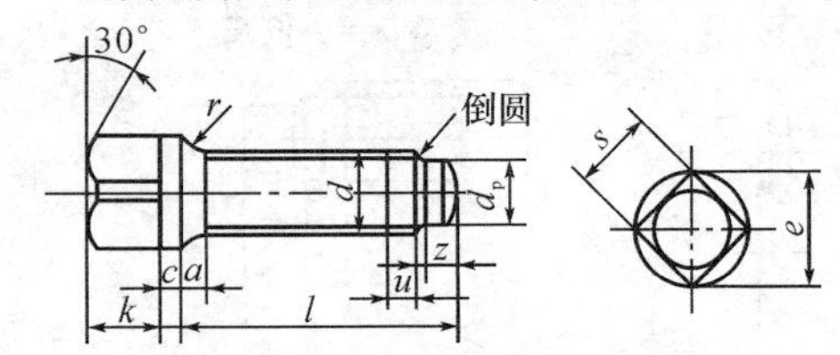

方头凹端紧定螺钉(摘自GB/T 84-1988)

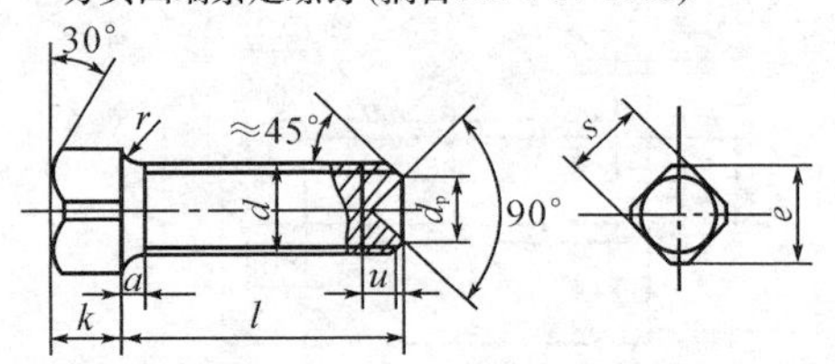

方头长圆柱端紧定螺钉(摘自GB/T 85-1988)

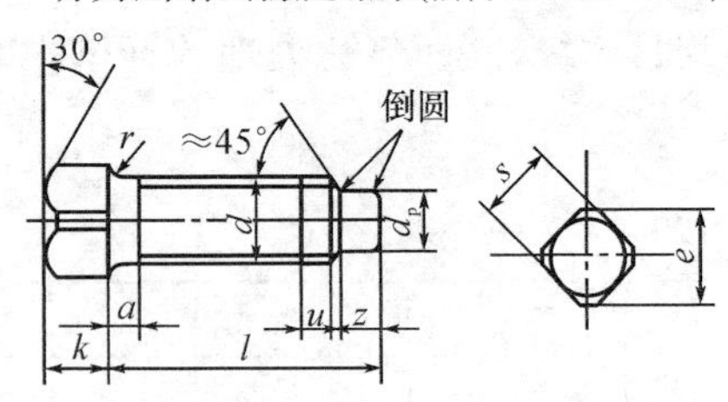

方头短圆柱端紧定螺钉(摘自GB/T 86-1988)

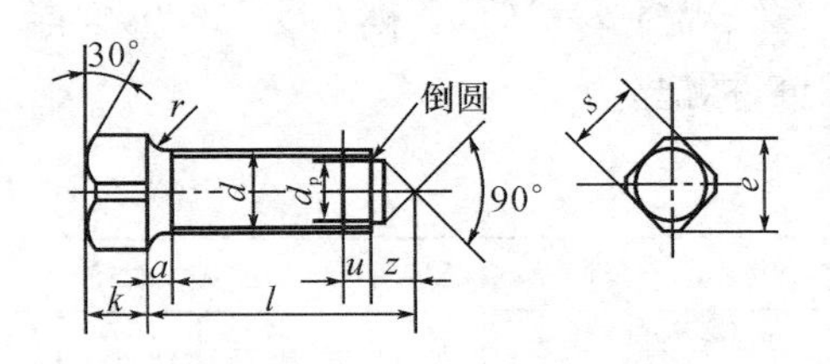

方头平端紧定螺钉(摘自GB/T 821-1988)

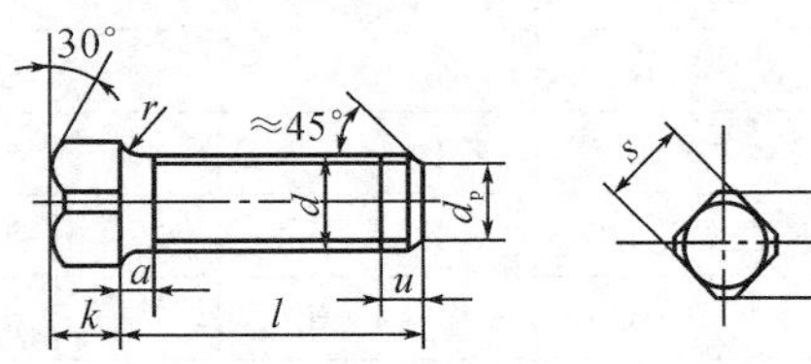

标记示例:

螺纹规格d=M5,公称长度l=20,性能等级为33H,表面氧化处理的方头长圆柱球面端端紧定螺钉,标记为:

螺钉GB/T 83 M5×20

螺钉 GB/T 83 M5×20

螺纹规格 d		M5	M6	M8	M10	M12	M16	M20
$d_{p\max}$		3.5	4	5.5	7.0	8.5	12	15
$d_{z\max}$		2.5	3	5	6	7	10	13
$e_{\min}$		6	7.3	9.7	12.2	14.7	20.9	27.1
S		5	6	8	10	12	17	22
k	GB/T83	—	—	9	11	13	18	23
	其他	5	6	7	8	10	14	18
z	GB/T86	3.5	4	5	6	7	9	11
	其他	2.5	3	4	5	6	8	10
r	GB/T83、GB/T84	0.2	0.25	0.4	0.5	0.6	0.6	0.8
	其他	0.2	0.25	0.4	0.4	0.6	0.6	0.8
c		—	—	2	3	3	4	5
通用规格长度 l	GB/T 83	—	—	16~40	20~50	25~60	30~80	35~100
	GB/T 84	10~30	12~30	14~40	20~50	25~60	30~80	40~100
	GB/T85、GB/T 86	12~30	12~30	14~40	20~50	25~60	25~80	40~100
	GB/T 821	8~30	8~30	10~40	12~50	14~60	20~80	40~100
l 系列		8,10,12,(14),16,20,25,30,35,40,45,50,(55),60,70,80,90,100						
技术条件		材料	钢		不锈钢		产品等级:A	
		螺纹公差	45H 为 5g、6g;33H 为 6g		6g			
		性能等级	33H、45H		Al-50、C4-50			
		表面处理	氧化;镀锌钝化		不经热处理			

注:① "—"表示 GB/T 83 无此规格。② $a \leqslant 4P$;不完整螺纹的长度 $u \leqslant 2P$。

9. 平垫圈(GB/T 97.1-2002、GB/T 97.2-2002)(单位:mm)

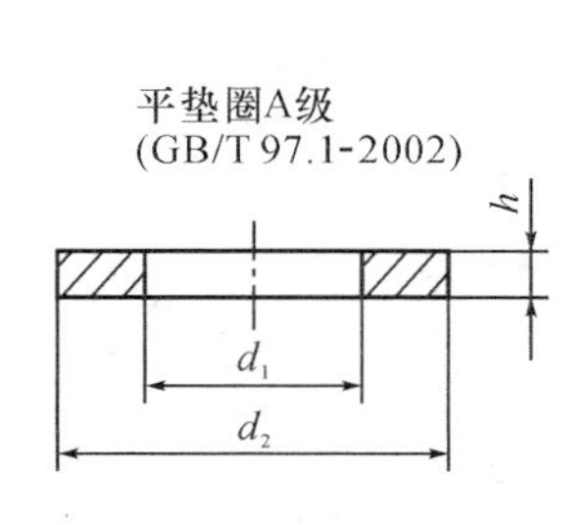

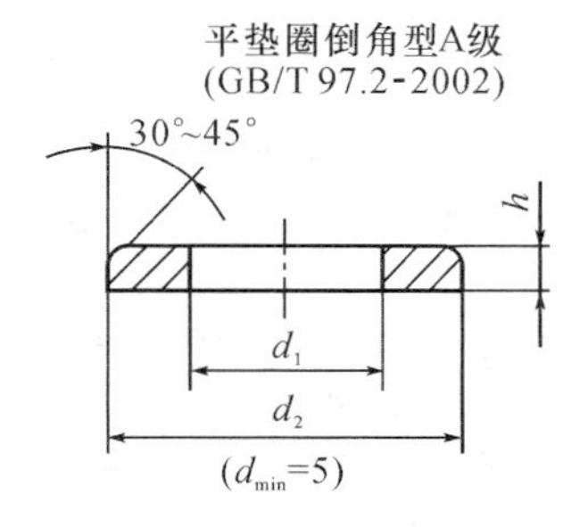

标记示例:

标准系列,公称规格 8,由钢制造的硬度为 200 HV 级,不经表面处理,产品等级为 A 级的平垫圈,标记为:

螺钉 GB/T 97.18

公称规格(螺纹大径 d)	2	2.5	3	4	5	6	8	10	12	14	16	20	24	30
内径 d_1	2.2	2.7	3.2	4.3	5.3	6.4	8.4	10.5	13	15	17	21	25	31
外径 d_2	5	6	7	9	10	12	16	20	24	28	30	37	44	56
厚度 h	0.3	0.5	0.5	0.8	1	1.6	1.6	2	2.5	2.5	3	3	4	4

10. 弹簧垫圈(GB/T 93-1987)(单位:mm)

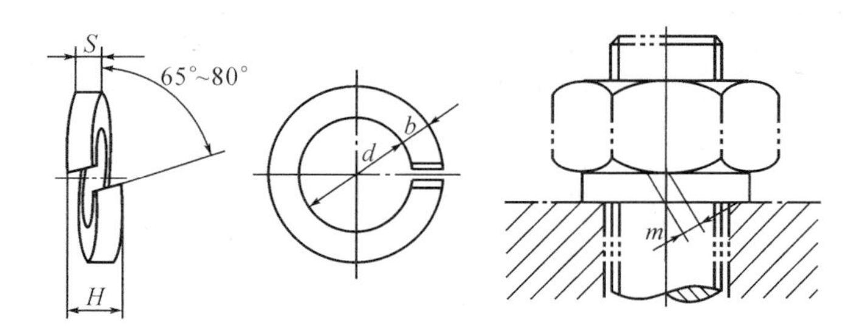

标记示例:

标准系列,公称规格 8,材料为 65Mn,表面氧化处理的弹簧垫圈,标记为:

螺钉 GB/T 93 8

规格(螺纹大径)	4	5	6	8	10	12	16	20	24	30	36	42	48
d_{min}	4.1	5.1	6.1	8.1	10.2	12.2	16.2	20.2	24.5	30.5	36.5	42.5	48.5
$S(b)$公称	1.1	1.3	1.6	2.1	2.6	3.1	4.1	5	6	7.5	9	10.5	12
$m \leqslant$	0.55	0.65	0.8	1.05	1.3	1.55	2.05	2.5	3	3.75	4.5	5.25	6
H_{max}	2.75	3.25	4	5.25	6.5	7.75	10.25	12.5	15	18.75	22.5	26.25	30

注:m 应大于零。

11. 六角螺母(摘自 GB/T 6170～6171-2000、GB/T 41-2000)(单位：mm)

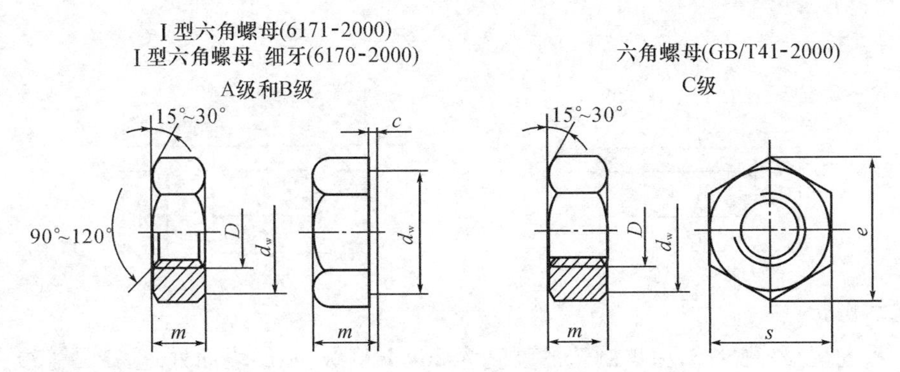

标记示例：

螺纹规格 d 为 M12、性能等级为 5 级、不经表面处理、产品等级为 C 级的六角螺母：

螺母 GB/T 41 M12

螺纹规格 d 为 M12、性能等级为 8 级、不经表面处理、产品等级为 A 级 Ⅰ 型的六角螺母：

螺母 GB/T 6170 M12

螺纹规格	d	M4	M5	M6	M8	M10	M12	M16	M20	M24	M30	M36	M42	M48
	$d\times p$	—	—	—	M8 ×1	M10 ×1	M12 ×1.5	M16 ×1.5	M20 ×1.5	M24 ×2	M30 ×2	M36 ×3	M42 ×3	M48 ×3
c_{max}		0.4	0.5		0.6			0.8					1	
s_{max}		7	8	10	13	16	18	24	30	36	46	55	65	75
e_{min}	A、B 级	7.66	8.79	11.05	14.38	17.77	20.03	26.75	32.95	39.55	50.85	60.79	71.3	82.6
	C 级	—	8.63	10.89	14.2	17.59	19.85	26.17						
m_{max}	A、B 级	3.2	4.7	5.2	6.8	8.4	10.8	14.8	18	21.5	25.6	31	34	38
	C 级	—	5.6	6.4	7.9	9.5	12.2	15.9	19	22.3	26.4	31.9	34.9	38.9
d_{wmin}	A、B 级	5.9	6.9	8.9	11.6	14.6	16.6	22.5	27.7	33.3	42.8	51.1	60	69.5
	C 级	—	6.7	8.7	11.5	14.5	16.5	22						

注：① P—螺距。② A 级用于 $D\leqslant16$ 的螺母；B 级用于 $D>16$ 的螺母；C 级用于螺纹规格为 M5～M64 的螺母。③ 螺纹公差：A、B 级为 6H，C 级为 7H；机械性能等级：A、B 为 6、8、10 级，C 级为 4、5 级。

12. 六角头螺栓(摘自 GB/T 5782-2000、GB/T 5783-2000)(单位：mm)

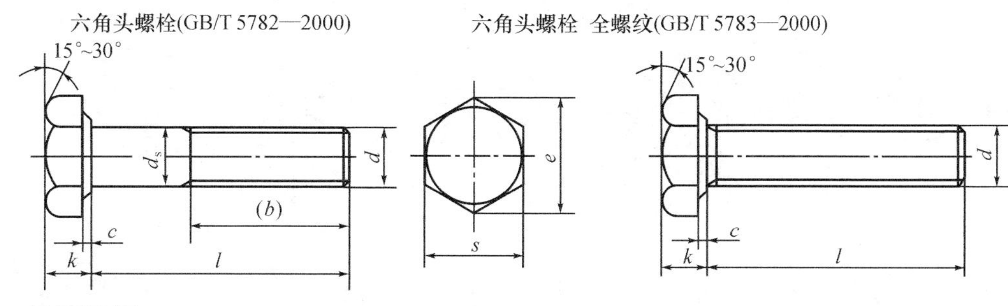

标记示例：

螺纹规格 d=M12、公称长度 l=80、性能等级为 8.8 级、表面氧化处理的 A 级六角头螺栓，标记为：

螺栓 GB/T 5782 M12×80

螺纹规格 d=M12、公称长度 l=80、性能等级为 8.8 级、表面氧化处理、全螺纹的 A 级六角头螺栓，标记为：

螺栓 GB/T 5783 M12×80

螺纹规格		d	M4	M5	M6	M8	M10	M12	M16	M20	M24	M30	M36	M42	M48
b		$l \leqslant 125$	14	16	18	22	26	30	38	46	54	66	—	—	—
		$125 < l \leqslant 200$	20	22	24	28	32	36	44	52	60	72	84	96	108
		$l > 200$	33	35	37	41	45	49	57	65	73	85	97	109	121
c_{max}			0.4	0.5		0.6		0.8							1
k_{max}	产品等级	A	2.93	3.65	4.15	5.45	6.58	7.68	10.18	12.72	15.22	—	—	—	—
		B	3	3.74	4.24	5.54	6.69	7.79	10.29	12.85	15.35	19.12	22.92	26.42	30.42
d_{smax}			4	5	6	8	10	12	16	20	24	30	36	42	48
s_{max}			7	8	10	13	16	18	24	30	36	46	55	65	75
e_{min}	产品等级	A	7.66	8.79	11.05	14.38	17.77	20.03	26.75	33.53	39.98	—	—	—	—
		B	7.50	8.63	10.89	14.2	17.59	19.85	26.17	32.95	39.55	50.85	60.79	71.3	82.6
l 范围	GB/T 5782		25～40	25～50	30～60	40～80	45～100	50～120	65～160	80～200	90～240	110～300	140～360	160～440	180～480
	GB/T 5783		8～40	10～50	12～60	16～80	20～100	25～150	30～150	40～150	50～150	60～200	70～200	80～200	100～200
l 系列	GB/T 5782		20～65(5 进位)、70～160(10 进位)、180～500(20 进位)												
	GB/T 5783		8、10、12、16、20～65(5 进位)、70～160(10 进位)、180、200												

13. 普通型平键及键槽尺寸(摘自 GB/T 1095-2003、GB/T 1096-2003)(单位:mm)

普通平键的尺寸与公差(GB/T 1095-2003)

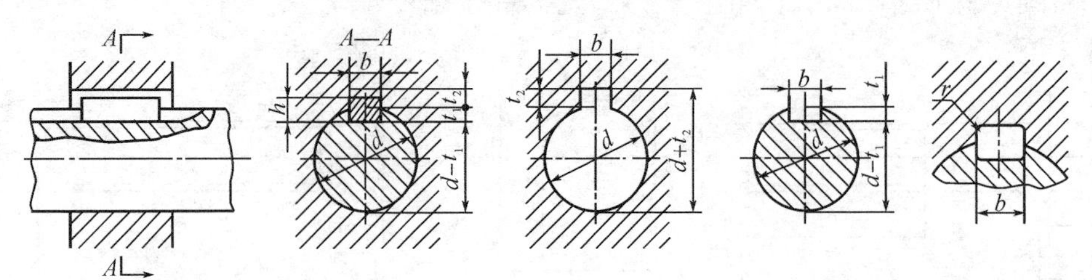

普通平键的型式与尺寸(GB/T 1096-2003)

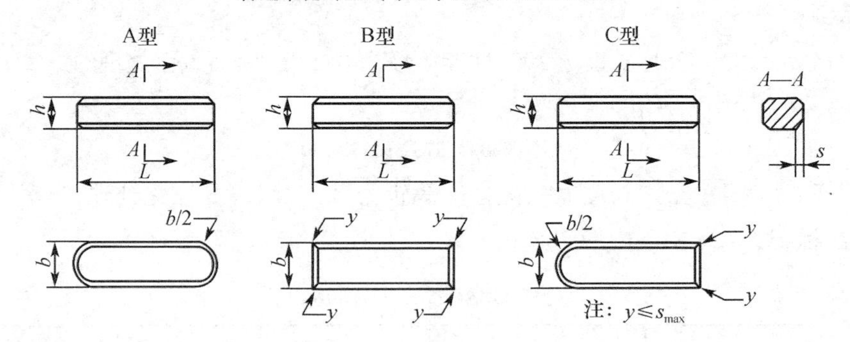

标记示例:

GB/T 1096 键 16×10×100(普通 A 型平键、b=16、h=10、L=100)

轴	键	键槽											
公称直径 d	键尺寸 $b\times h$	宽度						深度				半径	
		基本尺寸 b	极限偏差					轴 t_1		毂 t_2			
			正常联结		紧密联结	松联结		基本尺寸	极限偏差	基本尺寸	极限偏差		
			轴 N9	毂 JS9	轴和毂 P9	轴 H9	毂 D10					min	max
>10~12	4×4	4	0 −0.030	±0.015	−0.012 −0.042	+0.030 0	+0.078 +0.030	2.5	+0.10	1.8	+0.10	0.08	0.16
>12~17	5×5	5						3.0		2.3		0.16	0.25
>17~22	6×6	6						3.5		2.8			
>22~30	8×7	8	0 −0.036	±0.018	−0.015 −0.051	+0.036 0	+0.098 +0.040	4.0	+0.20	3.3	+0.20		
>30~38	10×8	10						5.0		3.3		0.25	0.40
>38~44	12×8	12	0 −0.043	± 0.021 5	−0.018 −0.061	+0.043 0	+0.120 +0.050	5.0		3.3			
>44~50	14×9	14						5.5		3.8			
>50~58	16×10	16						6.0		4.3			
>58~65	18×11	18						7.0		4.4			
>65~75	20×12	20	0 −0.052	±0.026	−0.022 −0.074	+0.052 0	+0.149 +0.065	7.5		4.9		0.40	0.60
>75~85	22×14	22						9.0		5.4			
>85~95	25×14	25						9.0		5.4			
>95~110	28×16	28						10.0		6.4			

注:① L 系列:6~22(2 进制)、25、28、32、36、40、45、50、56、63、70、80、90、100、110、125、140、160、180、200、220、250。
② GB/T 1095-2003、GB/T 1096-2003 中无轴的公称直接一列,现列出仅供参考。

14. 圆柱销(摘自 GB/T 119.1-2000、GB/T 119.2-2000)(单位:mm)

圆柱销 不淬硬钢和奥氏体不锈钢(GB/T 119.1-2000)

圆柱销 淬硬钢和马氏体不锈钢(GB/T 119.2-2000)

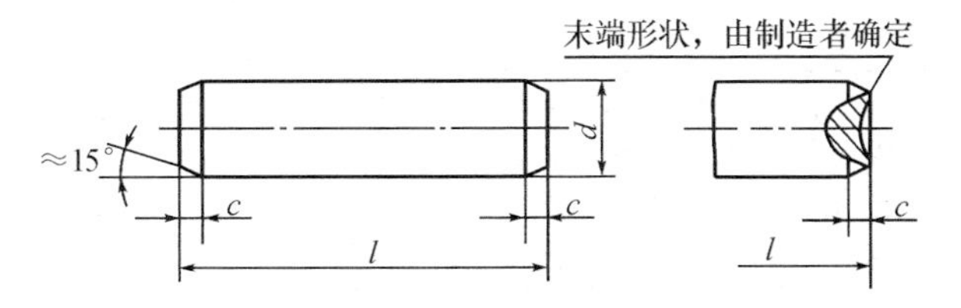

标记示例:

公称直径 $d=6$,公差为 m6,公称长度 $l=30$,材料为钢,不经淬火,不经表面处理的圆柱销标记为:

销 GB/T 119.1 6m6×30

公称直径 $d=6$,公差为 m6,公称长度 $l=30$,材料为钢,普通淬火(A 型),表面氧化处理的圆柱销标记为:

销 GB/T 119.2 6m6×30

公称直径 d		3	4	5	6	8	10	12	16	20	25	30	40	50
c		0.5	0.63	0.8	1.2	1.6	2	2.5	3	3.5	4	5	6.3	8
公称长度 l	GB/T 119.1	8~30	8~40	10~50	12~60	14~80	18~95	22~140	26~180	35~200	50~200	60~200	80~200	95~200
	GB/T 119.2	8~30	10~40	12~50	14~60	18~80	22~100	26~100	40~100	50~100	—	—	—	—
l 系列		2、3、4、5、6~32(2 进位)、35~100(5 进位)、120~200(20 进位)												

注:① GB/T 119.1-2000 规定圆柱销的公称直径 $d=0.6\sim50$ mm,公差为 m6 和 h8,材料为不淬硬钢和奥氏体不锈钢。② GB/T 119.2-2000 规定圆柱销的公称直径 $d=1\sim20$ mm,公差为 m6,材料为钢,A 型(普通淬火)和 B 型(表面淬火)及马氏体不锈钢。③ 圆柱销公差为 m6 时,表面粗糙度 $Ra\leqslant0.8$ μm;圆柱销公差为 h8 时,表面粗糙度 $Ra\leqslant1.6$ μm。

15. 圆锥销(摘自 GB/T 117-2000)(单位:mm)

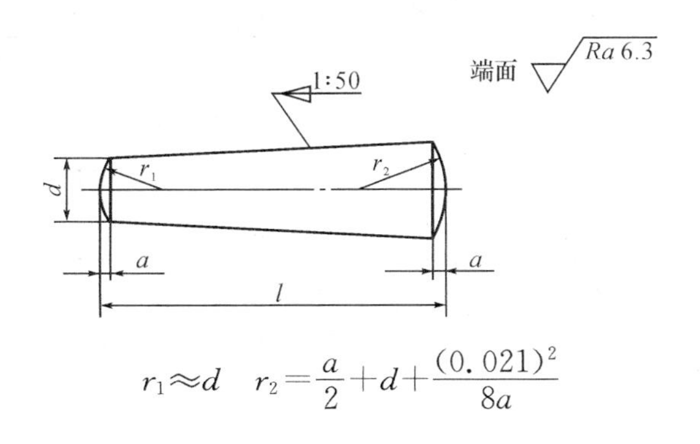

$$r_1\approx d \quad r_2=\frac{a}{2}+d+\frac{(0.021)^2}{8a}$$

标记示例:

公称直径 $d=10$,公差为 m6,公称长度 $l=60$,材料为 35 钢,热处理硬度 28~38HRC,表面氧化处理的 A 型圆锥销标记为:

销 GB/T 117 10×60

公称直径 d	2	2.5	3	4	5	6	8	10	12	16	20	25
$a\approx$	0.25	0.3	0.4	0.5	0.63	0.8	1	1.2	1.6	2	2.5	3
l 范围	10～35	10～35	12～45	14～55	18～60	22～90	22～120	26～160	32～180	40～200	45～200	50～200
l 系列	2、3、4、5、6～32(2 进位)、35～100(5 进位)、120～200(20 进位)											

注:① 标准规定圆锥销的公称直径 d=0.6～50 mm。② 圆柱销有 A 型和 B 型。A 型为磨削,锥面表面粗糙度 Ra=0.8 μm;B 型为切削或冷镦,锥面表面粗糙度 Ra=3.2 μm。

16. 滚动轴承(摘自 GB/T 276-1994、GB/T 297-1994、GB/T 301-1995)(单位:mm)

深沟球轴承
(GB/T 276-1994)

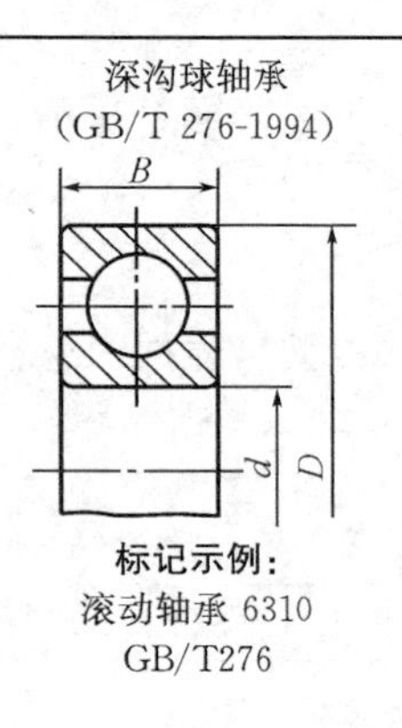

标记示例:
滚动轴承 6310
GB/T276

圆锥滚子轴承
(GB/T 297-1994)

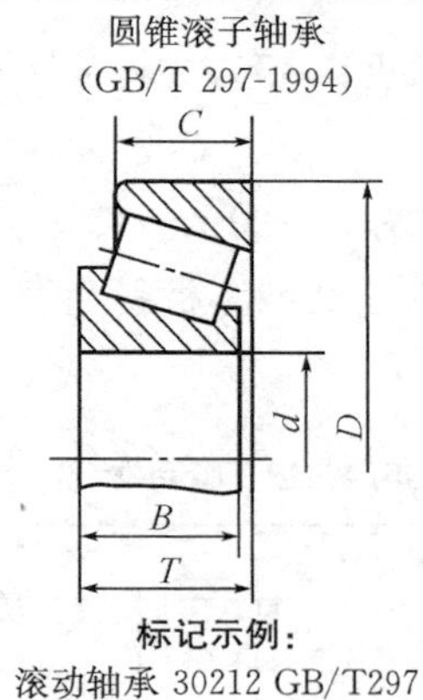

标记示例:
滚动轴承 30212 GB/T297

推力球轴承
(GB/T 301-1995)

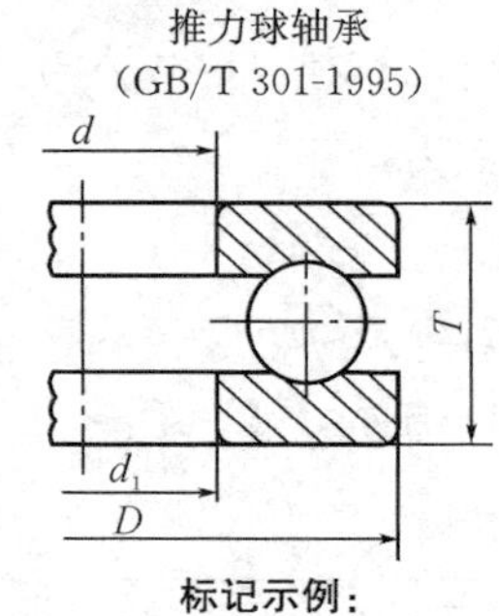

标记示例:
滚动轴承 51305 GB/T301

轴承型号	尺寸			轴承型号	尺寸					轴承型号	尺寸			
	d	D	B		d	D	B	C	T		d	D	T	d_1
尺寸系列[(0)2]				尺寸系列[02]						尺寸系列[12]				
6202	15	35	11	30203	17	40	12	11	13.25	51202	15	32	12	17
6203	17	40	12	30204	20	47	14	12	15.25	51203	17	35	12	19
6204	20	47	14	30205	25	52	15	13	16.25	51204	20	40	14	22
6205	25	52	15	30206	30	62	16	14	17.25	51205	25	47	15	27
6206	30	62	16	30207	35	72	17	15	18.25	51206	30	52	16	32
6207	35	72	17	30208	40	80	18	16	19.25	51207	35	62	18	37
6208	40	80	18	30209	45	85	19	16	20.25	51208	40	68	19	42
6209	45	85	19	30210	50	90	20	17	21.25	51209	45	73	20	47
6210	50	90	20	30211	55	100	21	18	22.25	51210	50	78	22	52
6211	55	100	21	30212	60	110	22	19	23.25	51211	55	90	25	57
6212	60	110	22	30213	65	120	23	20	24.25	51212	60	95	26	62
尺寸系列[(0)3]				尺寸系列[03]						尺寸系列[13]				
6302	15	42	13	30302	15	42	13	11	14.25	51304	20	47	18	22
6303	17	47	14	30303	17	47	14	12	15.25	51305	25	52	18	27
6304	20	52	15	30304	20	52	15	13	16.25	51306	30	60	21	32

续表

尺寸系列[(0)3]				尺寸系列[03]						尺寸系列[13]				
6305	25	62	17	30305	25	62	17	15	18.25	51307	35	68	24	37
6306	30	72	19	30306	30	72	19	16	20.75	51308	40	78	26	42
6307	35	80	21	30307	35	80	21	18	22.75	51309	45	85	28	47
6308	40	90	23	30308	40	90	23	20	25.25	51310	50	95	31	52
6309	45	100	25	30309	45	100	25	22	27.25	51311	55	105	35	57
6310	50	110	27	30310	50	110	27	23	29.25	51312	60	110	35	62
6311	55	120	29	30311	55	120	29	25	31.50	51313	65	115	36	67
6312	60	130	31	30312	60	130	31	26	33.50	51314	70	125	40	72

注:圆括号中的尺寸系列代号在轴承代号中省略。

17. 孔用挡圈(摘自 GB/T 893.1-1986、GB/T 893.2-1986)(单位:mm)

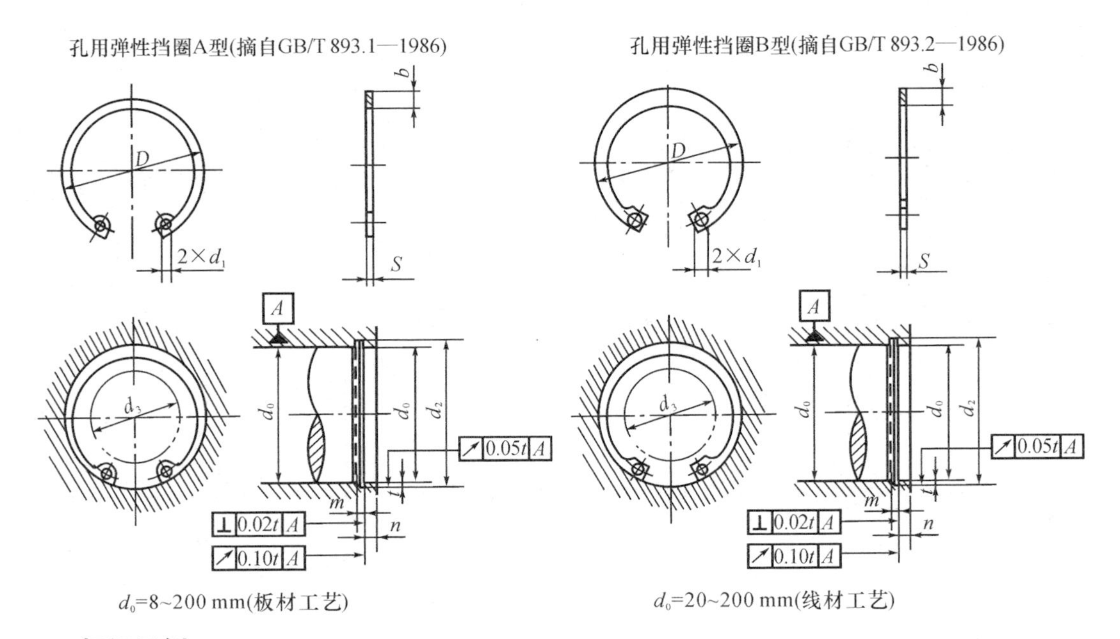

标记示例:

孔径 d_0=50 mm、材料 65Mn、热处理硬度 44~51HRC、经表面处理的 A 型孔用弹性挡圈,标记为:

挡圈 GB/T 893.1 50

孔径 d_0=40 mm、材料 65Mn、热处理硬度 47~54HRC、经表面处理的 B 型孔用弹性挡圈,标记为:

挡圈 GB/T 893.2 40

<table>
<tr><th rowspan="3">孔径
d_0</th><th colspan="7">挡圈</th><th colspan="5">沟槽(推荐)</th><th>轴</th></tr>
<tr><th colspan="2">D</th><th colspan="2">S</th><th rowspan="2">$b\approx$</th><th rowspan="2">d_1</th><th colspan="2">d_2</th><th colspan="2">m</th><th rowspan="2">$n\geqslant$</th><th rowspan="2">$d_3\leqslant$</th></tr>
<tr><th>基本
尺寸</th><th>极限
偏差</th><th>极限
偏差</th><th>极限
偏差</th><th>基本
尺寸</th><th>极限
偏差</th><th>基本
尺寸</th><th>极限
偏差</th></tr>
<tr><td>8</td><td>8.7</td><td rowspan="9">+0.36
−0.10</td><td rowspan="2">0.6</td><td>+0.04</td><td>1</td><td rowspan="2">1</td><td>8.4</td><td rowspan="2">+0.09
0</td><td rowspan="2">0.7</td><td rowspan="21">+0.14
0</td><td rowspan="4">0.6</td><td rowspan="3">2</td></tr>
<tr><td>9</td><td>9.8</td><td>−0.07</td><td>1.2</td><td>9.4</td></tr>
<tr><td>10</td><td>10.8</td><td rowspan="4">0.8</td><td rowspan="4">+0.04
−0.10</td><td rowspan="4">1.7</td><td rowspan="3">1.5</td><td>10.4</td><td rowspan="8">+0.11
0</td><td rowspan="4">0.9</td></tr>
<tr><td>11</td><td>11.8</td><td>11.4</td><td>3</td></tr>
<tr><td>12</td><td>13</td><td>12.5</td><td rowspan="3">0.9</td><td rowspan="2">4</td></tr>
<tr><td>13</td><td>14.1</td><td rowspan="6">2.1</td><td>13.6</td></tr>
<tr><td>14</td><td>15.1</td><td rowspan="9">1</td><td rowspan="9">+0.05
−0.13</td><td rowspan="5">2.1</td><td>14.6</td><td rowspan="9">1.1</td><td>5</td></tr>
<tr><td>15</td><td>16.2</td><td>15.7</td><td rowspan="3">1.2</td><td>6</td></tr>
<tr><td>16</td><td>17.3</td><td>16.8</td><td>7</td></tr>
<tr><td>17</td><td>18.3</td><td rowspan="6">+0.42
−0.13</td><td>17.8</td><td>8</td></tr>
<tr><td>18</td><td>19.5</td><td>19</td><td rowspan="5">+0.13
0</td><td rowspan="5">1.5</td><td>9</td></tr>
<tr><td>19</td><td>20.5</td><td rowspan="5">2.5</td><td rowspan="9">2</td><td>20</td><td rowspan="2">10</td></tr>
<tr><td>20</td><td>21.5</td><td>21</td></tr>
<tr><td>21</td><td>22.5</td><td>22</td><td>11</td></tr>
<tr><td>22</td><td>23.5</td><td>23</td><td>12</td></tr>
<tr><td>24</td><td>25.9</td><td rowspan="3">+0.42
−0.21</td><td rowspan="6">1.2</td><td rowspan="6">+0.05
−0.13</td><td>25.2</td><td rowspan="4">+0.21
0</td><td rowspan="6">1.3</td><td rowspan="3">1.8</td><td>13</td></tr>
<tr><td>25</td><td>26.9</td><td rowspan="2">2.8</td><td>26.3</td><td>14</td></tr>
<tr><td>26</td><td>27.9</td><td>27.2</td><td>15</td></tr>
<tr><td>28</td><td>30.1</td><td rowspan="3">+0.50
−0.25</td><td rowspan="3">3.2</td><td>29.4</td><td rowspan="2">2.1</td><td>17</td></tr>
<tr><td>30</td><td>32.1</td><td>31.4</td><td rowspan="2">+0.25
0</td><td>18</td></tr>
<tr><td>32</td><td>34.4</td><td>2.5</td><td>33.7</td><td>2.6</td><td>20</td></tr>
</table>

18. 轴用挡圈(摘自 GB/T 894.1-1986、GB/T 894.2-1986)(单位:mm)

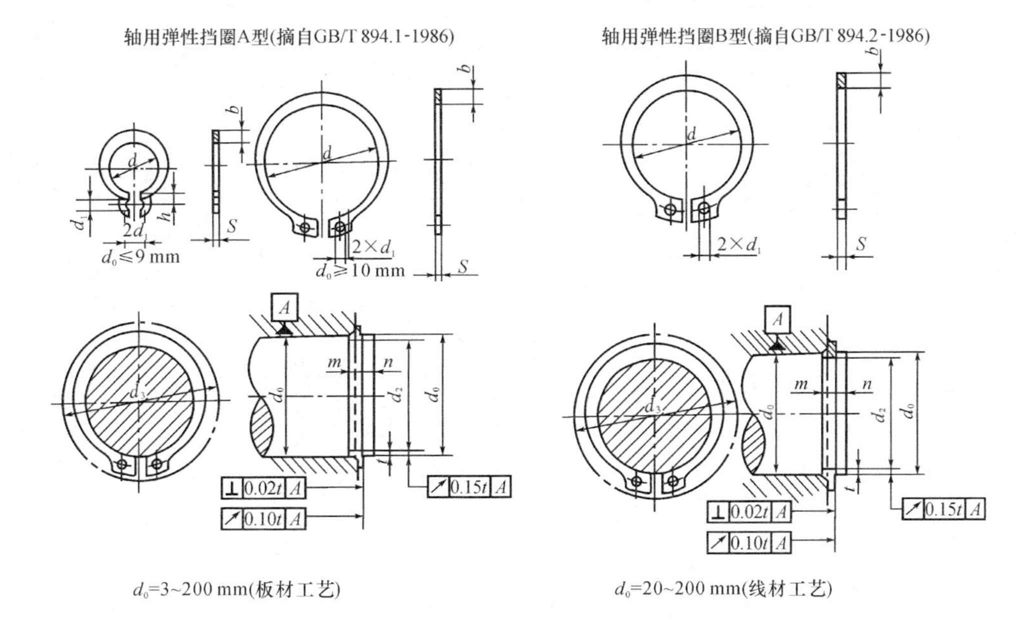

标记示例:

轴径 $d_0=50$ mm、材料 65Mn、热处理硬度 44~51HRC、经表面处理的 A 型轴用弹性挡圈,标记为:

挡圈 GB/T 894.1 50

轴径 d_0	挡圈							沟槽(推荐)					孔
	d		S		$b\approx$	d_1	h	d_2		m		$n\geqslant$	$d_3\geqslant$
	基本尺寸	极限偏差	极限偏差	极限偏差				基本尺寸	极限偏差	基本尺寸	极限偏差		
3	2.7	+0.04 −0.15	0.4	+0.03 −0.06	0.8	1	0.95	2.8	0 −0.040	0.5	+0.14 0	0.3	7.2
4	3.7						1.1	3.8	0 −0.048				8.8
5	4.7		0.6	+0.04 −0.07	0.88		1.25	4.8		0.7			10.7
6	5.6				1.12	1.2	1.35	5.7				0.5	12.2
7	6.5	+0.06 −0.18			1.32		1.55	6.7	0 −0.058				13.8
8	7.4		0.8	+0.04 −0.10			1.6	7.6		0.9		0.6	15.2
9	8.4				1.44		1.65	8.6					16.4
10	9.3	+0.10 −0.36	1	+0.05 −0.13	1.44	1.5		9.6		1.1			17.6
11	10.2				1.52			10.5	0 −0.13			0.8	18.6
12	11				1.72			11.5					19.6
13	11.9				1.88	1.7		12.4				0.9	20.8
14	12.9							13.4					22
15	13.8				2			14.3				1.1	23.2
16	14.7				2.32			15.2				1.2	24.4
17	15.7				2.48			16.2					25.6
18	16.5							17				1.5	27
19	17.5	+0.13 −0.42				2		18					28
20	18.5				2.68			19					29
21	19.5							20					31

19. 标准公差数值(摘自 GB/T 1800.1-2000)

公称尺寸/mm		标准公差等级																	
		IT1	IT2	IT3	IT4	IT5	IT6	IT7	IT8	IT9	IT10	IT11	IT12	IT13	IT14	IT15	IT16	IT17	IT18
大于	至	μm											mm						
—	3	0.8	1.2	2	3	4	6	10	14	25	40	60	0.1	0.14	0.25	0.4	0.6	1	1.4
3	6	1	1.5	2.5	4	5	8	12	18	30	48	75	0.12	0.18	0.3	0.48	0.75	1.2	1.8
6	10	1	1.5	2.5	4	6	9	15	22	36	58	90	0.15	0.22	0.36	0.58	0.9	1.5	2.2
10	18	1.2	2	3	5	8	11	18	27	43	70	110	0.18	0.27	0.43	0.7	1.1	1.8	2.7
18	30	1.5	2.5	4	6	9	13	21	33	52	84	130	0.21	0.33	0.52	0.84	1.3	2.1	3.3
30	50	1.5	2.5	4	7	11	16	25	39	62	100	160	0.25	0.39	0.62	1	1.6	2.5	3.9
50	80	2	3	5	8	13	19	30	46	74	120	190	0.3	0.46	0.74	1.2	1.9	3	4.6
80	120	2.5	4	6	10	15	22	35	54	87	140	220	0.35	0.54	0.87	1.4	2.2	3.5	5.4
120	180	3.5	5	8	12	18	25	40	63	100	160	250	0.4	0.63	1	1.6	2.5	4	6.3
180	250	4.5	7	10	14	20	29	46	72	115	185	290	0.46	0.72	1.15	1.85	2.9	4.6	7.2
250	315	6	8	12	16	23	32	52	81	130	210	320	0.52	0.81	1.3	2.1	3.2	5.2	8.1
315	400	7	9	13	18	25	36	57	89	140	230	360	0.57	0.89	1.4	2.3	3.6	5.7	8.9
400	500	8	10	15	20	27	40	63	97	155	250	400	0.63	0.97	1.55	2.5	4	6.3	9.7
500	630	9	11	16	22	32	44	70	110	175	280	440	0.7	1.1	1.75	2.8	4.4	7	11
630	800	10	13	18	25	36	50	80	125	200	320	500	0.8	1.25	2	3.2	5	8	12.5
800	1 000	11	15	21	28	40	56	90	140	230	360	560	0.9	1.4	2.3	3.6	5.6	9	14

20. 基孔制优选配合与常用配合(摘自 GB/T 1801-2009)

基准孔	轴																			
	a	b	c	d	e	f	g	h	js	k	m	n	p	r	s	t	u	v	x	y	z
	间隙配合								过渡配合			过盈配合								
H6						H6/f5	H6/g5	H6/h5	H6/js5	H6/k5	H6/m5	H6/n5	H6/p5	H6/r5	H6/s5	H6/t5					
H7						H7/f6	◤H7/g6	◤H7/h6	H8/js6	◤H7/k6	H7/m6	◤H7/n6	◤H7/p6	H7/r6	◤H7/s6	H7/t6	◤H7/u6	H7/v6	H7/x6	H7/y6	H7/z6
H8					H8/e7	◤H8/f7	◤H8/g7	H8/h7	H8/js7	H8/k7	H8/m7	H8/n7	H8/p7	H8/r7	H8/s7	H8/t7	H8/u7				
				H8/d8	H8/e8	H8/f8		H8/h8													
H9			H9/c9	◤H9/d9	H9/e9	H9/f9		◤H9/h9													
H10			H10/c10	H10/d10				H10/h10													
H11	H11/a11	H11/b11	◤H11/c11	H11/d11				◤H11/h11													
H12		H12/b12						H11/h12													

注：① H6/n5、H7/p6 在公称尺寸小于或等于 3 mm 和 H8/r7 在公称尺寸小于或等于 100 mm 时，为过渡配合；② 标注“◤”的配合为优选配合。

21-1. 优选及常用配合轴的极限偏差表

基本尺寸 \ 公差带		*d*					*e*				*f*				*g*		
大于	至	7	8	9	10	11	7	8	9	10	6	7	8	9	6	7	8
—	3	-20 -30	-20 -34	-20 -45	-20 -60	-20 -80	-14 -24	-14 -28	-14 -39	-14 -54	-6 -12	-6 -16	-6 -20	-6 -31	-2 -8	-2 -12	-2 -16
3	6	-30 -42	-30 -48	-30 -60	-30 -78	-30 -105	-20 -32	-20 -38	-20 -50	-20 -68	-10 -18	-10 -22	-10 -28	-10 -40	-4 -12	-4 -16	-4 -22
6	10	-40 -55	-40 -62	-40 -76	-40 -98	-40 -130	-25 -40	-25 -47	-25 -61	-25 -83	-13 -22	-13 -28	-13 -35	-13 -49	-5 -14	-5 -20	-5 -27
10	14	-50 -68	-50 -77	-50 -93	-50 -120	-50 -160	-32 -50	-32 -59	-32 -75	-32 -102	-16 -27	-16 -34	-16 -43	-16 -59	-6 -17	-6 -24	-6 -33
14	18																
18	24	-65 -86	-65 -98	-65 -117	-65 -149	-65 -195	-40 -61	-40 -73	-40 -92	-40 -124	-20 -33	-20 -41	-20 -53	-20 -72	-7 -20	-7 -28	-7 -40
24	30																
30	40	-80 -105	-80 -119	-80 -142	-80 -180	-80 -240	-50 -75	-50 -89	-50 -112	-50 -150	-25 -41	-25 -50	-25 -64	-25 -87	-9 -25	-9 -34	-9 -48
40	50																
50	65	-100 -130	-100 -146	-100 -174	-100 -220	-100 -290	-60 -90	-60 -106	-60 -134	-60 -180	-30 -49	-30 -60	-30 -76	-30 -104	-10 -29	-10 -40	-10 -56
65	80																
80	100	120 -155	-120 -174	-120 -207	-120 -260	-120 -340	-72 -107	-72 -126	-72 -159	-72 -212	-36 -58	-36 -71	-36 -90	-36 -123	-12 -34	-12 -47	-12 -66
100	120																
120	140	-145 -185	-145 -208	-145 -245	-145 -305	-145 -395	-85 -125	-85 -148	-85 -185	-85 -245	-43 -68	-43 -83	-43 -106	-43 -143	-14 -39	-14 -54	-14 -77
140	160																
160	180																
180	200	-170 -216	-170 -242	-170 -285	-170 -355	-170 -460	-100 -146	-100 -172	-100 -215	-100 -285	-50 -79	-50 -96	-50 -122	-50 -165	-15 -44	-15 -61	-15 -87
200	225																
225	250																
250	280	-190 -242	-190 -271	-190 -320	-190 400	-190 510	-110 162	-110 -191	-110 -240	-110 -320	-55 -88	-55 -108	-56 -137	-56 -186	-17 -49	-17 -69	-17 -98
280	315																
315	355	-210 -267	-210 -299	-210 -350	-210 -440	-210 -570	-125 -182	-125 -214	-125 -265	-125 -355	-62 -98	-62 -119	-62 -151	-62 -202	-18 -54	-18 -75	-18 -107
200	225																
400	450	-230 -293	-230 -327	-230 -385	-230 -480	-230 -630	-135 -198	-135 -232	-135 -290	-135 -385	-68 -108	-68 -131	-68 -165	-68 -223	-20 -60	-20 -83	-20 -117
450	500																

21-2. 优选及常用配合轴的极限偏差表

公差带 基本尺寸		h								j			j_s				k		
大于	至	6	7	8	9	10	11	12	13	5	6	7	5	6	7	8	6	7	8
—	3	0 −6	0 −10	0 −14	0 −25	0 −40	0 −60	0 100	0 140	—	+4 −2	+6 −4	±2	±3	±5	±7	+6 0	+10 0	+14 0
3	6	0 −8	0 −12	0 −18	0 −30	0 −48	0 −75	0 120	0 180	+3 −2	+6 −2	+8 −4	±2.5	±4	±6	±9	+9 +1	+13 +1	+18 0
6	10	0 −9	0 −15	0 −22	0 −36	0 −58	0 −90	0 −150	0 −220	+4 −2	+7 −2	+10 −5	±3	±4.5	±7	±11	+10 +1	+16 +1	+22 0
10 14	14 18	0 −11	0 −18	0 −27	0 −48	0 −70	0 −110	0 −180	0 −270	+5 −3	+8 −3	+12 −6	±4	±5.5	±9	±13	+12 +1	+19 +1	+27 0
18 24	24 30	0 −13	0 −21	0 −33	0 −52	0 −84	0 −130	0 −210	0 −330	+5 −4	+9 −4	+13 −8	±4.5	±6.5	±10	±16	+15 +2	+23 +2	+33 0
30 40	40 50	0 −16	0 −25	0 −39	0 −62	0 −100	0 −160	0 −250	0 −390	+6 −5	+11 −5	+15 −10	±5.5	±8	±12	±19	+18 +2	+27 +2	+39 0
50 65	65 80	0 −19	0 −30	0 −46	0 −74	0 −120	0 −190	0 −300	0 −460	+6 −7	+12 −7	+18 −12	±6.5	±9.5	±15	±23	+21 +2	+32 +2	+46 0
80 100	100 120	0 −22	0 −35	0 −54	0 −87	0 −140	0 −220	0 −350	0 −540	+6 −9	+13 −9	+20 −15	±7.5	±11	±17	±27	+25 +3	+38 +3	+54 0
120 140 160	140 160 180	0 −25	0 −40	0 −63	0 −100	0 −160	0 −250	0 −400	0 −630	+7 −11	+14 −11	+22 −18	±9	± 12.5	±20	±31	+28 +3	+43 +3	+63 0
180 200 225	200 225 250	0 −29	0 −48	0 −72	0 −115	0 −185	0 −290	0 −460	0 −720	+7 −13	+16 −13	+25 −21	±10	± 14.5	±23	±36	+33 +4	+50 +4	+72 0
250 280	280 315	0 −32	0 −52	0 −81	0 −130	0 −210	0 −320	0 −520	0 −810	+7 −16	—	—	± 11.5	±16	±26	±40	+36 +4	+56 +4	+81 0
315 355	355 400	0 −36	0 −57	0 −89	0 −140	0 −230	0 −360	0 −570	0 −890	+7 −18	—	+29 −28	± 12.5	±18	±28	±44	+40 +4	+61 +4	+89 0
400 450	450 500	0 −40	0 −63	0 −97	0 −155	0 −250	0 −400	0 −630	0 −970	+7 −20	—	+31 −32	± 13.5	±20	±31	±48	+45 +5	+68 +5	+97 0

21-3. 优选及常用配合轴的极限偏差表

公差带 基本尺寸		m			n			p			r			s		
大于	至	6	7	8	6	7	8	6	7	8	6	7	8	6	7	8
—	3	+8 +2	+12 +2	+16 +2	+10 +4	+14 +4	+18 +4	+12 +6	+16 +6	+20 +6	+16 +10	+20 +10	+24 +10	+20 +14	+24 +14	+28 +14

续表

公差带 基本尺寸		*m*			*n*			*p*			*r*			*s*		
大于	至	6	7	8	6	7	8	6	7	8	6	7	8	6	7	8
3	6	+12 +4	+16 +4	+22 +4	+16 +8	+20 +8	+26 +8	+20 +12	+24 +12	+30 +12	+23 +15	+27 +15	+33 +15	+27 +19	+31 +19	+37 +19
6	10	+15 +6	+21 +6	+28 +6	+19 +10	+25 +10	+32 +10	+24 +15	+30 +15	+37 +15	+28 +19	+34 +19	+41 +19	+32 +23	+38 +23	+45 +23
10	14	+18 +7	+25 +7	+34 +7	+23 +12	+30 +12	+39 +12	+29 +18	+36 +18	+45 +18	+34 +23	+41 +23	+50 +23	+39 +28	+46 +28	+55 +28
14	18															
18	24	+21 +8	+29 +8	+41 +8	+28 +15	+36 +15	+48 +15	+35 +22	+43 +22	+55 +22	+41 +28	+49 +28	+61 +28	+48 +35	+56 +35	+68 +35
24	30															
30	40	+25 +9	+34 +9	+48 +9	+33 +17	+42 +17	+56 +17	+42 +26	+51 +26	+65 +26	+50 +34	+59 +34	+73 +34	+59 +43	+68 +43	+82 +43
40	50															
50	65	+30 +11	+41 +11	+57 +11	+39 +20	+50 +20	+66 +20	+51 +32	+62 +32	+78 +32	+60 +41	+71 +41	+87 +41	+72 +53	+83 +53	+99 +53
65	80										+62 +43	+73 +43	+89 +43	+78 +59	+89 +59	+105 +59
80	100	+35 +13	+48 +13	+67 +13	+45 +23	+58 +23	+77 +23	+59 +37	+72 +37	+91 +37	+73 +51	+89 +51	+105 +51	+93 +71	+106 +71	+125 +71
100	120										+76 +54	+89 +54	+108 +54	+101 +79	+114 +79	+133 +79
120	140	+40 +15	+55 +15	+78 +15	+52 +27	+67 +27	+90 +27	+68 +43	+83 +43	+106 +43	+88 +63	+103 +63	+126 +63	+117 +92	+132 +92	+155 +92
140	160										+90 +65	+105 +65	+128 +65	+125 +100	+140 +100	+163 +100
160	180										+93 +68	+108 +68	+131 +68	+133 +108	+148 +108	+171 +108
180	200	+46 +17	+63 +17	+89 +17	+60 +31	+77 +31	+103 +31	+79 +50	+96 +50	+122 +50	+106 +77	+123 +77	+149 +77	+151 +122	+168 +122	+194 +122
200	225										+190 +80	+126 +80	+152 +80	+159 +130	+176 +130	+202 +130
225	250										+133 +84	+130 +84	+156 +84	+169 +140	+186 +140	+212 +140
250	280	+52 +20	+72 +20	+101 +20	+66 +34	+86 +34	+115 +34	+88 +56	+108 +56	+137 +56	+126 +94	+146 +94	+175 +94	+190 +158	+210 +158	+239 +158
280	315										+130 +98	+150 +98	+179 +98	+202 +170	+222 +170	+251 +170
315	355	+57 +21	+78 +21	+110 +21	+73 +37	+94 +37	+126 +37	+98 +62	+119 +62	+151 +62	+144 +108	+165 +108	+179 +108	+226 +190	+247 +190	+279 +190
355	400										+150 +114	+171 +114	+203 +114	+244 +208	+265 +208	+297 +208
400	450	+63 +23	+86 +23	+120 +23	+80 +40	+103 +40	+137 +40	+108 +68	+131 +68	+165 +68	+166 +126	+189 +126	+223 +126	+272 +232	+295 +232	+329 +232
450	500										+172 +132	+195 +132	+229 +132	+292 +252	+315 +252	+349 +252

22. 优选及常用配合孔的极限偏差表

代号		A	B	C	D	E	F	G	H						
公称尺寸/ mm		公差													
大于	至	11	11	*11	*9	8	*8	*7	6	*7	*8	*9	10	*11
—	3	+330 +270	+200 +140	+120 +60	+45 +20	+28 +14	+20 +6	+12 +2	+6 0	+10 0	+14 0	+25 0	+40 0	+60 0
3	6	+345 +270	+215 +140	+145 +70	+60 +30	+38 +20	+28 +10	+16 +4	+8 0	+12 0	+18 0	+30 0	+48 0	+75 0
6	10	+370 +280	+240 +150	+170 +80	+76 +40	+47 +25	+35 +13	+20 +5	+9 0	+15 0	+22 0	+36 0	+58 0	+90 0
10	14	+400 +290	+260 +150	+205 +95	+93 +50	+59 +32	+43 +16	+24 +6	+11 0	+18 0	+27 0	+43 0	+70 0	+110 0
14	18													
18	24	+430 +300	+290 +160	+240 +110	+117 +65	+73 +40	+53 +20	+28 +7	+13 0	+21 0	+33 0	+52 0	+84 0	+130 0
24	30													
30	40	+470 +300	+330 +170	+280 +120	+142 +80	+89 +50	+64 +25	+34 +9	+16 0	+25 0	+39 0	+62 0	+100 0	+160 0
40	50	+480 +320	+340 +180	+290 +130										
50	65	+530 +340	+380 +190	+330 +140	+174 +100	+106 +60	+76 +30	+40 +10	+19 0	+30 0	+46 0	+74 0	+120 0	+190 0
65	80	+550 +360	+390 +200	+340 +150										
0	100	+600 +380	+440 +220	+390 +170	+207 +120	+126 +72	+90 +36	+47 +12	+22 0	+35 0	+54 0	+87 0	+140 0	+220 0
100	120	+630 +410	+460 +240	+400 +180										
120	140	+710 +460	+510 +260	+450 +200	+245 +145	+148 +85	+106 +43	+54 +14	+25 0	+40 0	+63 0	+100 0	+160 0	+250 0
140	160	+770 +520	+530 +280	+460 +210										
160	180	+830 +580	+560 +310	+480 +230										
180	200	+950 +660	+630 +340	+530 +240	+285 +170	+172 +100	+122 +50	+61 +15	+29 0	+46 0	+72 0	+115 0	+185 0	+290 0
200	225	+1030 +740	+670 +380	+550 +260										
225	250	+1110 +820	+710 +420	+570 +280										
250	280	+1240 +920	+800 +480	+620 +300	+320 +190	+191 +110	+137 +56	+69 +17	+32 0	+52 0	+81 0	+130 0	+210 0	+320 0
280	315	+1370 +1050	+860 +540	+650 +330										
315	335	+1560 +1200	+960 +600	+720 +360	+350 +210	+214 +125	+151 +62	+75 +18	+36 0	+57 0	+89 0	+140 0	+230 0	+360 0
335	400	+1710 +1350	+1040 +680	+760 +400										
400	450	+1900 +1500	+1160 +760	+840 +440	+385 +230	+232 +135	+165 +68	+83 +20	+40 0	+63 0	+97 0	+155 0	+250 0	+400 0
450	500	+2050 +1650	+1240 +840	+880 +480										

（摘自 GB/T 1800.2-2000） （单位：μm）

H	JS		K			M	N		P		R	S	T	U
等级（带＊为优选的）														
12	6	7	6	＊7	8	7	6	＊7	6	＊7	7	＊7	7	＊7
+100 0	±3	±5	0 -6	0 -10	0 -14	-2 -12	-4 -10	-4 -14	-6 -12	-6 -16	-10 -20	-14 -24	—	-18 -28
+120 0	±4	±6	+2 -6	+3 -9	+5 -13	0 -12	-5 -13	-4 -16	-9 -17	-8 -20	-11 -23	-15 -27	—	-19 -31
+150 0	±4.5	±7	+2 -7	+5 -10	+6 -16	0 -15	-7 -16	-4 -19	-12 -21	-9 -24	-13 -28	-17 -32	—	-22 -37
+180 0	±5.5	±9	+2 -9	+6 -12	+8 -19	0 -18	-9 -20	-5 -23	-15 -26	-11 -29	-16 -34	-21 -39	—	-26 -44
+210 0	±6.5	±10	+2 -11	+6 -15	+10 -23	0 -21	-11 -24	-7 -28	-18 -31	-14 -35	-20 -41	-27 -48	—	-33 -54
													-33 -54	-40 -61
+250 0	±8	±12	+3 -13	+7 -18	+12 -27	0 -25	-12 -28	-8 -33	-21 -37	-17 -42	-25 -50	-34 -59	-39 -64	-51 -76
													-45 -70	-61 -86
+300 0	±9.5	±15	+4 -15	+9 -21	+14 -32	0 -30	-14 -33	-9 -39	-26 -45	-21 -51	-30 -60	-42 -72	-55 -85	-76 -106
											-32 -62	-48 -78	-64 -94	-91 -121
+350 0	±11	±17	+4 -18	+10 -25	+16 -38	0 -35	-16 -38	-10 -45	-30 -52	-24 -59	-38 -73	-58 -93	-78 -113	-111 -146
											-41 -76	-66 -101	-91 -126	-131 -166
+400 0	±12.5	±20	+4 -21	+12 -28	+20 -43	0 -40	-20 -45	-12 -52	-36 -61	-28 -68	-48 -88	-77 -117	-107 -147	-155 -195
											-50 -90	-85 -125	-119 -159	-175 -215
											-53 -93	-93 -133	-131 -171	-195 -235
+460 0	±14.5	±23	+5 -24	+13 -33	+22 -50	0 -46	-22 -51	-14 -60	-41 -70	-33 -79	-60 -106	-105 -151	-149 -195	-219 -265
											-63 -109	-113 -159	-163 -209	-241 -287
											-67 -113	-123 -169	-179 -225	-267 -313
+520 0	±16	±26	+5 -27	+16 -36	+25 -56	0 -52	-25 -57	-14 -66	-47 -79	-36 -88	-74 -126	-138 -190	-198 -250	-295 -347
											-78 -130	-150 -202	-220 -272	-330 -382
+570 0	±18	±28	+7 -29	+17 -40	+28 -61	0 -57	-26 -62	-16 -73	-51 -87	-41 -98	-87 -144	-169 -226	-247 -304	-369 -426
											-93 -150	-187 -244	-273 -330	-414 -471
+630 0	±20	±31	+8 -32	+18 -45	+29 -68	0 -63	-27 -67	-17 -80	-55 -95	-45 -108	-103 -166	-209 -272	-307 -370	-467 -530
											-109 -172	-229 -292	-337 -400	-517 -580

23. 轴与向心轴承和推力轴承配合的公差带

轴旋转状况	内圈负荷类型	工作规范	适用机件举例	轴承公称内径(mm)			配合	备注
				向心球轴承和向心推力球轴承	短圆柱滚子轴承和圆锥滚子轴承	双列球面滚子轴承		
轴不旋转	局部负载	轻、正常或重负荷,内圈可在轴上移动	汽车和拖拉机的前后轮、小型货车和飞机的轮子、运输带、传送带索道的滚子	所有内径的轴承			g6	大轴承可用 f5
		很重的负重或冲击负荷,内圈在轴上不需要移动	张紧滑轮、绳索滑轮、重负荷的矿车固定轴、外圈旋转的振动器	所有内径的轴承			h6	
轴旋转	循环负荷或摆动负荷	轻负荷和变动负荷 $P\leqslant 0.07C$	离心机、通风机、水泵、齿轮箱、电器机械	≤18			h5	
				18~100	≤40	≤40	j6	
				100~200	40~140	40~100	k6	
					140~200	100~200	m6	
		轻负荷对旋转精度有严格要求的轴承 $P\leqslant 0.07C$	机床主轴、精密机械和高速机械	≤18			h5	若B级轴承应另选
				18~100	≤40		j5	
				100~200	40~140		k5	
					140~200		m5	
		正常负荷 $P\approx 0.1C$ 和重负荷 $P>0.15C$	一般通用机械、电动机透平压缩机、水泵、汽轮机、汽车和拖拉机、变速箱、木工机械、内燃机	≤18			j5	圆锥滚子轴承可用 k6 和 m6 代替 k5 和 m5
				18~100	≤40	≤40	k5	
				100~140	40~100	40~65	m5	
				140~200	100~140	65~100	m6	
				200~280	140~200	100~140	n6	
					200~400	140~280	p6	
						280~500	r6	
						>500	r7	
		很重的负荷和冲击负荷	大功率电动机、火车和电车轴箱、索引电机、破碎机曲轴、压延机、轧钢机		50~140	50~100	n6	
					140~200	100~140	p6	
						140~200	r6	
						200~500	r7	
			火车和电车轴箱	装在退卸套上的所有内径轴承			h8	
			传动长轴(天轴)	装在紧定套上的所有内径轴承			h8 h10	
承受纯轴向负荷				所有内经轴承			j6	

24. 外壳孔与向心轴承和推力轴承配合的公差带

外圈旋转情况	外圈负荷类型	工作规范	适用机件举例	配合	备注
外圈旋转	循环负载	轻负载 $P\leqslant 0.07C$ 和变动负载	传送带滚子、绳索轮、张紧滑轮	M7	外圈轴向固定
		正常负载 $P\approx 0.1C$ 重负载 $P>0.15C$	用球轴承的汽车，拖拉机轮毂轴承、空压机的曲轴轴承	N7	外圈外径大于 500 mm，采用 M7，外圈轴向固定
		重负载 $P>0.15C$ （用于薄壁外壳）	用滚子轴承的轮毂和桥式吊车的轨道滚轮	P7	外圈外径大于 500 mm，采用 N7，外圈轴向固定
外圈不转动或摆动	局部负载或摆动负载	轻负载 $P<0.07C$ 正常负载 $P\approx 0.1C$	电动机、水泵 曲轴主轴承	J7	外圈可轴向移动
		正常负载 $P\approx 0.1C$	电动机、水泵 曲轴主轴承	K7	外圈一般不能轴向移动
		重负荷或冲击负荷	索引电机主轴轴承、汽车、拖拉机后桥差速器圆锥滚子轴承	M7	外圈轴向固定
		各种负载	一般机械用轴承、火车、电车的轴承	H7	外圈在轴向容易游动
		轻负载 $P\leqslant 0.07C$ 或正常负载 $P\approx 0.1C$	多支点长轴（天轴）（适用于开式外壳为）	H8	外圈在轴向较易游动
		轴在高温情况下工作	干燥筒、气缸、大型电机、轧辊轴颈	G7	外圈在轴向较易游动
		需要精密和平稳运转的情况	小型电动机	H6	
			磨床主轴用球轴承、小型电动机	J6	
			机床主轴用滚子轴承（车床、铣床、镗床等）	K6	外圈一般不能轴向游动，高速可选择 M6、N6 配合
		精确运转并承受变动负荷	机床主轴用滚子轴承外径 $D<120$（mm）	M6	
			$D=125\sim250$（mm）	N6	
			$D>250$（mm）	P6	

25. 平行度、垂直度、倾斜度公差值（摘自 GB/T 1184-1996）（单位：μm）

主参数 L,D,d/ mm	公差等级											
	1	2	3	4	5	6	7	8	9	10	11	12
≤10	0.4	0.8	1.5	3	5	8	12	20	30	50	80	120
＞10～16	0.5	1	2	4	6	10	15	25	40	60	100	150
＞16～25	0.6	1.2	2.5	5	8	12	20	30	50	80	120	200
＞25～40	0.8	1.5	3	6	10	15	25	40	60	100	150	250
＞40～63	1	2	4	8	12	20	30	50	80	120	200	300
＞63～100	1.2	2.5	5	10	15	25	40	60	100	150	250	400
＞100～160	1.5	3	6	12	20	30	50	80	120	200	300	500
＞160～250	2	4	8	15	25	40	60	100	150	250	400	600
＞250～400	2.5	5	10	20	30	50	80	120	200	300	500	800
＞400～630	3	6	12	25	40	60	100	150	250	400	600	1 000

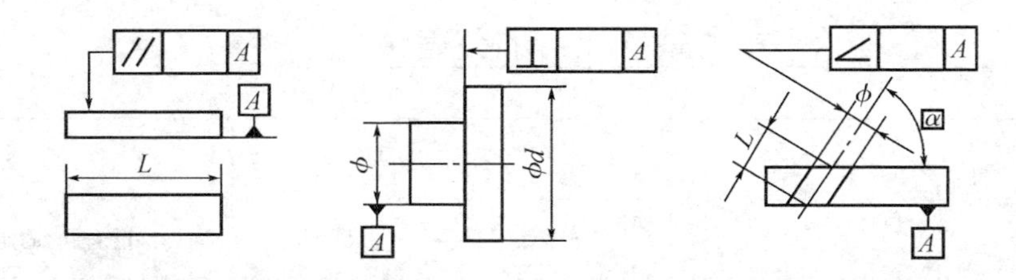

26. 同轴度、对称度、圆跳动、全跳动公差值(摘自 GB/T 1184-1996)(单位:μm)

主参数 L,B,D,d/ mm	公差等级											
	1	2	3	4	5	6	7	8	9	10	11	12
≤1	0.4	0.6	1	1.5	2.5	4	6	10	15	25	40	60
>1~3	0.4	0.6	1	1.5	2.5	4	6	10	20	40	60	120
>3~6	0.5	0.8	1.2	2	3	5	8	12	25	50	80	150
>6~10	0.6	1	1.5	2.5	4	6	10	15	30	60	100	200
>10~18	0.8	1.2	2	3	5	8	12	20	40	80	120	250
>18~30	1	1.5	2.5	4	6	10	15	25	50	100	150	300
>30~50	1.2	2	3	5	8	12	20	30	60	120	200	400
>50~120	1.5	2.5	4	6	10	15	25	40	80	150	250	500
>120~250	2	3	5	8	12	20	30	50	100	200	300	600
>250~500	2.5	4	6	10	15	25	40	60	120	250	400	800
>500~800	3	5	8	12	20	30	50	80	150	300	500	1 000
>800~1 250	4	6	10	15	25	40	60	100	200	400	600	1 200
>1 250~2 000	5	8	12	20	30	50	80	120	250	500	800	1 500
>2 000~3 150	6	10	15	25	40	60	100	150	300	600	1 000	2 000
>3 150~5 000	8	12	20	30	50	80	120	200	400	800	1 200	2 500
>5 000~8 000	10	15	25	40	60	100	150	250	500	1 000	1 500	3 000

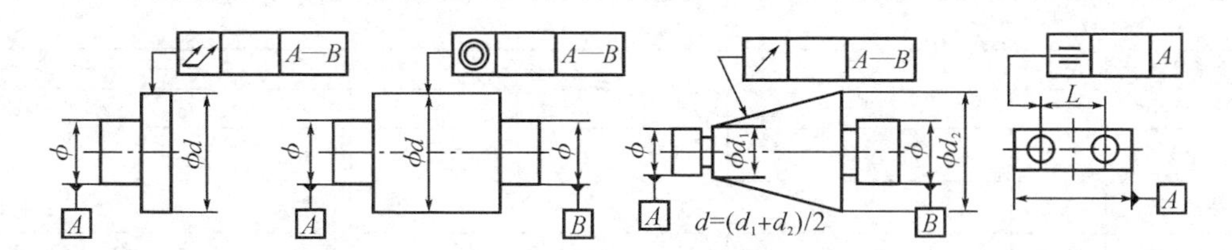

27. 直线度和平面度公差值(摘自 GB/T 1184-1996)(单位:μm)

主参数 L/ mm	公差等级											
	1	2	3	4	5	6	7	8	9	10	11	12
≤10	0.2	0.4	0.8	1.2	2	3	5	8	12	20	30	60
>10~16	0.25	0.5	1	1.5	2.5	4	6	10	15	25	40	80
>16~25	0.3	0.6	1.2	2	3	5	8	12	20	30	50	100

续表

主参数 L/ mm	公差等级											
	1	2	3	4	5	6	7	8	9	10	11	12
>25～40	0.4	0.8	1.5	2.5	4	6	10	15	25	40	60	120
>40～63	0.5	1	2	3	5	8	12	20	30	50	80	150
>63～100	0.6	1.2	2.5	4	6	10	15	25	40	60	100	200
>100～160	0.8	1.5	3	5	8	12	20	30	50	80	120	250
>160～250	1	2	4	6	10	15	25	40	60	100	150	300
>250～400	1.2	2.5	5	8	12	20	30	50	80	120	200	400
>400～630	1.5	3	6	10	15	25	40	60	100	150	250	500
>630～1 000	2	4	8	12	20	30	50	80	120	200	300	600
>1 000～1 600	2.5	5	10	15	25	40	60	100	150	250	400	800
>1 600～2 500	3	6	12	20	30	50	80	120	200	300	500	1 000
>2 500～4 000	4	8	15	25	40	60	100	150	250	400	600	1 200
>4 000～6 300	5	10	20	30	50	80	120	200	300	500	800	1 500
>6 300～10 000	6	12	25	40	60	100	150	250	400	600	1 000	2 000

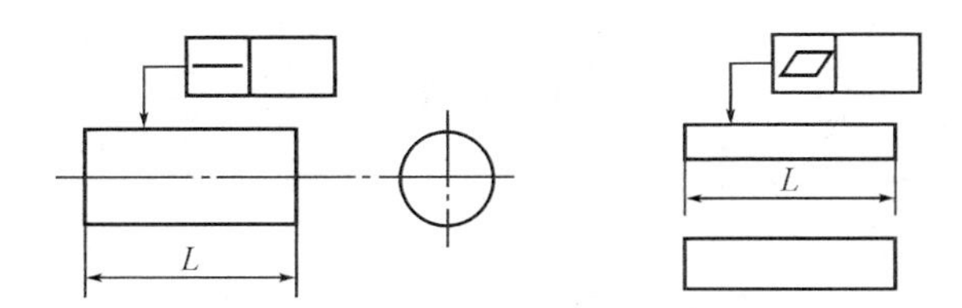

28. 圆度和圆柱度公差值(摘自 GB/T 1184-1996)(单位:μm)

主参数 D,d/ mm	公差等级												
	0	1	2	3	4	5	6	7	8	9	10	11	12
≤3	0.1	0.2	0.3	0.5	0.8	1.2	2	3	4	6	10	14	25
>3～6	0.1	0.2	0.4	0.6	1	1.5	2.5	4	5	8	12	18	30
>6～10	0.12	0.25	0.4	0.6	1	1.5	2.5	4	6	9	15	22	36
>10～18	0.15	0.25	0.5	0.8	1.2	2	3	5	8	11	18	27	43
>18～30	0.2	0.3	0.6	1	1.5	2.5	4	6	9	13	21	33	52
>30～50	0.25	0.4	0.6	1	1.5	2.5	4	7	11	16	26	39	62
>50～80	0.3	0.5	0.8	1.2	2	3	5	8	13	19	30	46	74
>80～120	0.4	0.6	1	1.5	2.5	4	6	10	15	22	35	54	87
>120～180	0.6	1.0	1.2	2	3.5	5	8	12	18	25	40	63	100
>180～250	0.8	1.2	2	3	4.5	7	10	14	20	29	46	72	115
>250～315	1.0	1.6	2.5	4	6	8	12	16	23	32	52	81	130
>315～400	1.2	2	3	5	7	9	13	18	25	36	57	89	140
>400～500	1.5	2.5	4	6	8	10	15	20	27	40	63	97	155

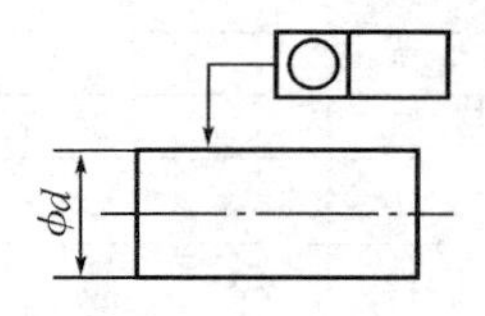

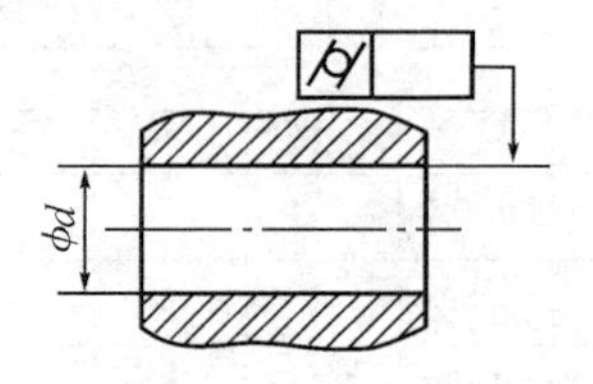

29. 常用热处理和表面处理(摘自 GB/T 7232-1999、JB/T 8555-2008)

名称	有效硬化层深度和硬度标注举例	说明	目的
退火	退火:163～197HB 或退火	加热→保温→缓慢冷却	用来消除铸、锻、焊零件的内应力,降低硬度,以利切削加工,细化晶粒,改善组织,增加韧性,如 T10A、Cr12 预备热处理
正火	正火:170～217HB 或正火	加热→保温→空气冷却	用于处理含碳量不大于 0.45%的低、中碳钢零件,细化晶粒,增加强度与韧性,减少内应力,改善切削性能。如 20Cr、45 钢预备热处理
淬火	淬火:42～47HRC(中等硬度) 淬火:57～62HRC(工、量、夹具零件的淬硬)	加热→保温→急冷 工件加热奥氏体化后,以适当方式冷却获得马氏体或(和)贝氏体的热处理工艺	提高机件强度及耐磨性。但淬火后引起内应力,使钢变脆,所以淬火后必须回火。如 T7、T10 工具最终热处理
回火	低温回火:保持淬火高硬度 中温回火:弹簧、中等硬度 高温回火:良好综合力学性能	回火是将淬硬的钢件加热到临界点(A_{C_1})以下的某一温度,保温一段时间,然后冷却到温室	用来消除淬火后的脆性和内应力,提高钢的塑性和冲击韧性。淬火后工件,必须进行适当的回火处理
调质	调质:240～290HBW 调质:28～32HRC	淬火→高温回火	提高韧性及强度,重要的齿轮、轴及丝杠等零件需要调质。如 45 钢、40Cr 制造的轴,调质后可以具备良好的综合力学性能
感应淬火	感应淬火:深度 DS=0.8～1.6,硬度 58～63HRC	用感应电流将表面加热→急速冷却	提高机件表面的硬度及耐磨性,而心部保持一定的韧性,使零件及耐磨又能承受冲击,常用来处理齿轮。如 45 钢、40Cr 制造的轴局部淬硬
渗碳淬火	渗碳淬火:渗碳深度 0.8～1.2,表面硬度 58～63HRC,心部硬度 33～38HRC	将零件在渗碳介质中加热、保温,使碳原子渗入钢的表面后,再淬火、回火,渗碳深度 0.8～1.2 mm	提高机件表面的硬度、耐磨性、抗拉强度等,适用于低碳、中碳(W_C<0.40%)结构钢的中小型零件。如 20Cr 制造的齿轮渗碳淬火
渗氮	渗氮:DN=0.25～0.4,维氏硬度≥850HV	将零件放入氨气内加热,使氮原子渗入刚表面。渗氮层深 0.25～0.4 mm,渗氮时间 40～50h	提高机件表面的硬度、耐磨性、疲劳强度和耐腐蚀能力。适用于合金钢、碳钢、铸铁件,如 38CrMoAl 制作机床主轴、丝杠等精密重要零件
碳氮共渗淬火	碳氮共渗淬火:深度 DC=0.5～0.8,硬度 58～63HRC	钢件在含氮的介质中加热,使碳、氮原子同时渗入钢表面。可得到 0.5 mm～0.8 mm 硬化层	提高表面强度、耐磨性、疲劳强度和耐蚀性。用于要求硬度高、耐磨的中小型、薄片零件及刀具等。如 20CrMnTi 制造汽车齿轮
时效	自然时效 人工时效	机件精加工前,加热到 100～150 ℃后,保温 5～20 h,空气冷却,铸件也可自然时效(露天放一年以上)	消除内应力,稳定机件形状和尺寸,常用于处理精密机件,如精密轴承、精密丝杠等,加工前,粗加工后时效处理
发蓝或发黑	发蓝处理或发黑:H·Y 按 GB/T 3764-1996	将零件置于氧化剂内加热氧化,使表面形成一层氧化铁保护膜	防腐蚀、美化,如用螺纹紧固件,内部零件,对外观要求不高的零件一般防腐处理

续表

名称	有效硬化层深度和硬度标注举例	说明	目的
镀镍	镀镍:D. L_1/Ni 按 GB/T 3764-1996	用电解方法,在钢件表面镀一层镍	防腐蚀、美化。防腐蚀能力较强,外观较美观
镀铬	镀铬:D. L_1/Cr 镀装饰铬:D. Cu25/Ni15/Cr 按 GB/T 3764-1996	用电解方法,在钢件表面镀一层铬	提高表面硬度、耐磨性和耐蚀能力用于修复零件上磨损了的表面。防腐蚀能力强,外观美观,常用于外表零件的美饰
硬度	HBW(布氏硬度见 GB/T 231. 1-2009) HRC(洛氏硬度见 GB/T 230. 1-2009) HV(维氏硬度见 GB/T 4340. 1-2009)	材料抵抗硬物压入其表面的能力依测定方法不同而有布氏、洛氏维氏等几种	检验材料经热处理后的力学性能 ——硬度 HBW 用于退火、正火、调质的零件及铸件,适合于毛坯和半成品。 ——HRC 用于经淬火、回火及表面渗碳、渗氮等处理的零件,适合于成品。 ——HV 用于薄层硬化零件,或薄件

30. 铁和钢

1. 碳素结构钢

钢号	质量等级	σ_S/MPa			σ_b/MPa	δ_S/%				性能与应用举例
		钢板厚度(直径)/ mm				钢板厚度(直径)/ mm				
		≤16	>16~40	>40~60		≤16	>16~40	>40~60	>40~100	
Q195	—	(195)	(185)	—	315~390	33	32	—	—	塑性好,有一定强度,用于受力不大的零件,如:螺钉、螺母、焊接件、冲压件及桥梁建筑构件
Q215	A B	215	205	195	335~410	31	30	29	28	
Q235	A B C D	235	225	215	375~460	26	25	24	23	
Q255	A B	255	245	235	410~510	24	23	22	21	强度较高,用于承受中等载荷的零件,如:小轴、销子、连杆
Q275	—	275	265	255	490~610	20	19	18	17	

2. 优质碳素结构钢

钢号	力学性能							性能与应用举例
	正火状态≥					热轧	退火	
	σ_b/MPa	σ_s/MPa	δ_5/%	ψ/%	A_K/J	硬度(HBW)		
08F	295	175	35	60	—	131	—	强度很低,塑性很好。主要用于制造冷冲压零件,如汽车和仪器仪表的外壳、容器、罩子等
15	375	225	27	55	—	143	—	强度较低,但塑性、韧性、冷冲压性均极良好。一般用于受力不大,韧性要求较高的零件、渗碳件、紧固件及不经热处理的低载荷零件
20	410	245	25	55	—	156	—	综合机械性能较好。用于受载不大,而要求韧性较高的易加工零件、焊接件、冲压件,以及表面硬度高而心部强度要求不大的渗碳件,如:轴套、镜框、螺钉、螺母、滚珠导轨等

续表

钢号	力学性能							性能与应用举例
	正火状态≥					热轧	退火	
	σ_b/MPa	σ_s/MPa	δ_5/%	ψ/%	A_K/J	硬度(HBW)		
35	530	315	20	45	55	197	—	具有适当的强度,好的塑性。一般用于受载不大的机加工零件和中、小尺寸的零件,如:轴、齿轮、联轴器等
40	570	335	19	45	47	217	187	有较好的机械性能,经调质处理后可获得较高的强度和韧性。适于制造较高强度的零件,如:轴、轴承、齿轮、蜗杆、导轨等
45	600	355	16	40	39	229	197	具有较高的强度和硬度,是优质钢中使用最广泛的一种。用于高强度受力零件,如:传动轴、齿轮、蜗杆、滚珠丝杠外循环挡珠器、螺母等
50	630	375	14	40	31	241	207	高强度优质钢,但塑性和焊接性差。用于高强度、耐磨性要求高、动载荷和冲击作用不大的零件,如:齿轮、轴、蜗杆、导轨等
60	675	400	12	35	25	255	229	强度和弹性均相当高。用于不重要的弹性元件和耐磨零件,如:弹簧垫圈、弹簧、轴、离合器等
65	695	410	10	30	—	255	229	经适当热处理后强度和弹性均相当高。用途与60号钢基本相同
60Mn	695	410	11	35	—	269	229	强度较高,淬透性较碳素弹簧钢好,适于制造各种扁、圆截面的弹簧、弹簧环、片及冷拔钢丝
65Mn	735	430	9	30	—	285	229	强度高,淬透性较好,用于载荷有显著变化的弹性零件,如:螺旋弹簧、弹簧片、弹簧垫圈、承受大载荷的波纹膜片及高耐磨性零件

3. 碳素工具钢

牌号	w_C/%	硬度		用途
		退火后 HBW≤	淬火后 HRC≥	
T7、T7A	0.65~0.74	187	62	制造承受振动与冲击负荷并要求具有较高韧性的工具,如錾子、简单锻模、榔头等
T8、T8A	0.75~0.84	187	62	制造承受振动与冲击负荷并要求具有足够韧性和较高硬度的工具,如简单冲模、剪刀、木工工具等
T10、T10A	0.95~1.04	197	62	制造不受突然振动并要求在刃口上有少许韧性的工具,如丝锥、手锯条及低精度量具等
T12、T12A	1.15~1.24	207	62	制造不受振动并要求高硬度的工具、如锉刀、刮刀、丝锥等

4. 碳素铸钢

钢号	w_C/%	力学性能(不小于)					应用举例
		σ_s/MPa	σ_b/MPa	δ/%	ψ/%	α_k/(J·cm^{-2})	
ZG200-400	0.2	200	400	25	40	60	受力不大的机件,如机壳、变速箱壳等
ZG230-450	0.3	230	450	22	32	45	砧座、外壳、轴承盖、底板、阀体等
ZG270-500	0.4	270	500	18	25	35	轧钢机机架、轴承盖、连杆、箱体、曲轴、缸体、飞轮、蒸汽锤等
ZG310-570	0.5	310	570	15	21	30	大齿轮、缸体、制动轮、辊子等
ZG340-640	0.6	340	640	10	18	20	起重运输机中的齿轮、联轴器等

5. 合金结构钢

牌号	试样毛坯尺寸 mm	机械性能					热处理	应用举例
		σ_s/MPa	σ_b/MPa	δ/%	ψ/%	α_k/(J·cm^{-2})		
15Cr	15	735	490	11	45	686	渗碳淬火、低温回火	制造要求表面耐磨而心部韧性较高的零件
20CrMnTi	15	1177	883	10	45	686	渗碳淬火、低温回火	制造要求表面硬度高,耐磨且心部强度、韧性均较高的零件
40Cr	25	981	785	9	45	588	淬火、中温回火,表面淬火	制造高速及小冲击载荷下,又具有耐磨性能的零件,如:蜗杆、齿轮、轴
38CrMoAl	30	981	834	14	50	883	渗氮淬火、高温回火	制造要求高耐磨、高疲劳强度和相当高的强度,且热处理变形最小的零件,如齿轮、蜗杆、滚动导轨

6. 灰铸铁

灰铸铁牌号	抗拉强度 σ_b/MPa(≥)	相当于旧牌号	主要用途
HT100	100	HT10-26	受力很小,不重要的铸件,如盖、外罩、手轮、重锤等
HT150	150	HT15-33	受力不大的铸件,如底座、罩壳、刀架座、普通机床座等
HT200 HT250	200 250	HT20-40 HT25-47	较重要的铸件,如机床床身、齿轮、齿轮箱体、划线平板、冷冲模上下模板、轴承座、联轴器等
HT300 HT350	300 350	HT30-54 HT35-61	要求高强度、高耐磨性、高度气密性的重要铸件,如重型机床床身、机架、高压油缸、泵体等

31. 非铁金属及其合金

1. 加工黄铜、铸造铜合金

牌号	使用举例	说明
H62	黄铜,用于制作销钉、铆钉、螺母、螺钉、垫圈、导管、散热器、弹簧	"H"表示普通黄铜,数字表示铜含量的平均百分数
HPb59-1	热冲压及细小切削加工零件,如销子、螺钉、垫片	
ZCuZn38Mn2Pb2 ZCuSn5Pb5Zn5 ZCuSn10Pb1 ZCuAl10Fe3	铸造黄铜:用于轴瓦、轴套及其他耐磨零件 铸造锡青铜:用于承受摩擦的零件,如轴承,蜗轮 铸造锡青铜:耐磨性能最好,运行速度更快,如轴承,蜗轮 铸造铝青铜:用于制造蜗轮、衬套和耐蚀性零件	"ZCu"表示铸造铜合金,合金中其他主要元素用化学符号表示,符号后数字表

2. 铝及铝合金(摘自 GB/T 3190-2008)、铸造铝合金(摘自 GB/T 1173-1995)

<table>
<tr><td>1060A
1050A</td><td>工业纯铝,适于制作储槽、塔、热交换器、防止污染及深冷设备、导线</td><td rowspan="4">铝及铝合金牌号用 4 位数字或字符表示,部分新旧牌号对照如下:
新 旧 类别
1060A L2 纯铝
1050A L3 纯铝
2A11 LY11 硬铝
2A12 LY12 硬铝
7A04 LC4 超硬铝
7A09 LC9 超硬铝
2A50 LD5 锻铝
2A70 LD7 锻铝</td></tr>
<tr><td>2A11
2A12</td><td>中等强度结构件,如骨架、螺旋桨、铆钉、叶片等
较高强度结构件、航空模锻件及 150 ℃以下工作的零件</td></tr>
<tr><td>7A04
7A09</td><td>高载荷零件,如飞机大梁、桁条、起落架、接头等
主要受力零件,如飞机大梁、起落架、桁架等</td></tr>
<tr><td>2A50
2A70</td><td>形状复杂、中等强度、高耐腐蚀锻件
高温下工作的复杂锻件、结构件</td></tr>
<tr><td>ZA1Cu5Mn
(代号 ZL201)
ZAlMg10
(代号 ZL301)</td><td>砂型铸造,工作温度在 175～300 ℃的零件,如内燃机缸头、活塞在大气或海水中工作,承受冲击载荷,外形不太复杂的零件,如舰船配件、氨用泵体等</td><td>"ZAl"表示铸造铝合金,合金中的其他元素用化学符号表示,符号后数字表示该元素含量平均百分数。代号中的数字表示合金系列代号和顺序号</td></tr>
</table>

32. 常用工程塑料选用参考实例

用途	要求	应有举例	材料
一般结构件	强度和耐热性无特殊要求,一般用来代替钢材或其他材料,但由于批量大,要求有较高的生产率,成本低,有时对外观有一定要求	汽车调节器盖及喇叭后罩壳、电动机罩壳、各种仪表罩壳、盖板、手轮、手柄、油管、管接头、紧固件等	高密度聚乙烯、聚氯乙烯、改性聚苯乙烯(203A, 204)、ABS、聚丙烯等,这些材料只承受较低的载荷,可在 60－80℃范围内使用
高强度结构件	与上述描述相同,并要求有一定的强度	罩壳、支架、盖板、紧固件等	聚甲醛、尼龙 1010
透明结构零件	除上述要求外,必须具有良好的透明度	透明罩壳、汽车用灯罩,油杯、光学镜片、信号灯,防护玻璃	改性有机玻璃(372)、改性聚苯乙烯(204),聚碳酸酯
耐磨受力传动零件	要求有较高的强度、刚性、韧性、耐磨性、耐疲劳性,并有较高的热变形温度、尺寸稳定	轴承、齿轮、齿条、蜗轮、凸轮、辊子、联轴器等	尼龙、聚甲醛、聚碳酸酯、聚酚氧、氯化聚醚等。拉伸强度都在 58.8 kPa 以上,使用温度可达 80～120 ℃
减磨自润滑零件	对机械强度要求往往不高,但运动速度较高,故要求具有低的摩擦系数、优异的耐磨性和自润滑性	活塞环、机械动密封圈、填料、轴承等	聚四氟乙烯、聚四氟烯填充的聚甲醛、聚全氟乙丙烯(F－46)等,在小载荷、低速时可采用低压聚乙烯
耐高温结构零件	除耐磨受力传动零件和减摩自润滑零件要求外,还必须具有较高的热变形温度及高温抗蠕变性	高温工作的结构传动零件,如汽车分速器盖、轴承、齿轮、活塞环、密封圈、阀门、螺母等	聚砜、聚苯醚、氟塑料(F－4、F－46)、聚苯亚胺、聚苯硫醚,各种玻璃纤维增强塑料,可在 150℃以上使用
耐腐蚀设备与零件	对酸、碱和有机溶剂等化学药品具有良好的抗腐蚀能力,还具有一定的机械强度	化工容器、管道、阀门、泵、风机、叶轮、搅拌器以及它们的涂层或衬里等	聚四氟乙烯、聚全氟乙丙烯、聚三氯氟乙烯 F－3,聚氯乙烯、低压聚乙烯、聚丙烯、酚醛塑料等

习题答案

习题一

一、选择题

1. C　2. B　3. D　4. B　5. A　6. A

二、判断题

1. ×　2. ×　3. √　4. √　5. ×　6. ×　7. ×　8. √　9. ×　10. √　11. √　12. ×　13. ×
14. √　15. ×　16. ×　17. ×　18. √　19. √　20. ×　21. √

三、填空题

1. 被别人伤害　2. 零件测绘　3. 拉拔器　4. 深度　5. 圆弧规　6. 机械传动

习题二

一、选择题

1. C　2. B　3. D　4. A　5. C　6. B　7. D　8. B　9. C　10. C　11. B　12. A　13. A　14. B
15. B　16. D　17. B　18. A　19. D　20. C　21. B　22. C　23. A　24. B　25. A　26. C　27. C
28. B　29. A　30. C

二、判断题

1. √　2. ×　3. √　4. √　5. ×　6. √　7. ×　8. √　9. ×　10. √　11. ×　12. ×　13. ×
14. √　15. √　16. √　17. ×　18. ×　19. √　20. √　21. ×　22. √　23. ×　24. ×　25. √
26. √　27. √　28. ×　29. √　30. √

三、填空题

1. 铆接　2. 过盈　3. 间隙　4. 键　销　5. 拉出拆卸　温差拆卸　6. 检验　7. 装配示意图　8. 国家或行业　9. 零件表面质量　10. 油漆　11. 船舶工业部　1996 年　12. 表面发黑:H・Y 按 CB/T 3764-1996　13. 镀铬:D. L_1/Cr 按 CB/T 3764-1996　14. 60　15. 游标卡尺检测法　16. 30　17. 左旋　18. 平面和孔　19. 涂黑　20. 外　21. 移出断面　局部放大　22. 半径　直径　方的　厚度　倒角　均布　深度　斜度　23. 局部放大　24. ZQSn6-6-3　25. 涂黑　26. 使用　27. 代号　28. 基轴制　29. 8　30. 8±0.018

习题三

一、选择题

1. B　2. D　3. C　4. B　5. A　6. C　7. C　8. B　9. A　10. C　11. D　12. C　13. D　14. B
15. B　16. D　17. A　18. D　19. A　20. D　21. D　22. D　23. C　24. C　25. A

二、判断题

1. √　2. ×　3. ×　4. √　5. ×　6. √　7. ×　8. √　9. √　10. √　11. ×

三、填空题

1. 标注样式　2. 规格尺寸　3. 黑　4. 尺寸　5. donut　6. 检验要求　7. 三角形　梯形　8. 螺纹公称直

径是12　螺距是1 mm　左旋　中径与顶径公差带代号是6g　米制螺纹或公制螺纹　9. 螺纹公称直径是14　螺距是3 mm　左旋　中径与顶径公差带代号是7e　梯形螺纹

习题四

一、选择题

1. D　2. C　3. B　4. C

二、判断题

1. ×　2. ×　3. √　4. ×　5. ×　6. ×　7. √　8. ×

三、填空题

1. 带传动　2. 带轮　3. 同步带　4. 最大直径处带槽宽　5. HT200或铸铁

四、计算题

1. 带型号为A型，选择带的基准长度 $L_d=1\ 400$，确定实际中心距离为401.5，计算两带轮基准直径 $d_{d_1}=125$ 和 $d_{d_2}=250$，轮槽楔角 $\alpha_1=38°$ 和 $\alpha_2=38°$。　2. 带型号为B型，选择带的基准长度 $L_d=2\ 800$，确定实际中心距离 $a=968$，计算两带轮基准直径 $d_{d_1}=140$ 和 $d_{d_2}=400$，轮槽楔角 $\alpha_1=38°$ 和 $\alpha_2=38°$。

习题五

一、选择题

1. C　2. D　3. B　4. C　5. D

二、判断题

1. ×　2. √　3. ×　4. √　5. ×　6. √　7. √　8. ×

三、填空题

1. 模数　2. 公法线千分尺　3. 0.25　4. IT11　5. 两齿轮轴或两轴

四、计算题

1. 解：$p_b=W_{k+1}-W_k=\pi m\cos\alpha=5.91$，接近5.904，$\alpha=20°$

2. 解：由 $d_a=m(z+2h_a^*)$，$h_a^*=1$ 代入，$m=2.493$，非常接近2.5，故确定齿轮模数 $m=2.5$

$d_a=m(z+2h_a^*)=2.5\times(24+2)=65$，$d=mz=2.5\times24=60$，$k=z/9+0.5\approx3.17$，

取 $k=3$，$W_3=m[2.952\ 1\times(k-0.5)+0.014\times z]=2.5\times(2.952\ 1\times2.5+0.014\times24)\approx19.29$

3. 解：(1) 依据国产齿轮，可以初定齿形角 $\alpha=20°$，齿顶高系数 $h_a^*=1$

(2) 确定模数 m

① 按测定的公法线长度 W_k 和 W_{k+1}，计算基节 p_b

$$p_b=W_{k+1}-W_k$$

$$p_{b_1}=W'_{41}-W'_{31}=22.56-16.66=5.9$$

$$p_{b_2}=W'_{72}-W'_{62}=38.84-32.94=5.9$$

$$p_{b_1}=p_{b_2}$$

② 按计算所得的基节 $p_b=5.9=\pi m\cos\alpha$，$m=1.999\ 575$，接近2，取 $m=2$

(3) 确定是否变位及变位形式。

① 计算中心距 a。$a=m(z_1+z_2)/2=2\times(31+57)/2=88$

$$a=a'$$

所以是标准齿轮，或是高变位齿轮。进一步计算齿顶圆直径 d_a

$$d_{a_1}=m(z_1+2)=2\times(31+2)=66<d'_{a_1}$$

$$d_{a_2}=m(z_2+2)=2\times(57+2)=118>d'_{a_2}$$

故确定为高变位。

(4) 计算变位系数 x。

$$x_1=\frac{d'_{a_1}}{2m}-\frac{z_1}{2}-h_a^*=68.80/4-15.5-1=0.7$$

$$x_2=114.8/4-28.5-1=-0.8$$

$$取\ x_1=\frac{1}{4}\left(\frac{d'_{a_1}-d'_{a_2}}{m}-z_1+z_2\right)=0.75, x_2=-0.75$$

(5) 核验

① 齿顶圆直径。

根据变位齿轮主要几何尺寸计算公式:

$$d_{a_1}=m(z_1+2+2x_1)=2\times(31+2+1.5)=69\approx 68.8$$

$$d_{a_2}=m(z_2+2+2x_2)=2\times(57+2-1.5)=115\approx 114.8$$

计算值与实际测量值相符。

② 跨齿数与公法线长度。

$$k_1=z_1/9+0.5+1.75x_1=5.25,取\ k_1=5$$

$$k_2=z_2/9+0.5+1.75x_2=5.52,取\ k_2=6$$

由

$$W_k=m[2.952\,1(k-0.5)+0.014z+0.684x]$$

得

$$W_{51}=28.463, W_{62}=33.043$$

$$W_{41}=W_{51}-p_b=28.463-5.9=22.563$$

与测得值基本一致。

4. 解:(1) 依据国产齿轮,可以初定齿形角 $\alpha=20°$,齿顶高系数 $h_a^*=1$。

(2) 确定模数 m

① 按测定的公法线长度 W_k 和 W_{k+1},计算基节 p_b

$$p_b=W_{k+1}-W_k$$

$$p_{b_1}=W'_{51}-W'_{41}=42.55-33.70=8.85$$

$$p_{b_2}=W'_{72}-W'_{62}=60.90-52.04=8.86$$

$$p_{b_1}\approx p_{b_2}$$

② 按计算得的基节 $p_b=8.855=\pi m\cos\alpha, \alpha=20$,得 $m=3.001\,0$,取 $m=3$

(3) 确定是否变位及变位形式

计算中心距 a。$a=m(z_1+z_2)/2=3\times(31+50)/2=121.5$

$$a\neq a'$$

故确定为角变位齿轮。

(4) 确定变位系数 x_1 和 x_2

① 计算啮合角 α'。由公式(5.17)得:

$$\alpha'=\arccos\left(\frac{\alpha}{\alpha'}\cos\alpha\right)=24.023°=24°1'23''$$

② 计算中心距变动系数 y,由公式(5.18)得:

$$y=(a'-a)/m=(125-121.5)/3=1.167$$

③ 计算总变位系数 x_Σ,由公式(5.19)得:

$$x_\Sigma=\frac{z_1+z_2}{2\tan\alpha}(\mathrm{inv}\alpha'-\mathrm{inv}\alpha)=1.28$$

④ 计算齿轮变动系数 Δy，由公式(5.20)得：

$$\Delta y = x_\Sigma - y = 1.28 - 1.167 = 0.113$$

⑤ 计算变位系数 x_1 和 x_2。由公式(5.19)得：

$$x_1 = \frac{d'_{a_1}}{2m} - \frac{z_1}{2} - h_a^* + \Delta y = 0.68$$

$$x_2 = x_\Sigma - x_1 = 1.28 - 0.68 = 0.6$$

(5) 核验

① 齿顶圆直径 d_a。由变位齿轮主要几何尺寸计算公式(5.13)得：

$$d_a = m[z + 2(h_a^* + x - \Delta y)]$$

$$d_{a_1} = 3\times[31 + 2\times(1 + 0.68 - 0.11)] = 102.42$$

$$d_{a_2} = 3\times[50 + 2\times(1 + 0.6 - 0.11)] = 158.94$$

计算值与实际值相符。

② 公法线长度 W_k。由式(5.23)和(5.24)得：

$$\alpha = 20^\circ\text{时}, k_1 = \frac{z}{9} + 0.5 + 1.75x_1 = 5.13, \text{取 } k_1 = 5$$

$$W_{51} = m[2.9521(k_1 - 0.5) + 0.014z_1 + 0.684x_1] = 42.551$$

$$k_2 = \frac{z}{9} + 0.5 + 1.75x_2 = 7.11, \text{取 } k_2 = 7$$

$$W_{72} = m[2.9521(k_2 - 0.5) + 0.014z_2 + 0.684x_2] = 60.897$$

计算值与实测值均相符，说明参数确定准确。

习题六

一、选择题

1. A 2. C 3. B 4. C

二、判断题

1. √ 2. × 3. × 4. √

三、填空题

1. 端面 端面 2. 螺旋角 相同 3. 18 4. 80 5. 铸铁

四、计算题

1. $m=9, \alpha=20^\circ, h_a^*=1.0, q=10, d_1=90, a=225, x=0, h=19.8, d_2=360, d_{a_2}=378, \gamma=11^\circ18'36''$

2. $m=8, \alpha=20^\circ, h_a^*=1.0, d_1=100, a=210, x=0, h=17.6, d_2=320, d_{a_2}=336, \gamma=9^\circ5'25''$

参 考 文 献

[1] 成大先. 机械设计手册. 第2版. 北京:化学工业出版社,2008

[2] 蒋继红,何时剑,姜亚南. 机械零部件测绘. 北京:机械工业出版社,2009

[3] 周正元. 机械制造基础. 南京:东南大学出版社,2016

[4] 庞兴华. 机械设计基础. 北京:机械工业出版社,2010

[5] 刘海兰,李小平. 机械识图与制图. 北京:清华大学出版社,2010

[6] 于惠力,于霁厚. 学生版简明机械设计手册. 北京:机械工业出版社,2014

[7] 宋宝玉. 简明机械设计手册. 哈尔滨:哈尔滨工业大学出版社,2008

[8] 隋明阳. 机械设计基础. 北京:机械工业出版社,2008

[9] 宋巧莲. 机械制图与AutoCAD绘图. 北京:机械工业出版社,2012

[10] 熊永康,等. 公差配合与技术测量. 武汉:华中科技大学出版社,2015